Bernhard Mackowiak

Die Kosmos Sternenkunde

KOSMOS

Inhalt

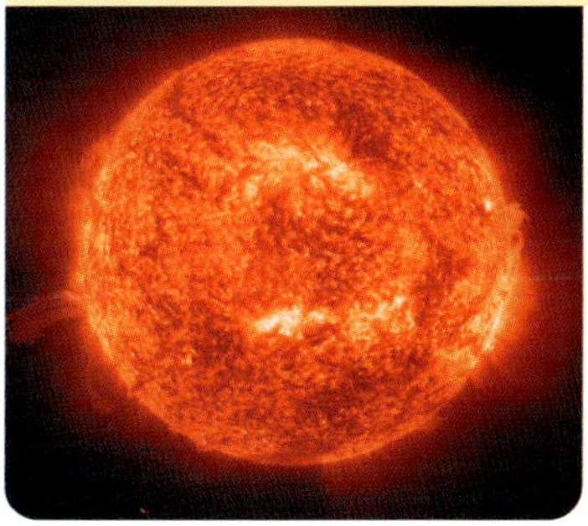

Warum leuchten Sterne?

Das Weltall ist voller Wunder und es gibt unendlich viel zu entdecken. Die Sterne funkeln und der Mond ist manchmal voll, Saturn hat einen Ring und Außerirdische gibt's nur im Film. Aber warum leuchten die Sterne eigentlich? Gibt es Wasser und Luft auch auf dem Mond? Sind wir nun allein im Weltall oder kann es fremde Planeten mit unbekannten Wesen geben? Die Kosmos Sternenkunde ist der ideale Einstieg, um sich über die faszinierende Welt der Sterne zu informieren. In diesem Buch werden die hundert spannendsten Fragen rund ums Universum leicht verständlich beantwortet. Statt mit trockener Theorie zu langweilen, unterhält es mit zahlreichen Anekdoten und wird von überraschenden Irrtümern aufgelockert, bei denen man sich verwundert die Augen reiben mag.
Den Sternenhimmel zu Hause live erleben – das ist die große Stärke der Software Redshift 3, die dem Buch auf CD-Rom beiliegt.
Redshift ist das beste Planetarium für den Heimcomputer und wurde mehrfach ausgezeichnet. Man kann damit Sterne und Sternbilder entdecken, Planeten erforschen oder eine Sonnenfinsternis im Zeitraffer ablaufen lassen. Grenzenloser Spaß und ein ganzes Universum an Informationen!

Übrigens: Antwort auf die Frage „Warum leuchten Sterne?“ finden Sie ab Seite 144.

*Sterngucker

Der „Sterngucker" von Carl Spitzweg erinnert an die romantische Zeit der Astronomie.

Die Astronomie zählt ohne Zweifel zu den ältesten Wissenschaften der Menschheit. Die aus dem griechischen stammende Bezeichnung bedeutet „Sternkunde" oder „Himmelskunde". Heute verstehen wir darunter die Wissenschaft von der im Weltall vorhandenen Materie, ihren Bewegungen, ihrer Entstehung und ihrer physikalischen Zusammensetzung. In früheren Zeiten beschäftigten sich die Astronomen dagegen mit der Beobachtung der Gestirne, der Beschreibung ihres Laufes und der Festlegung ihrer Position am Firmament – um mit ihrer Hilfe etwa die Zeit zu messen, einen brauchbaren Kalender und optimale Navigationshilfen zu schaffen.

Jahrtausende hindurch hatten die Astronomen nur das Licht als Informationsquelle zur Verfügung. Bis zum Beginn des 17. Jahrhunderts war die Himmelskunde deshalb eine Wissenschaft des bloßen Auges, unterstützt von Peil- und Winkelmessinstrumenten. Dies änderte sich erst im Jahre 1608 durch die Erfindung des Fernrohrs. Das Fernrohr erlaubte von da an, das Licht der Himmelskörper zu verstärken und die Mitglieder des Sonnensystems detailliert zu beobachten.

Durch die im 19. Jahrhundert entwickelte Spektralanalyse konnten die Astronomen das Licht zerlegen und auf diese Weise Astrophysik betreiben. Mit Hilfe der ebenfalls in dieser Zeit erfundenen Fotografie wurde es möglich, das einfallende Licht „festzuhalten", also Bilder der beobachteten Objekte anzufertigen.

Nach dem Zweiten Weltkrieg hat die technische Entwicklung, besonders die Raumfahrt, den Astronomen viele neue Strahlungsarten als Informationsträger erschlossen. Heute können sie den gesamten Bereich des elektromagnetischen Spektrums beobachten, nämlich von der Radiostrahlung bis hin zur Gammastrahlung. Parallel zu diesen technisch-praktischen Methoden kommen theoretische Überlegungen, mit deren Hilfe der Astronom die beobachteten Erscheinungen erklärt und Experimente plant.

So hat nicht nur die Astronomie, sondern auch die Tätigkeit der Astronomen in den letzten Jahrzehnten einen tiefgreifenden Wandel erfahren. Und ein Ende dieses Prozesses ist nicht abzusehen.

Seit wann gibt es Astronomen und Sternwarten?

Wenn man „Astronom“ als einen Menschen definiert, der sich mit der Beobachtung der Gestirne beschäftigt, und „Sternwarte“ als den Ort, der speziell für diese Aufgabe errichtet wurde, dann kann man sagen: Sternwarten gibt es seit der Jungsteinzeit (im Orient 7000 v. Chr., in Europa 5500 v. Chr.). Denn im Verlauf dieses Abschnitts der Menschheitsgeschichte – der auch Megalithikum genannt wird – entstanden die ersten „Sternwarten“, und zwar vor allem in Form gewaltiger Steinreihen und Steinkreise.
Das berühmteste Monument dieser Art ist **Stonehenge** in Südengland nahe Salisbury. Die über 25 Tonnen schweren Blöcke sind trotz primitivster Hilfsmittel zu einem beeindruckenden Bauwerk aufgerichtet. Sie sind so orientiert, dass sie Auf- und Untergangspunkte der Sonne und des Mondes zu den einzelnen Jahreszeiten, aber auch die einiger Sterne markieren. Der Bau dieser Anlage erfolgte in vier bis fünf verschiedenen Perioden zwischen etwa 2800 und 1600 v. Chr.

Stonehenge ist der eindrucksvollste Steinkreis des Megalithikums. Der Name bedeutet „hängende Steine“ und bezieht sich auf die großen Quersteine. Umstritten bis heute ist die Bedeutung: Kultstätte, Opferhain, Tempel oder steinzeitliches Observatorium?

Der Weg nach Greenwich

Um diese Zeit gab es bereits in Ägypten, Babylon und China Zivilisationen mit eigenen astronomischen Systemen. Sie entwickelten ein Geflecht aus Astrologie, Mythologie und Religion, das ohne systematische Gestirnsbeobachtungen nicht existieren konnte. Diese Beobachtungen wurden von speziellen Plätzen aus in den Tempelbezirken vorgenommen. Bei den Babyloniern waren das die Tempeltürme oder Zikkurats, deren höchster und berühmtester in Babylon stand.
Bei den Griechen, die ihre Astronomie auf der babylonischen gründeten, ist vermutlich das erste größere Observatorium auf der Insel Rhodos zu suchen. Der Astronom Hipparch ließ es um 150 v. Chr. erbauen. Um 100 n. Chr. entstand durch Ptolemäus eine große Sternwarte in Alexandria, die mit einer Vielzahl von Instrumenten ausgerüstet war.
Wenn wir jedoch nach dem wahrscheinlich ältesten erhaltenen, rein astronomischen Beobachtungszwecken dienenden Gebäude suchen, dann müssen wir uns nach Südkorea begeben. Dort steht südwestlich von Seoul in Kyongju ein zehn Meter hoher flaschenförmiger Turm mit einer Plattform an seiner Spitze. Er wurde um das Jahr 649 n. Chr. errichtet und gilt als das älteste Sternwartengebäude der Welt.
Die Tradition der antiken Astronomie Europas wurde dann in der islamischen Welt weitergeführt. Im Jahre 829 entstand das erste Observatorium des Islam in Bagdad durch den Kalifen Mamun. Es wurde für ein Jahrhundert das Zentrum für astronomische Aktivitäten in der arabischen Welt und war mit Nachbauten sämtlicher von den Griechen verwendeter Beobachtungsgeräte ausgestattet. Das letzte große islamische Observatorium wurde

Die Gebäude des 1675 gegründeten Greenwich-Observatoriums – hier das Flamsteed-Haus mit dem Zeitball – sind heute Anziehungspunkt für zahlreiche Besucher.

von *Ulugh Beigh* (1394–1449) um 1430 in Samarkand erbaut und war für seinen gewaltigen Meridiankreis bekannt.

Um diese Zeit erwachte in Europa erneut das Interesse für die Astronomie. Um 1471 begann *Johannes Müller*, genannt *Regiomontanus* (1436–1476) mit der Positionsbestimmung von Himmelskörpern und richtete dafür in seinem Haus die erste deutsche Sternwarte ein.

Die größte und auch berühmteste Sternwarte im Europa des Mittelalters war jedoch die von ***Tycho Brahe*** 1576 auf der Insel Hveen erbaute „Uranienburg". Dies war ein speziell für astronomische Forschungszwecke angelegter Gebäudekomplex. Er enthielt eine große Zahl von Instrumenten für die Beobachtung mit dem bloßen Auge. Tychos Sternwarte war das letzte große Observatorium, das über keine optischen Instrumente verfügte. Trotzdem erstellte Brahe hier den ersten modernen Sternkatalog mit präzisen Positionsangaben für 1500 Sterne und entdeckte im Jahr 1572 eine Supernova.

Mit der Erfindung des Fernrohrs begann dann eine neue Geschichte der astronomischen Observatorien. Sie erhielten in der Folgezeit auch ihr typisches Aussehen, nämlich eine oder mehrere drehbare Kuppeln auf dem Dach des Gebäudes. Die erste Sternwarte im modernen Sinne war das **Königliche Observatorium von Greenwich** bei London. Es wurde 1675 von König Karl II. gegründet. Sein Ziel: Probleme der Navigation besser lösen zu können, die für die Seemacht England eine fundamentale Bedeutung hatten.

Im Jahr 1884 wurde dann der durch die Sternwarte verlaufende Meridian als Nullmeridian für die gesamte Erde festgelegt. Dadurch wurde diese Sternwarte auch außerhalb der astronomischen Fachwelt bekannt.

Erst 1950 erhielt die Öffentlichkeit Zugang zur Greenwich-Sternwarte, denn zwei Jahre zuvor war das eigentliche Observatorium nach Schloss Herstmonceux im südlichen Sussex, wenige Kilometer von der englischen Kanalküste entfernt, verlegt worden. Seitdem lautet die offizielle Bezeichnung „Royal Greenwich Observatory".

Wer waren die berühmtesten Astronomen?

Diese Frage ausführlich zu beantworten hieße, die gesamte Geschichte der Astronomie zu erzählen; denn die Reihe der Astronomen, die mit ihren Arbeiten entscheidend zum Fortschritt dieser Wissenschaft beigetragen haben, ist lang. Deshalb kann nur eine kleine Auswahl getroffen werden, die mit den griechischen Astronomen beginnen muss. Hier ist ***Hipparch*** (190–125 v. Chr.) zu nennen. Er wird als der eigentliche Begründer der streng wissenschaftlichen, nicht auf Spekulationen beruhenden Astronomie angesehen. Hipparch erstellte den ersten umfassenden Sternkatalog,

der die Position von 850 Fixsternen enthielt, und entdeckte die Präzession des Frühlingspunktes (s. Seite 46).
Der berühmteste Astronom des Altertums war ***Claudius Ptolemäus*** (83–161 n. Chr.). Er gilt als Vollender der antiken Astronomie. In seinem Werk „Syntaxis mathematicae“ fasste er das gesamte astronomische Wissen der Antike zusammen. Er vertrat und „bewies“ das geozentrische System, nach dem die Erde im Mittelpunkt des Planetensystems steht. Ptolemäus fand auch eine für lange Zeit gültige Erklärung für die **Schleifenbewegung** mancher Planeten.
Unter dem Namen „Almagest“ übersetzten die Araber sein Werk am Ende des achten Jahrhunderts und retteten auf diese Weise die antiken astronomischen Erkenntnisse. Auf diesem Umweg gelangte Ptolemäus’ Werk wieder nach Europa und blieb bis ins 16. Jahrhundert die Grundlage und das Standardwerk der Astronomie.
Der Domherr und Astronom ***Nikolaus Kopernikus*** (1473–1543) zweifelte an der Richtigkeit des traditionellen geozentrischen Weltbildes und den Theorien der Planetenbewegung. Er begann zu untersuchen, ob sich die Erde nicht doch um einen anderen Körper herumbewege und kam zu dem Ergebnis, dass sich die Erde nicht nur um sich selbst dreht, sondern auch mit den anderen Planeten um die Sonne bewegt.
Zuerst deutete Kopernikus dieses neue, bis dahin unvorstellbare heliozentrische Weltbild in einer Schrift nur zaghaft an. Die vollständige Ausarbeitung seiner Theorie lieferte er erst in dem Werk „De revolutionibus orbium coelestium“ („Über die Umlaufbewegungen der Himmelskörper“). Er hatte es im wesentlichen bereits 1530 vollendet, entschloss sich aber er erst kurz vor seinem Tod, es zu veröffentlichen.
Es galt nun, die kopernikanische Theorie des heliozentrischen Weltbildes auf eine gesicherte Grundlage zu stellen: durch entsprechende Beobachtungen, durch die Erklärung des Wie und des Warum des Planetenlaufs um die Sonne. Die erforderlichen Beobachtungen, die zumindest als Argument für die Richtigkeit der kopernikanischen Lehre dienen konnten, lieferte der italienische Physiker ***Galileo Galilei*** (1564 -1642). Dabei kam ihm eine neue Erfindung zu Hilfe: 1608 hatte der holländische Brillenmacher *Hans Lippershey* das erste Fernrohr gebaut, und Galilei setzte es 1610 erstmals zu astronomischen Beobachtungen ein.
Galilei entdeckte die Ringgebirge auf dem Mond, die Sonnenflecken, die Lichtgestalten der Venus, einzelne Sterne in der Milchstraße und die Monde des Jupiter. Ihre Bewegung um den Planeten war für Galilei ein wesentliches Argument, dass das kopernikanische heliozentrische Weltbild den Bau des Planetensystems richtig beschreibt. Denn das Jupitersystem ist quasi ein verkleinertes Abbild des Sonnensystems, wovon sich jeder bei einem Blick durchs Fernrohr überzeugen kann. Doch auf welche Weise die Planeten sich um die Sonne bewegten, konnte Galilei nicht beantworten.
Eine Antwort auf diese Frage zu finden, war dem Mathematiker ***Johannes Kepler*** (1571–1630) vergönnt. Er fand 1609 bei der Auswertung sehr genauer Beobachtungsdaten des dänischen Astronomen ***Tycho Brahe*** (1546–1601) die ersten fehlerfreien mathematischen Beschreibungen der

Ein lebensechtes Bild von Ptolemäus gibt es nicht. Deshalb ist der berühmte Astronom hier in mittelalterlicher Kleidung zu sehen.

Dieses Porträt von Kopernikus aus dem 16. Jahrhundert ist im Museum Okregowe in Thorn zu sehen.

Porträt Galileis von Giusto Sustermann (Florenz). Ob er die Worte: „Und sie bewegt sich doch!“ gesprochen hat, ist umstritten.

Eines der bekanntesten Keplerporträts stammt aus dem Jahre 1610. Das Original befindet sich im Stift Kremsmünster.

Was kaum jemand von Tycho Brahe weiß: Er trug eine silberne Nasenprothese, denn auf einem Ball war er mit einem dänischen Landsmann in Streit geraten. Wie damals unter Edelmännern üblich, hatte sich Brahe daraufhin am 29. Dezember 1566 mit seinem Widersacher duelliert. Dabei wurde ihm ein Teil seiner Nase abgehauen. Tycho ließ ihn durch einen silbernen ersetzen.

Planetenbewegung – die nach ihm benannten *Keplerschen Gesetze*: Danach bewegen sich erstens die Planeten auf Ellipsenbahnen, in deren einem Brennpunkt die Sonne steht, und zweitens überstreicht bei jedem Planeten der Leitstrahl von der Sonne zum Planeten in gleichen Zeiten gleiche Flächensektoren. Das dritte Gesetz, wonach die Quadrate der Umlaufszeiten zweier Planeten sich zueinander verhalten wie die dritten Potenzen der großen Halbachsen, fand Kepler erst ein volles Jahrzehnt später.

So boten die Keplerschen Gesetze zwar eine korrekte mathematische Beschreibung für die beobachteten Bewegungsvorgänge im Sonnensystem, sagten jedoch nichts über deren Ursachen. Das heliozentrische Weltbild fand deshalb nur langsam Anerkennung und wurde sogar heftig von geistlichen und weltlichen Autoritäten bekämpft. Galilei wurde von der Inquisition der Prozess gemacht; er musste seiner Lehre abschwören und wurde schließlich unter Arrest gestellt.

Isaac Newton entdeckte nicht nur das Gravitationsgesetz, sondern auch das Sonnenspektrum und baute das erste Spiegelteleskop.

Erst der Physiker ***Isaac Newton*** (1643–1727) konnte mit der Entdeckung der Gravitation die Frage nach der Ursache endgültig beantworten. Sie ist die Kraft, der alle Himmelskörper unterworfen sind, und die die kosmischen Systeme zusammenhält. Im Jahr 1687 veröffentlichte Newton schließlich sein **Gravitationsgesetz**.

Durch Galilei, Kepler und Newton wurde die Astronomie zu einer modernen Naturwissenschaft, deren Grundlage Mathematik und Physik sind.

Die großen Astronomen des 18. und 19. Jahrhunderts

Bis weit ins 18. Jahrhundert hinein stand das Sonnensystem im Mittelpunkt der astronomischen Forschung, denn über die Sterne war nur sehr wenig bekannt, und es gab auch keine Methoden, sie zu erforschen. Man kannte nicht einmal ihre Entfernungen von der Erde; das Sonnensystem selbst endete beim Planeten Saturn.

Wilhelm Herschel kann als der Begründer der modernen Astronomie angesehen werden.

Das änderte sich durch den aus Hannover stammenden und nach England übersiedelten ehemaligen Militärmusiker ***Friedrich Wilhelm Herschel*** (1738–1822). Mit seinen selbstgebauten leistungsstarken Fernrohren entdeckte er 1781 den Planeten Uranus und erweiterte damit die Grenzen des Sonnensystems. Gleichzeitig unternahm er Untersuchungen und Überlegungen zum Aufbau der Milchstraße und zur Verteilung der Sterne im Weltraum.

Parallel zu diesen Arbeiten entwickelten *Immanuel Kant* (1724–1804) und *Pierre Simon de Laplace* (1749–1827) die ersten Theorien zur Entstehung des Sonnensystems.

Aus den Bahnstörungen des Uranus schlossen *Urbain Jean Joseph Leverrier* (1811–1877) und *John Couch Adams* (1819–1892) auf einen weiteren, bisher unbekannten Planeten. Sie errechneten dessen Bahn, was 1846 dann zur

Der große Reformator Martin Luther sagte einmal während eines seiner Tischgespräche über das Werk von Nikolaus Kopernikus: „Der Narr will die gantze Kunst Astronomiae umkehren!", und sein Freund Melanchton charakterisierte Kopernikus als „Jener sarmatische Astronom, der die Erde beweget und die Sonne stille stehen läßt."

Entdeckung von Neptun durch *Johann Gottfried Galle* (1812–1910) in Berlin führte. Dies war ein Triumph der Himmelsmechanik, denn erstmals wurde ein Himmelskörper quasi am Schreibtisch entdeckt.

Friedrich Wilhelm Bessel veröffentlichte im Jahre 1838 die erste Entfernungsmessung mit Hilfe der Parallaxe anhand des Sternes 61 Cygni.

Mit der Messung der ersten Sternparallaxe durch ***Friedrich Wilhelm Bessel*** (1784–1846) erschloss sich der Astronomie die Möglichkeit, in neue Bereiche vorzudringen. Sie war jetzt nicht nur in der Lage, die Entfernung der Sterne zu bestimmen, sondern auch zuverlässige Angaben über deren räumliche Verteilung im Weltraum zu machen.

Durch die 1859 von *Gustav Robert Kirchhoff* (1824–1887) und *Robert Bunsen* (1811–1899) in die Physik eingeführte Spektralanalyse des Lichtes entstand innerhalb kurzer Zeit ein ganz neues Arbeitsgebiet der Astronomie: die Astrophysik. Jetzt konnten auch die von *Joseph von Fraunhofer* (1787–1826) im Jahr 1814 entdeckten dunklen Linien im Sonnenspektrum erklärt werden. Ein zweites revolutionäres Hilfsmittel wurde ebenfalls in der zweiten Hälfte des 19. Jahrhunderts entwickelt: die Fotografie.

Albert Einstein bewirkte nicht nur den Umsturz im Weltbild der Physik, er kämpfte auch sehr früh gegen den Nationalsozialismus.

Astronomie und Astronomen im 20. Jahrhundert

Die ersten Jahrzehnte des 20. Jahrhunderts brachten gerade der theoretischen Astrophysik entscheidende Fortschritte. Zwischen 1905 und 1913 fanden *Ejnar Hertzsprung* (1873–1967) und *Henry Norris Russell* (1877–1957) den Zusammenhang zwischen Farben und Helligkeiten der Sterne, die im Hertzsprung-Russell-Diagramm (s. Seite 140) dargestellt werden.

Der deutsche Physiker ***Albert Einstein*** (1879–1955) revolutionierte mit seiner speziellen (1905) und allgemeinen Relativitätstheorie (1916) unsere gesamte Vorstellung von Raum und Zeit.

Dem britischen Astrophysiker *Arthur Stanley Eddington* (1882–1944) gelang es 1926, eine bis heute gültige Theorie des Sternaufbaus zu erarbeiten, und

Newtons Gravitationsgesetz

Keplers Gesetze beschreiben nur, *wie* sich die Planeten bewegen, aber sie geben keine Auskunft darüber, *warum* sie sich so bewegen. Diese Frage hatte sich Kepler auch schon gestellt und eine Anziehungskraft angenommen, die ihren Sitz in der Sonne haben sollte. Erst Newton gelang auf Grundlage der Keplerschen Gesetze die physikalische Begründung und mathematische Formulierung: Alle Massen haben eine grundlegende Eigenschaft, nämlich ihre gegenseitige Anziehung (Gravitation). Sie wächst mit den Massen und nimmt mit dem Quadrat ihres Abstandes voneinander ab.

Das Gravitationsgesetz ist eines der grundlegenden Naturgesetze im Weltall. Nach ihm berechnen sich die Gewichtskräfte der Körper auf der Erde ebenso wie die Bahnbewegungen der Monde, Kometen sowie bemannter und unbemannter Raumflugkörper.

Harlow Shapley erforschte die Struktur unserer Galaxis.

nur zwölf Jahre später erklärten die deutschen Physiker *Hans Albrecht Bethe* (*1906) und *Carl Friedrich Weizsäcker* (*1912) die Kernfusion als den Motor der Energieerzeugung in den Sternen.
Wie und wo die Sterne – vor allem unsere Sonne – im Milchstraßensystem beheimatet sind, diese Frage konnte 1918 ***Harlow Shapley*** (1885–1972) klären und damit auch die Struktur sowie Dimensionen unserer Galaxis. Er untersuchte die Verteilung der Kugelsternhaufen und erkannte, dass sie sich wie ein Halo symmetrisch um ein System von Sternen sammeln. Das Zentrum dieses Halos ist mit dem Zentrum des Sternsystems Milchstraße identisch und liegt etwa 30.000 Lichtjahre von der Sonne entfernt in Richtung des Sternbildes Schütze.

Vorstoß zur letzten Grenze

Die letzte Erweiterung des Arbeitsgebietes der Astronomie, den Vorstoß zur letzten Grenze, nämlich in die Welt der Galaxien, brachte 1929 die Entdeckung der Expansion des Weltalls durch ***Edwin Powell Hubble*** (1889–1953). Nur ein Jahr später wurde auch die vorläufige Grenze unseres Planetensystems gefunden: 1930 entdeckte *Clyde William Tombaugh* (1906–1996) am Lowell-Observatorium den Pluto als neunten Planeten des Sonnensystems. Die Suche nach einem Planeten jenseits von Neptun begann 1905, als man Abweichungen zwischen der beobachteten und der berechneten Bewegung von Uranus und Neptun fand. Heute wissen aber die Astronomen, dass der kleine Pluto die Planeten Uranus und Neptun gravitativ nicht stören kann. Ursache ist vielmehr ein weiterer Gürtel von Kleinkörpern, die jenseits von Pluto um die Sonne kreisen.

Edwin Hubble verdanken wir die entscheidende Entdeckung über den modernen Kosmos: die Fluchtbewegung der Galaxien. Man beachte die Pfeife – so etwas wäre heute in modernen Kuppeln nicht mehr möglich.

Durch die Mondlandungen und zahlreichen Raumsondenmissionen seit Ende der 1960er Jahre kennen wir heute mit Ausnahme von Pluto alle Planeten des Sonnensystems sowie die Oberflächen ihrer meisten Monde. Ebenso wissen wir durch Raumsondenmissionen zum Kometen Halley 1986, vor allem der europäischen Sonde Giotto, über das Aussehen und die Prozesse auf diesen Vagabunden des Sonnensystems im Groben Bescheid. Der Start des Weltraumteleskops Hubble im April 1990 und seine erfolgreiche Reparatur des anfänglichen optischen Fehlers ermöglichte den Astronomen noch nie zuvor erhaltene Einblicke in die Struktur des Weltalls. Das gilt speziell für den Vorstoß in Entfernungen bis in die Frühzeit des Universums vor sieben bis neun Milliarden Jahren.
Fast die gleiche Bildqualität liefern mittlerweile die Riesenteleskope in den modernen astronomischen Zentren, wie sie auf Hawaii oder in den chilenischen Anden entstanden sind. Hier sind besonders die europäischen Südsternwarten La Silla und Paranal zu nennen. Die fundamentale Erkenntnis der international zusammenarbeitenden Astronomen lautet:

- Unser Universum ist nach Messungen an Sternen zwischen 13 und 15 Milliarden Jahre alt, und
- es expandiert beschleunigt bis in alle Ewigkeit, angetrieben durch eine unsichtbare Kraft – eine Antigravitation, die aus der im Raum gespeicherten Restenergie des Urknalls resultiert.

Doch auch theoretisch wurde zur letzten Grenze vorgestoßen, und zwar durch den Physiker ***Stephen Hawking*** (*1942). Gemeinsam mit *Roger Penrose* konnte er zeigen, dass nach Einsteins allgemeiner Relativitätstheorie sowohl Raum als auch Zeit mit dem Urknall begonnen haben müssen und in Schwarzen Löchern enden.
Diese Erkenntnis machte es notwendig, eine Verbindung zwischen der Relativitätstheorie und der so genannten Quantenmechanik herzustellen, der Einstein mit größter Skepsis gegenüberstand – ohne Grund, wie sich mittlerweile gezeigt hat. Deshalb ist es eine der großen Herausforderungen der theoretischen Physik im 21. Jahrhundert, eine Quantentheorie der Gravitation zu erarbeiten.

Stephen Hawking ist durch eine schwere Krankheit an den Rollstuhl gefesselt.

Wie orientieren sich die Astronomen am Himmel?

Der Wanderer auf der Erde, der einen bestimmten Ort erreichen möchte, und der Astronom, der ein bestimmtes Gestirn beobachten will, stehen beide vor derselben Frage: Welche Position hat der gesuchte Ort oder das gesuchte Gestirn?
Für eine grobe Orientierung reicht auf der Erde die Einteilung in Kontinente und Länder, am Himmel die Einteilung in Sternbilder. Doch wer den genauen Ort angeben will, der braucht Koordinaten.
Deshalb haben die Astronomen den Himmel – wie die Geografen die Erde – mit einem Netz von Linien überzogen, sind ihre Sternkarten und Himmelsgloben mit einem Koordinatensystem versehen. Während auf der Erde ein einziges Koordinatensystem mit den Fixpunkten Äquator, Nord- und Südpol sowie dem Nullmeridian von Greenwich gilt, so gibt es am Himmel mehrere Möglichkeiten.

Das Horizontsystem ist das einfachste Koordinatensystem und geht von dem natürlichen Himmelsanblick aus.

Das Horizontsystem

Das **Horizontsystem** geht vom natürlichen Anblick des Himmels aus, den der Beobachter in der Landschaft hat. Grundebene ist hier der Horizont, der an die Stelle des Äquators tritt. Für den Nordpol wird der Zenit genommen: der senkrecht über dem Beobachter stehende, höchste Punkt der Sphäre. Sein Gegenpol ist der Nadir. Als Nullmeridian dient der Meridian des Himmels. Dies ist jener größte Kreis der Sphäre, der, durch Zenit und Nadir gehend, den Süd- und Nordpunkt des Horizonts miteinander verbindet. Auf ihm erreicht die Sonne zur Mittagszeit ihren höchsten Stand.
Der geografischen Breite entspricht die Höhe des Gestirns über dem Horizont, während die Länge durch das Azimut angegeben wird. Mit

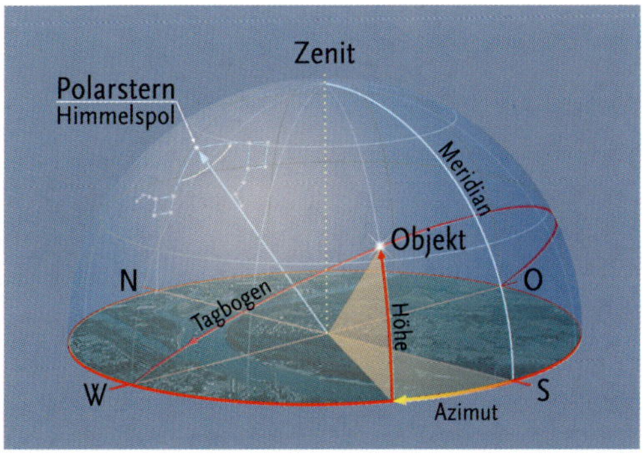

ihm wird jener Winkel bezeichnet, den der Vertikalkreis des Gestirns (also der durch Gestirn und Zenit verlaufende Großkreis) mit dem Meridian des Himmels bildet.

Da die Gestirne durch die Erddrehung eine scheinbare tägliche Bewegung von Ost nach West über dem Horizont vollführen und die Erde eine Kugel ist, sind die Koordinaten des **Horizontsystems** vom Ort und Zeitpunkt der Beobachtung abhängig. Deshalb kann dieses Koordinatensystem auch nicht auf eine Sternkarte oder einen Sternatlas übertragen werden. Dagegen hat es den Vorteil, dass die Koordinaten mit sehr hoher Genauigkeit gemessen werden können.

Das Äquatorsystem

Um ein Orientierungssystem zu erhalten, dessen Koordinaten nicht an Zeit und Ort gebunden sind, haben die Astronomen einfach das Koordinatensystem der Erde an die scheinbare Himmelskugel versetzt. So werden die beiden irdischen Pole zum Nord- und Südpol des Himmels, wobei der nördliche Himmelspol in etwa durch den Polarstern gekennzeichnet ist.

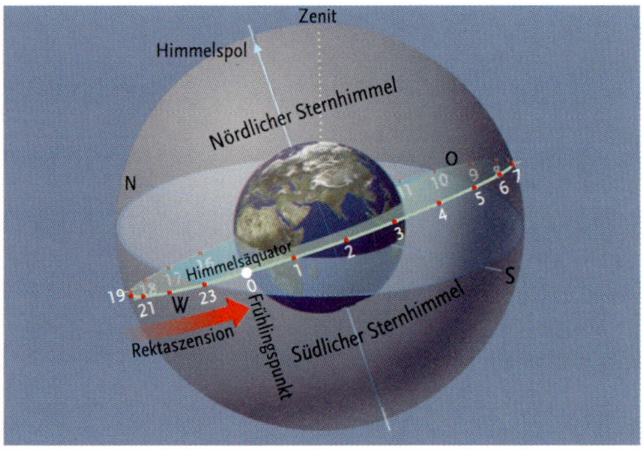

Das Äquatorsystem hat den Vorteil, dass seine Koordinaten von Ort und Zeit unabhängig sind. Es dreht sich mit der Sphäre.

Der Großkreis, der von beiden Himmelspolen den gleichen Abstand hat, ist der Himmelsäquator. Der Abstand eines Gestirns nördlich oder südlich vom Himmelsäquator heißt die Deklination. Sie gibt die „himmlische Breite“ des Gestirns an. Im Falle der „himmlischen Länge“ verfährt man wie mit den Längenkreisen oder Meridianen auf der Erde: Es wird ein Nullmeridian bestimmt. Auf der Erde ist es derjenige Meridian, der durch Greenwich bei London läuft; am Himmel ist es der Frühlingspunkt. Es ist jener Ort, an dem sich die Sonne zum exakten Frühlingsanfang aufhält.

Der Winkelabstand zwischen dem Gestirn und dem Frühlingspunkt, die Rektaszension, wird als zweite Koordinate, also himmlische Länge, gewählt.

Wie arbeiteten die Astronomen vor der Erfindung des Fernrohrs?

Fast 4000 Jahre lang war die Astronomie eine Astronomie des bloßen Auges. Detaillierte Beobachtungen der Himmelskörper, vor allem der Mitglieder des Planetensystems, waren unmöglich und auch nicht Gegenstand des Interesses der Astronomen der „Vor-Teleskop-Zeit“.

Ihnen ging es in erster Linie darum, die Positionen der Gestirne an der Himmelskugel zu beschreiben, also die Bahnen der damals bekannten beweglichen Himmelskörper zu bestimmen, und dann Kartenwerke und Tabellen zu erstellen. Auf diese Weise wollten sie eine Grundlage für die

Zeitmessung, den Kalender und die Navigation auf See schaffen. Astronomie dieser Zeit war sphärische Astronomie oder Astrometrie.

Winkelmessinstrumente

Um die Gestirnspositionen für andere Beobachter nachvollziehbar festzulegen, wurden im Altertum verschiedene Winkelmessinstrumente verwendet: Das älteste Instrument ist der *Gnomon* oder Schattenanzeiger. Es handelt sich dabei um einen Stab oder Pfeiler, der in Mittagsrichtung aufgestellt wurde. Aus der Länge seines Schattens konnte die Mittagshöhe der Sonne bestimmt werden, ferner die Schiefe der Ekliptik, die geografische Breite des Beobachtungsortes sowie die Tageszeit und die Jahreslänge.
Der **Quadrant** besteht aus einem Viertelkreis, der mit einer genauen Gradeinteilung versehen ist. Mit einem schwenkbaren Stab, dem eine Visiereinrichtung aufgesetzt ist, wurde das Gestirn angepeilt und auf der Skala des Quadranten die Höhe des Gestirnes über dem Horizont abgelesen.
Ebenfalls zur Höhenmessung diente der *Dreistab*, auch Jakobstab, Gradstock oder Kreuzstab genannt. Er war ein mit Teilstrichen versehener Stab, auf dem zwei andere dazu senkrecht stehende Stäbe so lange verschoben wurden, bis der Horizont und das zu messende Gestirn von ihren beiden Enden scheinbar bedeckt wurden.

Den größten Quadranten besaß Tycho Brahe in seiner Sternwarte Uranienburg auf der Insel Hveen.

Die *Armillarsphäre* ist eine Art geozentrischer Himmelsglobus, der sich aus einer Folge von Ringen zusammensetzt. Sie stellen die Groß- und Kleinkreise der Sphäre dar, wie Äquator, Ekliptik, Wende- und Polarkreis, sind fest miteinander verbunden und gegen einen Horizontal- sowie einen Meridianring drehbar. Auf diese Weise kann sie auf jeden Standort-Breitengrad nach Datum und Tageszeit eingestellt werden.
Das ***Astrolabium*** besteht aus einer runden Metallplatte, auf der sich eine Karte der hellsten Sterne, Positionslinien, Skalen und Visiermarken befinden. Auf diese Weise ließen sich in der Art eines Analogrechners die Himmelskoordinaten des Äquatorsystems in die des Horizontsystems umrechnen. Durch eine bewegliche Visiereinrichtung konnten auch Zenitdistanzen berechnet werden, wenn das Gerät frei an der Hand des Beobachters hing. Mit dem Astrolabium ließ sich auf See navigieren, konnten Seefahrer und Himmelsforscher Aufgaben zur sphärischen Trigonometrie lösen, die Auf- und Untergangszeit der Gestirne bestimmen, die Dauer der Dämmerung ermitteln und ein Horoskop erstellen.

Anlässlich der Berliner Gewerbeausstellung 1896 ließ Friedrich Simon Archenhold den großen Refraktor rein aus Spendenmitteln bauen. Mit 21 Metern Länge und Brennweite ist er das längste Linsenfernrohr der Erde – und immer noch voll funktionsfähig.

Welche Fernrohrarten verwenden die Astronomen?

Die heute in der Astronomie verwendeten Fernrohre können in zwei Gruppen eingeteilt werden: Linsenfernrohre und Spiegelfernrohre. Beide wurden im 17. Jahrhundert entwickelt.
Beim **Linsenfernrohr** oder Refraktor wird das Licht durch eine große Linse (Objektiv) gesammelt, gebrochen und in einer bestimmten Entfernung an einem bestimmten Punkt (Brennpunkt) zu einem Zwischenbild vereinigt. Dies wird dann durch eine vergrößernde Linse (Okular) betrachtet.
Die größten Linsenfernrohre sind zum Beispiel der Yerkes-Refraktor mit 102 Zentimetern Durchmesser im US-Bundesstaat Wisconsin, der des Lick-Observatoriums (90 cm) in Kalifornien, der des Paris-Meudon-Observatoriums (83 cm), der 80-Zentimeter-Refraktor der Potsdamer Sternwarte oder der Große Refraktor der Archenhold-Sternwarte in Berlin-Treptow mit 68 Zentimetern Objektivdurchmesser.
Dass die Ein-Meter-Grenze nicht weiter überschritten wird, liegt daran, dass das Objektiv quasi wie ein Deckel auf dem Fernrohr liegt. Da nun Glas ähnlich wie Wachs ein plastischer Körper ist, der sich unter seinem Eigengewicht zu

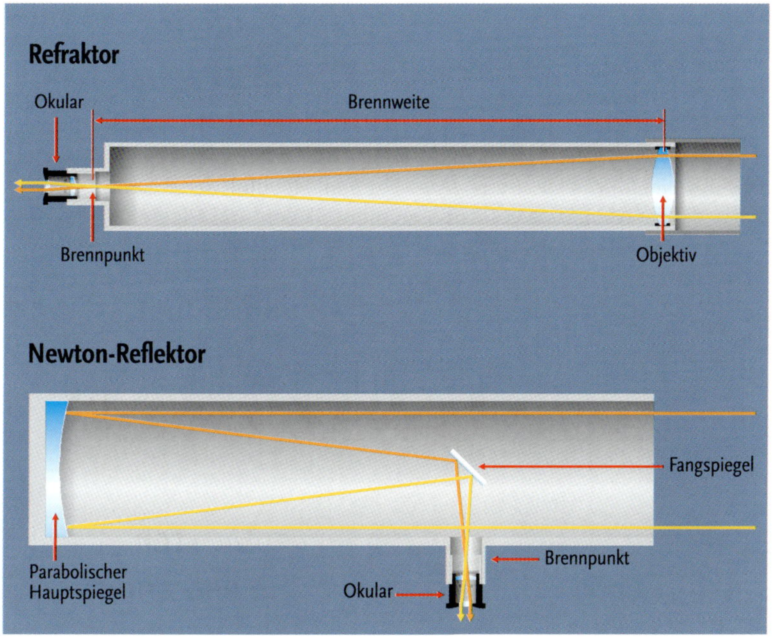

Diese Grafiken zeigen deutlich den Unterschied zwischen Linsen- und Spiegelfernrohr. Beim Linsenfernrohr wird das Licht durch eine Sammellinse gebrochen, deshalb der Name „Refraktor", während es beim Spiegelfernrohr von einem Hauptspiegel zu einem Fangspiegel reflektiert wird. Deshalb auch der Name „Reflektor".

verformen beginnt, würde es bei noch größeren Durchmessern zur Durchbiegung des Objektivs und damit zu gravierenden Bildfehlern kommen.
Ähnlich wie das Linsenteleskop arbeitet das **Spiegelteleskop** (Reflektor). Es wurde erstmals von Isaac Newton gebaut. Hier allerdings wird das Licht durch einen Spiegel am Ende des Rohrs gesammelt (Hauptspiegel) und dann durch einen zweiten kleineren Spiegel (Fangspiegel) zum Okular gelenkt. Der Einblick liegt beim Newton-Spiegelteleskop an der Seite, was für manche Beobachtungen nicht bequem ist. Deshalb haben die Optiker sehr schnell andere Möglichkeiten ersonnen, den „Beobachtungslichtstrahl" an andere Stellen des Fernrohrs zu lenken.
Die seit dem Beginn des zwanzigsten Jahrhunderts gebauten Großteleskope sind nur noch Reflektoren. Spiegel können, da sie am Ende des Fernrohrs sitzen und quasi das Fundament bilden, erheblich größer als Linsen gebaut werden.

Schauen Astronomen nur durchs Fernrohr?

Das Fernrohr ist nicht mehr das einzige Instrument, das die Astronomen für ihre Forschung benutzen. Seit Mitte des 19. Jahrhunderts sind zahlreiche Zusatzinstrumente und andere Beobachtungsverfahren entwickelt worden. So können die Astronomen mit Hilfe der Spektroskopie aus dem zerlegten Licht eines Himmelskörpers Aufschluss über dessen chemische Zusammensetzung, Temperatur, Bewegung und andere physikalische

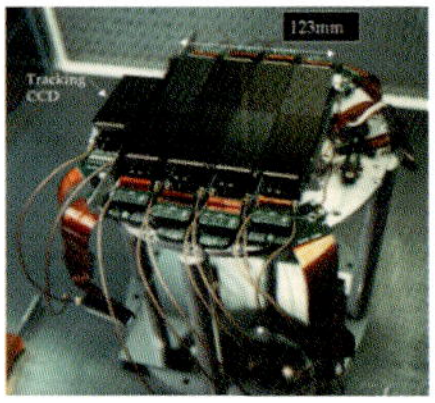

CCDs sind elektronische Bildwandler auf Halbleiterbasis mit nahezu idealen Detektoreigenschaften.

Eigenschaften gewinnen. Die Spektrohelioskopie, mit der das Sonnenbild nicht im weißen Licht, sondern in einer bestimmten Wellenlänge beobachtet werden kann, erlaubt Untersuchungen im Licht des Wasserstoffs und damit die Beobachtungen der großen bogenförmigen Protuberanzen und Sonneneruptionen.
Die Fotografie ermöglicht durch die verwendeten hochempfindlichen Emulsionen die Wahrnehmung und Speicherung der für das Auge zu schwachen Objekte. Mit Hilfe der Fotometrie kann die Lichtintensität von Sternen und Galaxien sehr genau gemessen und vor allem der Lichtwechsel veränderlicher Sterne aufgezeichnet werden. Durch die Einführung elektronischer Bildverstärker sowie **CCD-Kameras** (CCD = Charge Coupled Device, ladungsgekoppelte Einheit) stehen den Astronomen Detektoren zur Verfügung, die an Empfindlichkeit alles bisherige übertreffen.

Mit 100 Metern Durchmesser ist das Radioteleskop Effelsberg das zweitgrößte freibewegliche Radioteleskop der Erde. Es steht im Tal des Effelsberger Baches nahe dem Ort Bad Münstereifel, um Störstrahlung so weit wie möglich auszuschalten.

Radioastronomie

Nach dem Zweiten Weltkrieg erlebte die Radioastronomie einen großen Aufschwung. An vielen Orten der Erde entstanden Radioteleskope, entweder als große Einzelantennen (**Radioteleskop Effelsberg/Eifel** mit 100 m Durchmesser, Arecibo/Puerto Rico 305 m) oder als ganze Antennensysteme (**Very Large Array**/New Mexico: 27 Antennen mit je 25 m Durchmesser). Mit ihnen konnte in Bereiche des Kosmos vorgedrungen werden, die für die optischen Teleskope verschlossen waren. Beispielsweise bekamen die Astronomen Aufschluss über die Spiralstruktur unserer Milchstraße, entdeckten verschiedene Moleküle und sogar die Reststrahlung des Urknalls.
Um die Auflösung der Radioteleskope fast an die der Lichtteleskope heranzuführen, bedienen sich die Astronomen des trickreichen Verfahrens der *Radiointerferometrie*. Es werden in der Radioastronomie mehrere Einzelantennen zusammengeschaltet und ihre einzeln empfangenen Signale zu einem Bild kombiniert. Das berühmteste Radiointerferometer ist das **Very Large Array** in New Mexico. Seine Aufnahmen von Galaxien, auf die sich die dort arbeitenden Wissenschaftler spezialisiert haben, sind von der gleichen Schärfe wie die der optischen Teleskope. Auf diese Weise können zum Beispiel die hinter Gas und Staub verborgenen Galaxienkerne untersucht werden.
Aber das VLA selbst ist nur ein winziger Bestandteil eines erheblich größeren Radioin-

terferometers: des *VLBA (Very Long Baseline Array)*. Es entspricht der Geografie der Neuen Welt, d.h. es reicht über 8000 Kilometer von Osten nach Westen und über 4000 Kilometer von Norden nach Süden. Die erste seiner zehn Antennen steht auf einem Strand der Jungferninseln in der Karibik, die letzte versteckt sich in einem eisigen, abgelegenen Tal in der Nähe des Mauna Kea auf Hawaii.

Die Ausdehnung des Very Large Array ist so groß, dass manche Autofahrer in New Mexico das Antennennetz durchqueren, ohne die kleinen, weit entfernten Parabolantennen zu bemerken.

Das Auflösungsvermögen des VLBA ist mit 0,03 bis 0,0005 Bogensekunden einzigartig, ja geradezu verblüffend. Mit einer derartigen Sehschärfe könnte der Leser dieses Buches von Berlin oder Stuttgart aus ein Buch in Dakar lesen. Auf dem Mond – um ein astronomisches Beispiel zu nennen – bedeutet der letzte Wert ein Detail von weniger als einem Meter. Das ist eine um das 100fache bessere Leistung als die des Hubble-Weltraumteleskops im optischen Spektralbereich.

Und damit nicht genug: Unter dem Namen **ALMA** (Atacama Millimetre Array) plant die Europäische Südsternwarte ESO bis zum Jahr 2009 in Chile auf der 5000 Meter über dem Meeresspiegel gelegenen Hochebene des Llano de Chajnantor eine Anlage aus 64 Parabolantennen mit je 12 Metern Durchmesser zu errichten, um Radioastronomie im Submillimeter-Bereich zu betreiben. Durch diese Fortschritte hat sich die Radioastronomie zum zweiten, gleichberechtigten „Standbein" der erdgebundenen Astronomie entwickelt.

Optisches Gegenstück zu diesem Riesenohr soll übrigens OWL sein. Die Abkürzung steht für Overwhelmingly Large Telescope und ist ein 100-Meter-Spiegel, der laut ESO-Planung im Zeitraum der nächsten 15 bis 20 Jahre Realität werden soll.

Bisher existieren von ALMA nur Projektzeichnungen, aber bei der vierzigjährigen Erfolgsgeschichte der ESO kann es als sicher gelten, dass auch dieses Projekt realisiert wird.

Raumfahrt, die dritte Revolution

Das Licht und die Radiowellen waren bis zum Beginn des Raumfahrtzeitalters die einzigen Strahlungsarten, die den Astronomen als Informationsträger zur Verfügung standen. Denn Licht und Radiowellen können als einzige die Atmosphäre bis zum Erdboden durchdringen. Mit dem Start des ersten künstlichen Erdsatelliten Sputnik I am 4. Oktober 1957 änderte sich dies völlig. Nun gab es die Möglichkeit, nicht nur Instrumente außerhalb der schützenden, aber für die Astronomen doch störenden Erdatmosphäre zu platzieren und damit in den vom Erdboden aus nicht zugänglichen Bereichen des elektromagnetischen Spektrums zu beobachten. Es eröffnete sich auch die Möglichkeit – zumindest im Bereich des Sonnensystems – Himmelskörper aus der Nähe zu erforschen oder sogar auf ihnen zu landen. Das wurde durch Satelliten wie Giotto, Mariner, Venera, Viking, Voyager, Pathfinder, Mars Global Surveyor, Galileo und das Projekt Apollo eindrucksvoll demonstriert.

Astronomie als Allwellenastronomie

Durch Satelliten wie Uhuru, Einstein, ROSAT und IRAS, die im Gammastrahlen-, im Röntgenbereich sowie im Ultraviolett- und Infrarotbereich arbeiten, wurde die Astronomie zur Allwellenastronomie: Sie kann also sämtliche Wellenlängen des **elektromagnetischen Spektrums** als Informationsträger nutzen. Beispielsweise entdeckte der deutsch-britisch-amerikanische Röntgensatellit ROSAT bei seiner Himmelsdurchmusterung 60.000 neue Röntgenquellen, der britisch-niederländische Satellit IRAS (Infrared Astronomical Satellite) bei seinen Durchmusterungen 245.000 Infrarot-Punktquellen, darüber hinaus neue Kometen, Kleinplaneten und Staubhüllen um Sterne.

Die Mission des Satelliten HIPPARCOS (High Precision Parallax Collecting Satellite) von 1989 bis 1993 führte zu den präzisesten Positions- und

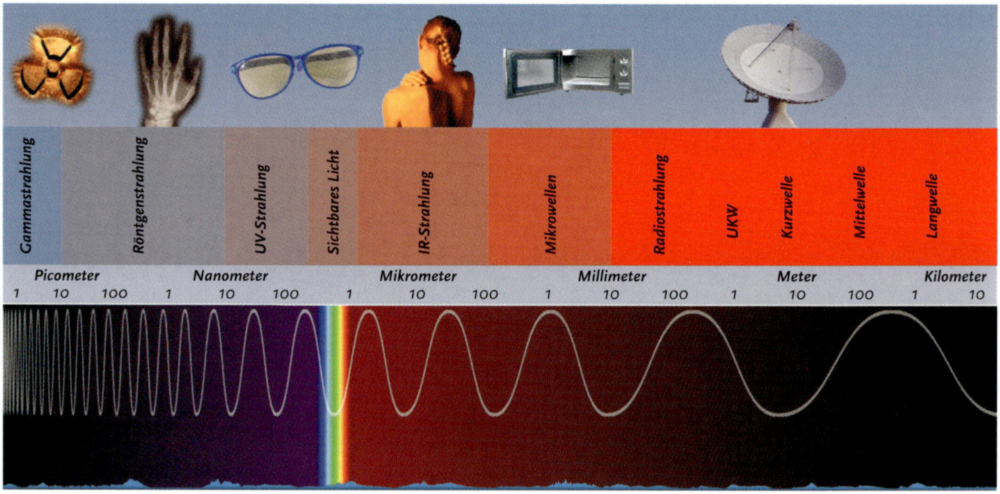

Abstandsmessungen von Sternen überhaupt und den besten Himmelskarten unserer Zeit. Satelliten wie der 1996 gestartete SOHO (Solar and Heliospheric Observatory) und der Anfang 2002 in den Erdorbit geschossene europäische Umweltsatellit ENVISAT (European Enviromental Satellite) geben den Wissenschaftlern neue Einblicke über die Vorgänge auf der Sonne und unserem Heimatplaneten.
Flugzeugteleskope wie das inzwischen außer Dienst gestellte Kuiper Airborne Observatory und das im Bau befindliche SOFIA (Stratosphären-Observatorium für Infrarot-Astronomie) für die Infrarotastronomie schließen die Lücke zwischen den erdgebundenen und den im Weltraum stationierten Beobachtungsinstrumenten. Raumsonden wie Pluto Express und ROSETTA sollen helfen, die geheimnisvollen Himmelskörper im Grenzland des Sonnensystems zu erforschen und bisher ungeklärte Fragen über die Frühzeit unseres Planetensystems zu beantworten.

Höhepunkt Hubble

Als Höhepunkt der Weltraumastronomie darf jedoch das **Hubble-Space-Telescope** (HST) gelten. Das 1990 nach langen Verzögerungen gestartete Fernrohr mit einem Spiegeldurchmesser von 2,40 Metern ist das erste optische Beobachtungsinstrument außerhalb der Erdatmosphäre. Durch einen Schleiffehler des Hauptspiegels konnte anfangs die geplante Auflösungsqualität nicht erreicht werden, dennoch waren die gewonnenen Informationen sensationell. Seit der Reparaturmission durch eine Spaceshuttle-Mannschaft im Dezember 1993, während der das Teleskop mit einer Korrekturoptik versehen wurde, arbeitet das Fernrohr wie zu erwarten, ja sogar noch besser.

Das Hubble Space Telescope ist das bisher größte im Weltraum stationierte optische Fernrohr. Es soll noch bis zum Jahre 2005 seinen Dienst tun.

Seitdem liefert das HST faszinierende Bilder von Galaxien, Sternhaufen, aber auch von den Planeten unseres Sonnensystems, die täglich über das Internet abrufbar sind. So sind sich die Astronomen sicher, mit diesem weltraumgestützten Fernrohr in Zusammenarbeit mit den erdgebundenen Riesenteleskopen neue sensationelle Erkenntnisse im optischen Bereich ihrer Wissenschaft zu gewinnen. Dazu würde beispielsweise nicht nur die Entdeckung weiterer Planeten bei anderen Sonnen gehören, sondern auch deren Fotografie und die genaue Analyse ihrer Atmosphäre.

Strahlung und elektromagnetisches Spektrum

Alle Himmelskörper senden Strahlung aus: Sie produzieren sie entweder wie die Sterne selbst (emittieren) oder spiegeln (reflektieren) sie, wie z. B. der Mond. Die bekanntesten Strahlungsarten sind das Licht und die Wärme, weil wir sie wahrnehmen können. Sie gelangen durch die Atmosphäre bis zum Erdboden. Das gleiche gilt für die Radiostrahlung, nur für ihren Empfang sind schon Antennen nötig. Die Astronomen sprechen deshalb vom „optischen“ und vom „Radiofenster“. Daneben gibt es aber noch die Gamma-, Röntgen- und Ultraviolettstrahlung. Sie werden von der Erdatmosphäre zum größten Teil abgeblockt. Diese Strahlungsarten haben verschiedene Wellenlängen. Ihre Bandbreite – elektromagnetisches Spektrum genannt – reicht von einigen tausend Kilometern bis hinunter zu 10^{-14} Metern.

Wo stehen die größten und modernsten Fernrohre?

Die größten und modernsten Fernrohre sind Spiegelfernrohre und stehen zumeist auf hohen Bergen oder in Hochgebirgswüsten fernab jeglicher Zivilisation. Der Grund liegt in den schlechter gewordenen Beobachtungsbedingungen in den Städten und ihren Vororten. Hier wurde die Luft durch die zunehmende Industrialisierung immer mehr verschmutzt und der Himmel durch das Wachstum der Städte mit ihren vielen künstlichen Lichtquellen immer mehr aufgehellt, so dass man sogar von einer Lichtverschmutzung des Himmels spricht.

Deshalb begannen die Astronomen in den 1960er Jahren, auf abgelegenen Berggipfeln oder in Gebirgswüsten nach neuen Standorten für Observatorien zu suchen. Das war vor allem auf der Südhalbkugel der Erde der Fall, weil dieser Teil des Himmels bisher am wenigsten erforscht wurde.

Eines dieser Zentren ist die *Europäische Südsternwarte* in Chile. Das Observatorium bei La Silla in den Anden, etwa 600 Kilometer nördlich von Santiago, wurde 1969 eingeweiht und wird von der **ESO** (European Southern Observatory) unterhalten, der zehn europäische Staaten angehören.

Das ESO-Logo zeigt neben den drei Abkürzungsbuchstaben als Rahmen die Sterne des Sternbildes Kreuz des Südens.

Das La-Silla-Observatorium befindet sich in 2400 Metern Höhe, besitzt nicht weniger als 16 Teleskope und arbeitet unter günstigsten atmosphärischen Sichtbedingungen. Hier kann an 300 klaren Nächten beobachtet werden. Inzwischen hat der 2635 Meter hohe Paranal mit dem VLT (Very Large Telescope) und 350 klaren Nächten La Silla längst den Rang abgelaufen und dürfte bis zur Fertigstellung von OWL für die nächsten 15 bis 20 Jahre das Mekka nicht nur für die europäischen Astronomen, sondern für die Himmelsforscher aus aller Welt werden.

Andere bedeutende zivilisationsferne astronomische Zentren liegen auf dem hawaiischen Vulkan Mauna Kea in 4200 Metern Höhe oder auf dem 2400 Meter hohen Pico del Teide auf Teneriffa, wo sich die europäischen Sonnenforscher ihren Kristallisationspunkt geschaffen haben.

Die neue Teleskopgeneration des 21. Jahrhunderts

Mit der Einweihung des 5-Meter-Spiegelteleskops auf dem Mount Palomar am 3. Juni 1948 schien die Grenze des Großspiegelteleskopbaus erreicht zu sein. Denn es zeigte sich, dass noch größere Spiegel immer größere Kuppelbauten erforderten, die Nachführung mit der Erddrehung immer schwieriger wurde und Riesenspiegel auch zu Gewichts- und Materialproblemen führen. Ein warnendes Beispiel war das 1976 in Betrieb genommene sowjetische 6-Meter-Teleskop in Selentschukskaja im Kaukasus.

Als es auf der entscheidenden Sitzung der ESO darum ging, ob der Paranal in Chile oder der Gamsberg in Südafrika Zentrum der geplanten Europäischen Südsternwarte werden sollte, entschieden sich die Teilnehmer mit nur einer Stimme Mehrheit für La Silla.

In den 1980er und vor allem 1990er Jahren schuf eine neue Generation von Wissenschaftlern und Technikern die Grundlagen für die neue Generation von Spiegelteleskopen für das 21. Jahrhundert. Montierungen und Spiegel wurden in Leichtbauweise gefertigt, die Fern-

Blick in die vier Kuppeln des Very Large Telescopes der ESO auf dem Paranal. Die vier 8,2-Meter-Fernrohre tragen Namen aus der Sprache der Mapuche, der ursprünglichen Bevölkerung Chiles: Yepun (Sirius), Antu (Sonne), Kueyen (Mond) und Melipal (Kreuz des Südens).

rohre anders als bisher aufgestellt und mit Hilfe von Computern den Gestirnsbewegungen nachgeführt.

Das Spiegelmaterial ist nicht mehr reines Glas, sondern Glaskeramik und damit unempfindlich gegenüber Temperaturschwankungen. Die neuen Spiegel sind viel dünner als ihre Vorgänger und außerdem biegsam. So haben beispielsweise die vier 8,2-Meter-Spiegel des Very Large Telescope der ESO nur eine Stärke von je 17,5 Zentimetern, während das 5-Meter-Teleskop immerhin fast einen dreiviertel Meter Stärke aufweist.

Die letzte Eigenschaft ist wichtig, um ihre Form mit Hilfe zahlreicher stempelförmiger Stellglieder (Aktuatoren) den Verhältnissen optimal anzupassen. Dieses Verfahren heißt „aktive Optik". Manche Großspiegel werden auch nicht mehr als monolithische Scheibe gefertigt. Vielmehr bestehen sie aus verschiedenen Segmenten, deren Licht zu einem Punkt geleitet wird.

Die europäische Südsternwarte ESO

Die drei Großbuchstaben stehen für European Southern Observatory, also „Europäische Südsternwarte". Das Gemeinschaftsunternehmen, dem heute Belgien, Dänemark, Deutschland, Frankreich, Italien, die Niederlande, Portugal, Schweden, die Schweiz und Großbritannien angehören, wurde am 5. Oktober 1962 in Paris gegründet. Im Laufe ihrer vierzigjährigen Geschichte hat die ESO nicht nur zwei der größten Sternwarten mit den leistungsfähigsten Teleskopen der Welt in Südamerika errichtet – La Silla und Paranal – sondern ist auch *die* Organisation für Astronomie und Astrophysik in Europa geworden. Der Hauptsitz der ESO befindet sich in Garching bei München. Das von den vier Sternen des südlichen Kreuzes eingerahmte Akronym lässt sich heute wohl treffender mit „Europäische Südsternwarten Organisation" übersetzen.

Sie ähneln damit gigantischen Insektenaugen und werden *Multi-Mirror-Teleskope* oder Facettenspiegel genannt. Auf der anderen Seite lassen sich einzelne Großteleskope zu einem Riesenteleskop zusammenschalten. Das Prinzip heißt Interferometrie und befindet sich noch in der Entwicklung.
Noch mit einem weiteren Trick arbeiten die Astronomen bei ihren neuen Teleskopen. Es ist die „adaptive Optik". Sie soll durch einen entgegengesetzt der Luftunruhe schnell beweglichen und an einen Computer gekoppelten Spiegel im Lichtweg des Fernrohrs das romantische Funkeln der Sterne, die Szintillation, ausschalten – verwischt diese doch die klare Sicht ins Weltall.
Beim VLT werden beide Techniken angewandt. Seine so ausgerüsteten Spiegel lassen sich unabhängig auf verschiedene Himmelskörper ausrichten oder beobachten gemeinsam dasselbe Objekt. Auf diese Weise wird die Abbildungsqualität dramatisch verbessert. Wird bei diesem Teleskop die Interferometertechnik eingesetzt, dann erzielen zwei der im Abstand von 130 Meter stehenden 8,2-Meter-Spiegel eine Auflösung, die der eines 200-Meter-Teleskops entspricht.

Weshalb stellt der Astronom keine Horoskope?

Bei Führungen durch Universitätssternwarten und vor allem durch Volkssternwarten wird vermehrt von Besuchern gefragt, ob hier auch Horoskope gestellt werden. Oft wird der Astronom sogar mit „Herr Astrologe" angesprochen. Die Antwort lautet dann immer: „Nein, das ist nicht unsere Aufgabe. Obwohl, wenn wir es heute bei der neuen Astrologiegläubigkeit täten, wir dann keine finanziellen Sorgen mehr hätten."
Die Vorstellung, der Astronom erstelle auch Horoskope, sei also gleichzeitig Astrologe (Sterndeuter), stammt aus jenen Zeiten, in denen beide Beschäftigungen mit den Sternen noch eng miteinander verbunden waren. So war der berühmte Astronom Kepler gleichzeitig Astrologe und erstellte für den Feldherrn Wallenstein Horoskope.
Diese früher sehr enge Verbindung von Astronomie und Astrologie lässt sich nur durch ihre Ursprünge erklären. In den Anfängen der menschlichen Zivilisation wurden die Gestirne als göttliche Wesen oder Dämonen angesehen, die durch ihren Willen in das irdische Geschehen eingreifen konnten. Das betraf besonders das Schicksal des einzelnen Menschen.
Auf diese Weise entstand der Sternenglaube, aus dem sich der Astralkult entwickelte. Denn, um diese Mächte günstig zu stimmen, mussten die Menschen sie anbeten und ihnen zu bestimmten Zeiten Opfer darbringen. Die zahlreichen Tempel und Pyramiden, die noch heute in Mittelamerika, Ägypten und dem alten Zweistromland zwischen Euphrat und Tigris zu sehen sind, bilden eindrucksvolle Zeichen dieses Glaubens.

Sterndeutung und Sternkunde

Aus den Regeln des Astralkults entwickelte sich die Auffassung, dass bestimmte Vorgänge auf unserer Erde mit bestimmten Gestirnsstellungen zusammenhängen würden. Ihre Regeln müsse man kennen, um entsprechend danach zu handeln. Auf diese Weise entstand die *Astrologie*, die Sterndeutung, deren Ursprünge in frühbabylonischer Zeit zu suchen sind. Die Astrologie aber funktionierte nur, wenn man die Bahnen der Gestirne kannte, vor allem die der so genannten Wandelsterne. Zu ihnen zählten Sonne, Mond und die mit dem bloßen Auge sichtbaren Planeten Merkur, Venus, Mars, Jupiter und Saturn. Besonders geschulte Leute mussten also genaue Beobachtungen vornehmen und in entsprechende Berechnungen einmünden lassen, also *Astronomie* (Sternkunde) betreiben. Die Beschäftigung mit den Sternen lag deshalb in diesen Kulturen auch in den Händen der Priester und wurde in den Tempeln ausgeübt.

Das änderte sich im antiken Griechenland vor und nach Christi Geburt grundlegend. Hier waren die Menschen bestrebt, die Beschäftigung mit dem Kosmos als reinen Selbstzweck zu betreiben und die Erscheinungen des Weltalls in allgemeinen Gesetzen auszudrücken. Erst die Erfindung des Fernrohrs und die mit seiner Hilfe gewonnenen Beobachtungen und Entdeckungen entmystifizierten die Gestirne und machten den Weg frei für eine rein wissenschaftliche Beschäftigung mit ihnen.

Das Zeitalter der Aufklärung und der industriellen Revolution mit ihrem gewaltigen wissenschaftlich-technischen Fortschritt verdrängte dann die Astrologie ganz aus dem Lehrbetrieb und ließ die Astronomie zur einzigen Beschäftigung der Gelehrten mit den Objekten des Himmels werden.

Allerdings findet in der postindustriellen Gesellschaft die Astrologie im Verein mit anderen esoterischen „Wissenschaften" wieder großen Zulauf. Ursache sind die Sinnkrise unserer Gesellschaft, die nach Ansicht vieler Menschen immer unüberschaubarer und unkontrollierbarer werdenden Entwicklungen in Wissenschaft und Technik, die Globalisierung und das Versagen der Kirchen. Aber auch die Propaganda in den Medien muss genannt werden und nicht zuletzt der wissenschaftliche Touch, den sich die Astrologen geben: Sie alle arbeiten mit Computern und den Tabellen der Astronomen!

Astronomen an der Steuerkonsolen des VLT. Der 14x28 m große Kontrollraum ist in sechs Steuerbereiche unterteilt, und auch am Tage herrscht dort Betrieb.

Planet Erde

Unsere Erde wurde lange Zeit von den Geowissenschaftlern und Astronomen als etwas Besonderes angesehen, und das auf der einen Seite sicher zu Recht. Denn sie ist der einzige Leben tragende Planet im Sonnensystem. Deshalb war es auch kein Wunder, dass die Erde nicht unter astronomischen Aspekten groß betrachtet wurde, denn Gemeinsamkeiten mit den anderen Mitgliedern des Sonnensystems schien es nicht zu geben.

Die Astronomen glaubten beispielsweise, nur der atmosphärelose Mond sei in der Frühzeit des Sonnensystems einem heftigen Meteoriten-Bombardement ausgesetzt gewesen, Meteoriteneinschläge auf die Erde bildeten dagegen die große Ausnahme.

Ähnlich verhielt es sich unter den Geowissenschaftlern selbst. Sie konzentrierten sich lange Zeit auf die Entwicklungsgeschichte der Erde und die Beschreibung der einzelnen Erscheinungen wie Vulkanismus, Gebirgsbildung oder Erdbeben. Das geschah dann auch noch schön säuberlich

Die Erde – unser Heimatplanet, aufgenommen vom Wettersatelliten Meteosat

getrennt: Die Geologen befassten sich nur mit dem Bau des Erdkörpers, die Meeresforscher ausschließlich mit dem Meer und die Polarforscher mit den Polkappen.
Dass dieser Forschungsansatz uns heute nicht mehr zeitgemäß erscheint, ist nicht nur eine Folge der gewaltigen Fortschritte auf den Gebieten der Raumfahrt und der Geoforschung. Wir lernten durch die Mondflüge und unbemannten Raumsondenmissionen zu den Planeten die Erde nicht nur aus der Weltraumperspektive zu sehen und zu erforschen. Wir lernten auch die anderen Planeten und Monde des Sonnensystems genauer kennen und sie mit der Erde zu vergleichen. Nicht umsonst entstand als Folge dieser Entwicklung sehr schnell die Wissenschaft der *Planetologie*.
Die neue Sicht der Erde ist auch ein Ergebnis der vom Menschen ausgelösten negativen Umweltveränderungen durch Schadstoffe. Lange bevor Wirtschaft und Politik von „Globalisierung" sprachen, begannen deshalb die Wissenschaftler, die Erde als „System" zu sehen. Sie handelten damit gemäß der alten Weisheit, dass alles miteinander verbunden ist und nichts zusammenhangslos besteht.
Unter diesem neuen Aspekt gleicht das Aufspüren von Fakten über den blauen Planeten oft der Suche nach der berühmten „Nadel im Heuhaufen", macht jedoch Geowissenschaften vielseitig und spannend – und nicht zuletzt überlebenswichtig. Denn ihre Erkenntnisse können uns bei dem Versuch helfen, Handlungsstrategien für die Zukunft zu entwickeln, damit auch die nachfolgenden Generationen noch einen Planeten vorfinden, auf dem sie menschenwürdig existieren und von dem aus sie Astronomie und Raumfahrt betreiben können.

Weshalb wird die Erde als „blauer Planet" bezeichnet?

„Unser blauer Planet", „Blauer Punkt im All" – die beiden Astronomen *Heinz Haber* und *Carl Sagan* haben diese Titel für ihre erfolgreichen Sachbücher nicht ohne Absicht und zu Recht gewählt: Schon der Anblick der Erde aus dem All zeigt, dass sie eine Besonderheit unter den Planeten des Sonnensystems darstellt: Sie leuchtet blau – eigentlich weißblau und dann noch an bestimmten Stellen bräunlich-grünlich.
Kein anderer Planet des Sonnensystems kann diese Farbkombination aufweisen: Venus leuchtet blendend weiß, Mars rötlich, Jupiter und Saturn leuchten gelblich, Uranus schimmert grünlich.
Lediglich Neptun leuchtet noch blau, das hat aber nicht den gleichen Grund wie bei der Erde. Beim Neptun ist es das Methan, dagegen stehen bei der Erde die Farben Blau und Weiß für das viele Wasser auf unserem Planeten. Es existiert im flüssigen Zustand in den Meeren, die die Oberfläche zu 70 Prozent bedecken. Wasser existiert aber auch in Flüssen und Seen; es existiert gefroren an den Polen und auf den Gipfeln der Hochgebirge, die deshalb weißleuchtend erscheinen. Und es existiert im kondensierten und

gasförmigen Zustand in der Atmosphäre, die überwiegend von Wolken geprägt wird.
Die bräunlich-grünlichen Gebiete sind das Ergebnis des vielen Wassers, aber auch seiner ungleichen Verteilung über den Landmassen: Sie sind von Vegetationszonen bedeckt. Hier tummelt sich das Leben in seinen verschiedensten Formen, und es ist zumeist an diese Zonen gebunden.

Woher wissen wir, dass die Erde eine Kugel ist?

Für uns heute ist die Kugelgestalt der Erde etwas Selbstverständliches. Für die antiken Völker war das nicht der Fall, denn der Augenschein sagte ihnen etwas anderes. Einem früheren Seefahrer auf dem Mittelmeer musste es scheinen, als ob er sich auf einer riesigen wasserumspülten Scheibe befände, über die sich der Himmel wie eine Halbkugel wölbt. Aus dem Meer tauchten demnach Sonne, Mond und Planeten auf. Sie zogen über den Himmel, versanken dann aber wieder hinter der Scheibengrenze, um durch die Unterwelt zum Aufgangspunkt zurückzukehren. Der Horizont markierte die Grenze einer Scheibe, jenseits davon schienen Schiffe in einem Abgrund zu verschwinden.
Wann nun die Idee von der Kugelgestalt der Erde aufkam, lässt sich nicht genau sagen, da die antiken Quellen keine eindeutige Antwort auf diese Frage geben. Die ersten handfesten Beweise stammen von *Aristoteles* (384–322 v. Chr.) und haben nichts von ihrer Gültigkeit verloren:

- Ein Beobachter am Meer sieht von einem sich nähernden Schiff am Horizont zuerst den Mast und dann Stück für Stück die übrigen Aufbauten auftauchen.
- Wenn man sich auf der Erde höher nach Norden oder weiter nach Süden begibt, verändert sich die Stellung des Polarsterns. Das gilt auch für ihn umkreisenden Sterne über dem Horizont des Beobachtungsortes. Sie nimmt an Höhe zu, je mehr man nach Norden kommt, und verliert an Höhe, je weiter der Betreffende nach Süden reist.
- Bei Mondfinsternissen, bei denen der Mond vom Schatten der Erde getroffen wird, zeigt dieser Schatten eine Krümmung. Der einzige Körper, der bei senkrechter Einstrahlung auf eine Projektionsfläche einen kreisförmig begrenzten Schatten wirft, ist eine Kugel.

Die Raumfahrt erbrachte schließlich den eindrucksvollsten und überzeugendsten Beweis für die Kugelgestalt der Erde: zahlreiche Aufnahmen unseres Planeten, die die Astronauten aus der Umlaufbahn und vom Mond aus anfertig-

Keine Kugel, sondern ein Ellipsoid – so stellt sich unsere Erde nach den präzisen Messungen dar, die bisher vorgenommen wurden, hier vom GFZ-Satelliten Champ. Die Form wurde der besseren Darstellung wegen stark überhöht.

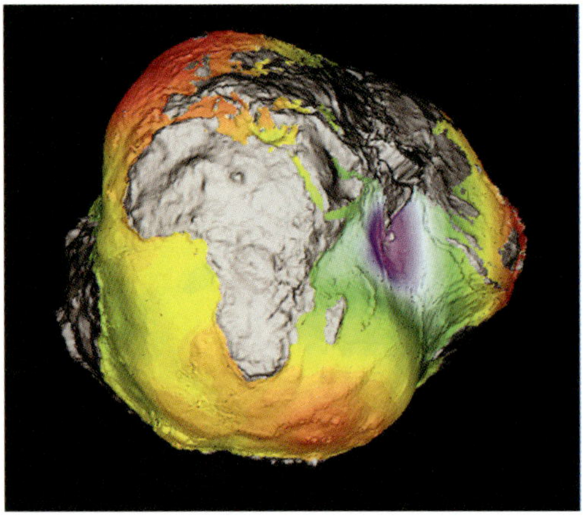

ten. Schwerefeldmessungen durch das Verfolgen der sich ändernden Bahnform von Satelliten zeigen eindeutig, dass die Erde nicht ganz kugelförmig, sondern an den Polen etwas abgeplattet ist. So beträgt ihr Äquatordurchmesser 12.756 Kilometer, ihr Poldurchmesser dagegen nur 12.715 Kilometer, woraus sich eine Abplattung von 1:300 ergibt.
Diese Form des Erdkörpers wird auch als **Ellipsoid** bezeichnet und von den beiden Satelliten des Potsdamer GeoForschungsZentrums (GFZ) CHAMP und GRACE genau vermessen.

Warum dreht sich die Erde?

Dass Sonne, Mond, Planeten und Sterne auf- und untergehen, ist eine der fundamentalen Beobachtungen und Erfahrungen, die der Mensch macht. Die richtige Erklärung für dieses Verhalten der Gestirne setzte sich allerdings erst 1512 mit Nikolaus Kopernikus und seiner Theorie des heliozentrischen Weltbildes durch (s. Seite 13).
Seitdem wissen wir, durch entsprechende Beobachtungen untermauert, dass die Auf- und Untergangsbewegung der Gestirne nur scheinbar ist und durch eine Art Karussell-Effekt hervorgerufen wird. So dreht sich unsere Erde in (knapp) 24 Stunden einmal um ihre Achse (*Rotation*) und wandert in 365 1/4 Tagen einmal um die Sonne (*Revolution*).

Drehung aus dem Nebel

Die Rotation unserer Erde hängt mit ihrer Geburt zusammen. Sonne und Planeten entstanden aus einer sich zusammenziehenden Wolke interstellaren Gases und Staubes, die dabei in eine Drehbewegung geriet. Dieser

Strichspuraufnahmen sind ein eindrucksvoller Beweis für die Erddrehung. Während die Kamera still stand, hat sich die Erde und damit der Himmel weitergedreht und die punktförmigen Sterne zu Strichen verzogen.

Gesamtdrehimpuls wurde auf die Sonne und die Planeten übertragen. Seltsamerweise steckt der größte Teil jedoch nicht in der Sonne, sondern in den großen Planeten. Unsere Sonne besitzt nur ein Prozent des Gesamtdrehimpulses, obwohl ihre Masse hundertmal größer ist als die aller Planeten zusammen.
Je nach Größe, Zusammensetzung und Masse rotieren die einzelnen Planeten unterschiedlich schnell. Zum Beispiel benötigt Jupiter, der größte Planet unseres Sonnensystems, nur knapp zehn Stunden für eine Umdrehung. Seine Äquatorgebiete rotieren dabei etwas schneller als die polnahen Bereiche.

Sonnenzeit und Sternzeit

Die Rotationsdauer der Erde kann man mit Hilfe der Sonne oder der Sterne bestimmen. So wird der Zeitraum zwischen zwei aufeinanderfolgenden gleichen Stellungen der Sonne am Himmel als *Sonnentag* bezeichnet. Bei den Sternen ist es der *Sterntag*, also die Zeit zwischen zwei Süd- und damit Höchststellungen eines bestimmten Sternes oder des Frühlingspunktes (s. Kasten Seite 45). Da sich die Erde gleichzeitig um die Sonne bewegt, ist die reine Erddrehung (ein Sterntag) mit 23 h 56 m 4 s um knapp vier Minuten kürzer als ein Sonnentag.
Für den Astronom übrigens spielt die auf dem Sterntag basierende *Sternzeit* eine wichtige Rolle. Sie bestimmt die Geschwindigkeit, mit der seine Instrumente dem Lauf der Gestirne an der Sphäre nachgeführt werden müssen. Die Sternzeit oder „siderische Zeit" ist danach jene Zeitrechnung, die auf der Erdrotation bezüglich der Sterne beruht. Dagegen ist die mittlere Sonnenzeit die Grundlage für die „bürgerliche Zeit".

Wie ist das mit dem Sonnenaufgang und den Jahreszeiten?

„Im Osten geht die Sonne auf, zum Süden nimmt sie ihren Lauf, im Westen muss sie untergehn, im Norden ist sie nie zu sehen." Diese Volksweisheit beschreibt den Sonnenlauf sehr treffend, aber nicht genau. Denn wer den Lauf unseres Tagesgestirns während eines Jahres beobachtet, wird feststellen, dass Sonnenaufgangs- und Ostpunkt ebenso wie Sonnenuntergangs- und Westpunkt die meiste Zeit des Jahres voneinander abweichen und sich auch die Höchststände der Sonne zur Mittagszeit unterscheiden.
Zu Sommeranfang (21. Juni) erscheint die Sonneweit im Nordosten. Sie erreicht ihren höchsten Mittagsstand während eines Jahres und verschwindet im Nordwesten. Am Winteranfang (21. Dezember) dagegen geht sie bereits im Südosten auf, hat den niedrigsten Mittagsstand und geht im Südwesten unter. Nur am 21. März (Frühlingsanfang) und am 23. September (Herbstanfang) fallen Sonnenauf- und Untergangspunkt mit dem Ost- und Westpunkt zusammen. Der Mittagsstand nimmt dann einen mittleren Wert zwischen denen des Sommer- und Winteranfangs ein.

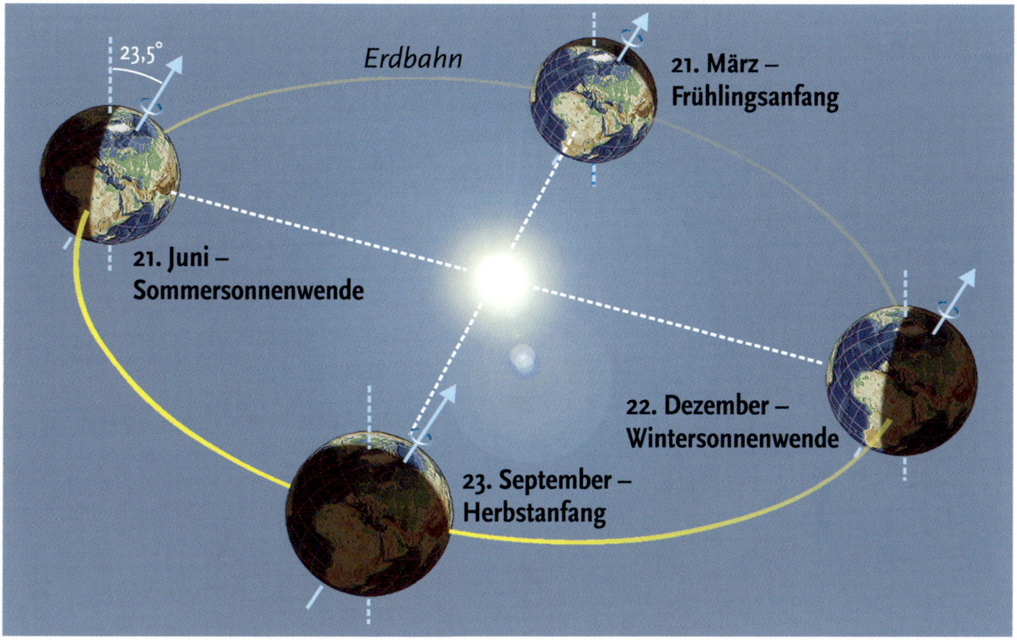

Die Jahreszeiten

Die eigentliche Ursache für die **Entstehung der Jahreszeiten** ist in der Stellung der Erde selbst begründet. Die Drehachse unseres Planeten ist um 66,5 Grad, der Äquator um 23,5 Grad gegen die Erdbahnebene (Ekliptik) geneigt. Bei der Wanderung der Erde um die Sonne bleibt dieser Neigungswinkel unverändert. Dadurch ist in einer bestimmten Position die nördliche Hälfte der Erde stärker zur Sonne geneigt. Er wird mehr vom Sonnenlicht getroffen, so dass auch das Nordpolargebiet in der Tageszone liegt: Wir haben (Nord-)Sommer. Die Sonne wandert in dieser Zeit lange und hoch über den Himmel der Regionen auf der Nordhalbkugel. Gleichzeitig ist aber auf der südlichen Erdhälfte Winter.

Ein halbes Jahr später ist die nördliche Hälfte der Erde von der Sonne weggeneigt. Das Sonnenlicht fällt jetzt unter einem flacheren Winkel auf die Erdoberfläche, und der Nordpol befindet sich jetzt vollständig in der Nachtzone. Die Sonne wandert (zum Beispiel in Mitteleuropa) nur noch in einem flachen Bogen über den Himmel. Es herrscht Winter auf der Nordhalbkugel, während auf der südlichen Hemisphäre Sommer ist.

Die Entstehung der Jahreszeiten hat also etwas mit dem wechselnden Einfallswinkel des Sonnenlichtes zu tun und nichts mit dem unterschiedlichen Abstand der Erde während ihrer Wanderung um die Sonne. Im Gegenteil, die Erde ist von der Sonne im (Nord-)Sommer weiter entfernt als im Winter: Anfang Januar – also im Nordwinter – beträgt der Abstand zwischen Erde und Sonne nur 147 Millionen Kilometer, Anfang Juli dagegen 152 Millionen Kilometer.

Für einen Beobachter auf der Erde steht während der einzelnen Jahreszeiten die Sonne unterschiedlich hoch und lange am Himmel; für einen kosmischen Beobachter ist im Sommer die nördliche Hälfte unseres Planeten mehr der Sonne zugeneigt als im Winter. Dadurch liegt auch der Nordpol im Tageslicht und die Sonne steht auf der sommerlichen Nordhemisphäre länger und höher am Himmel.

Wie entstand die Erde?

Wer die Entstehung unserer Erde erklären will, muss zwei Tatsachen berücksichtigen. Zum einen ist die Geburt unseres Planeten eng mit der Entstehung unseres Sonnensystems verknüpft, und zum anderen baut sich unsere Erde aus mehreren Schalen auf, deren Ursache in der Stoffverteilung kurz nach ihrer „Geburt" zu suchen ist.
Einig sind sich die Astronomen, dass unser Sonnensystem aus einer rotierenden, in sich zusammenstürzenden Gas- und Staubwolke hervorgegangen ist, deren Bewegung durch die Schockwellen einer nahen Supernova-Explosion ausgelöst wurde. Im Zentrum dieser Wolke stand die Sonne, genauer: ihr Vorläufer, die Protosonne. Streit gibt es über den weiteren Weg, weil unterschiedliche Scheibenmassen und -zustände angenommen werden.
Die Theorie von der „heißen Akkretion" geht davon aus, dass die Erde aus einem heißen Urnebel entstand und bereits in einem frühen Stadium geschmolzen war. Zum Aufheizen trugen drei Prozesse bei: die Einschläge so genannter Planetesimale, also mehrere Kilometer großer Felsbrocken; die durch den Materie-Neuzugang zunehmende Eigengravitation des wachsenden Planeten, die den Druck im Innern und damit die Temperatur ebenfalls ansteigen ließ, und schließlich der radioaktive Zerfall einiger Elemente. Als Folge bildete sich zuerst der eisenreiche Kern, auf dem sich später das Silikatmaterial ablagerte, als der Nebel bereits etwas abgekühlt war. Durch diese Prozesse würde die Erde bereits seit ihren frühesten Tagen ihren schalenförmigen Aufbau besitzen. Diese Theorie wird zur Zeit nicht favorisiert.
Im Falle der „kalten Akkretion" war der Entwicklungsprozess komplizierter. Es bildete sich zuerst eine homogene, feste Erdkugel. Durch den Zerfall radioaktiver Elemente erwärmte sich die ganze Erde bis zum Schmelzpunkt. Die dadurch verflüssigten Elemente sanken durch die Gravitation ins Innere ab und bildeten auf diese Weise den schweren Kern. Dagegen stiegen die leichteren Elemente nach oben und sammelten sich in verschiedenen Schichten an. Nach dieser Differenzierung kühlte die Erde von außen nach innen ab und die Kruste sowie der Mantel entstanden.

Wie ist das Innere der Erde aufgebaut?

Wie das Innere der Erde aufgebaut ist und was sich dort abspielt, lernten die Geowissenschaftler erst durch die Analyse unzähliger Seismogramme und durch raffinierte Modellsimulationen. Danach gliedert sich das **Innere unseres Planeten** wie folgt:
Am Grund des bis in 600 Kilometer Höhe reichenden Luftmeeres namens Atmosphäre liegt die Erdkruste. Sie ist unter den Kontinenten 25 bis 70 Kilometer dick, im Bereich der Meeresböden „nur" sechs bis elf Kilometer, und zerfällt in zahlreiche Platten. Anschließend folgt bis in rund 2900 Kilometer Tiefe der Erdmantel.

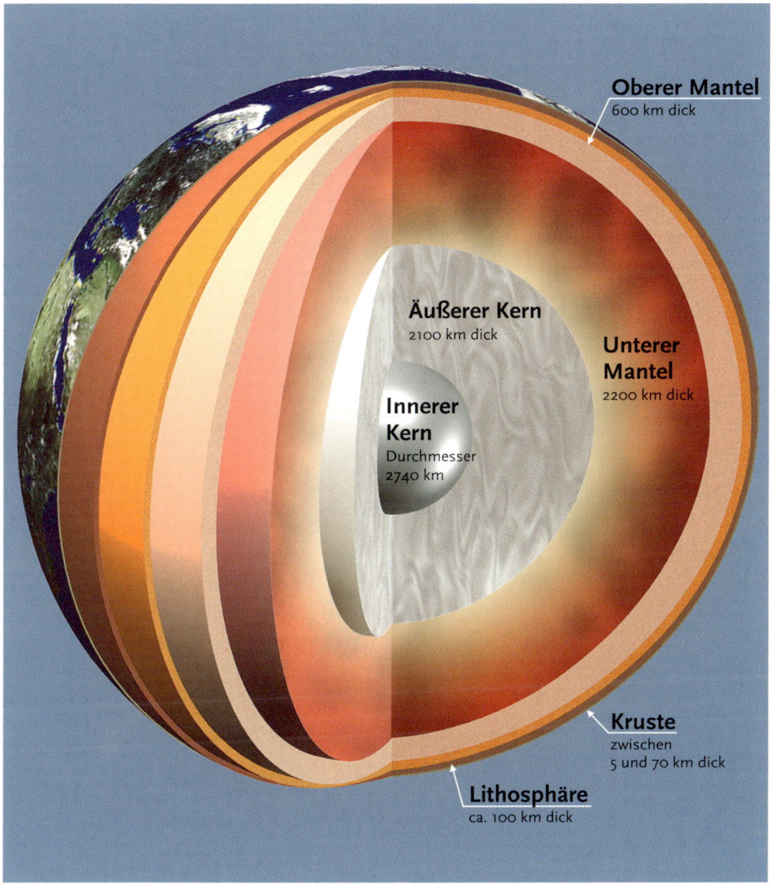

Betrachtet man den Erdkörper als Ganzes und vergleicht ihn mit einem Pfirsich, so leben wir auf der dünnen Haut, deren Runzeln die Gebirge bilden. Die Atmosphäre entspräche dem seidenartigen Verpackungspapier. Unsere Tiefbohrungen kämen nicht einmal dem Einstich mit einer Stecknadel gleich.

Kruste und oberer Erdmantel bilden den Bereich der Lithosphäre (Gesteinshülle). Hier treiben die Krustenplatten wie gewaltige Flöße auf einem zähen Gesteinsbrei (der so genannten Asthenosphäre) mit einer Geschwindigkeit von wenigen Zentimetern im Jahr. Diese Bewegung, hervorgerufen durch zirkulierende Konvektionsströme (Ströme heißer Materie) ist Ursache für Vulkanismus, Erdbeben und Gebirgsbildung. Die Erde ist nämlich bestrebt, die hohen Temperaturen zwischen ihrem Innerem und dem Weltraum auszugleichen. Das geschieht wegen der schlechten Wärmeleitfähigekit der Gesteine am besten durch Konvektion. Die diese Phänomene beschreibende Erklärung ist die Theorie der Plattentektonik. Der Erdmantel selbst ist durch eine in rund 400 bis 670 Kilometer Tiefe gelegene Übergangszone in einen oberen und unteren Bereich geteilt.
Die letzte Station der Reise ist der Erdkern. Seine Existenz wurde erst 1906 nachgewiesen, und es dauerte noch weitere 65 Jahre, bis die Geophysiker mit Sicherheit sagen konnten, dass er sich in einen flüssigen äußeren und einen festen inneren Bereich unterteilt.

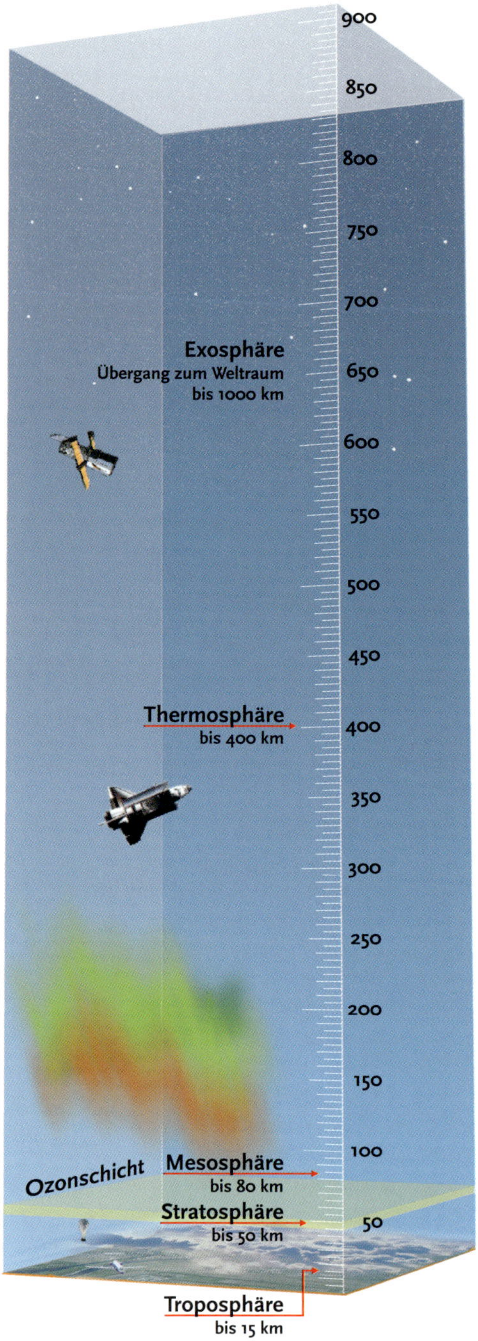

Gegenüber dem Erdmantel ist der Kern durch die Kern-Mantel-Grenze (KMG) abgetrennt. Hier herrscht ein gewaltiger Temperaturunterschied, nämlich zwischen dem 2300 bis 2800 Grad heißen unteren Mantel und dem 3500 bis 4100 Grad heißen äußeren Kern. Er lässt sich nur dadurch erklären, dass an der KMG zwei physisch und chemisch völlig verschiedene Materialien aufeinandertreffen: das feste Gestein des Mantels und das flüssige Eisen des Kerns.

Dieser äußere flüssige Teil des Kerns besteht aus einer geschmolzenen Eisenlegierung. Sie lässt schraubenartige Konvektionsströme nahezu parallel zur Rotationsachse entstehen und erzeugt auf diese Weise das geomagnetische Feld. In diesen Kernbereich ist der innere Kern eingebettet: ein 2400 Kilometer durchmessender, fester Eisenkörper. Die Temperatur liegt hier bei fast 5000 Grad – was in etwa der Sonnenoberfläche entspricht. Der Druck im Erdkern wird auf 3,5 Megabar geschätzt; Dantes Inferno wird damit von der Natur also noch übertroffen.

In welche Stockwerke gliedert sich die Atmosphäre?

Verglichen mit den Dimensionen des Erdkörpers (Durchmesser 12.700 Kilometer) ist die **Erdatmosphäre** (griech., Atmos = Dunst; sphaira = Kugel) ein zarter blauer Saum, der über der Oberfläche unseres Planeten liegt. Sie besteht aus 78 Prozent Stickstoff, 21 Prozent Sauerstoff, 0,9 Prozent Argon und 0,03 Prozent Kohlendioxid. Hinzu kommt noch ein schwankender Anteil an unsichtbarem Wasserdampf.

Wie das Meer gliedert sich auch die Erdatmosphäre in verschiedene Schichten. Wir leben am Boden in der Troposphäre. Die meisten Erdbeobachtungssatelliten, aber auch die Internationale Raumstation ISS und das Hubble-Weltraumteleskop kreisen noch in den Randbereichen der irdischen Lufthülle.

Wir leben in unserer Atmosphäre gleichsam wie Fische im Meer – hauptsächlich am Boden des Luftmeeres. Ähnlich wie das Meer baut sich auch die **Atmosphäre** aus verschiedenen Schichten auf.
Die unterste Schicht ist die *Troposphäre*. Sie erstreckt sich über 10 bis 15 Kilometer und ist jener Bereich, in dem das Wetter seinen Ursprung hat. Seine sichtbarste Form sind die Wolken. Regenwolken liegen in 1000 bis 2000 Metern Höhe, die mächtigen Gewitterwolken können sich bis über 6000 Meter erstrecken und die Zirruswolken erreichen sogar bis zu 12.000 Meter Höhe.
Über der Troposphäre liegt bis zu einer Höhe von 60 Kilometern die *Stratosphäre*. Hier bildet sich unter Einwirkung des UV-Lichts der Sonne aus dem Sauerstoff der Luft Ozon. Dieses Gas absorbiert einen Großteil der schädlichen ultravioletten Strahlung. Es ist deshalb für den Schutz des Lebens auf der Erde unerlässlich, wie ja die Problematik des Ozonloches über der Antarktis, aber auch der Arktis zeigt. Darüber folgt bis in eine Höhe von 500 Kilometern die *Ionosphäre*. Diese Schicht reflektiert die von Funkern oder Rundfunkstationen ausgesandten Radiowellen, insbesondere die Kurzwellen, und ermöglicht so den Weltempfang. Hier entstehen auch die so genannten leuchtenden Nachtwolken und die noch spektakuläreren Polarlichter.
Auf die Ionosphäre folgt dann die *Exosphäre*. Dort sind nur noch wenige Moleküle vorhanden und hier vollzieht sich auch der Übergang in den Weltraum. In diesen beiden letzten Atmosphäreschichten bewegen sich bemannte und unbemannte Raumfahrzeuge.

Was ist die Magnetosphäre der Erde?

Für die meisten ist die bis in 600 Kilometer Höhe reichende Atmosphäre der Erde die eigentliche Schutzhülle unseres Planeten, zumal sie auch sichtbar – besonders auf Weltraumfotos – und per Flugzeug erfahrbar ist. Daneben, oder hier treffender darüber, besitzt die Erde noch einen (für das Auge) unsichtbaren Schutzschild. Er reicht weit in den Weltraum hinaus und wird durch das Magnetfeld unseres Planeten erzeugt. Man nennt dies die **Magnetosphäre.**
Die Geoforscher sind sich nach neuesten Experimenten sicher, dass das Magnetfeld der Erde von elektrischen Stromsystemen im Erdkern herrührt. Es wird mit Hilfe der Erdrotation in der Art eines Dynamos erzeugt und auf diese Weise auch aufrechterhalten.
Die Wirksamkeit des Erdmagnetfeldes als Schutzschild beginnt in 100 Kilometern Höhe und reicht bis zu einer Entfernung von 50.000 Kilometern. Von außen gesehen hat die Magnetosphäre die Form eines langgezogenen Tropfens: Zur Sonne hin ist sie kugelförmig und an der Vorderseite eingedellt, während sich die abgewandte Seite schweifartig bis zu mehrere Hunderttausend Kilometer weit in den Raum hinauszieht.
Auf diesen Schutzschild prasselt nun, von der her Sonne kommend, ständig ein Strom elektrisch geladener Teilchen: der ***Sonnenwind***. Er „weht“ im

Von ihrer Form her lässt sich die Magnetosphäre der Erde fast mit der Form eines Kometen vergleichen, nur dass der Kern von unserem Heimatplaneten gebildet und die schweifartige Magnetosphäre von den elektrischen Strömen des äußeren Erdkerns erzeugt wird.

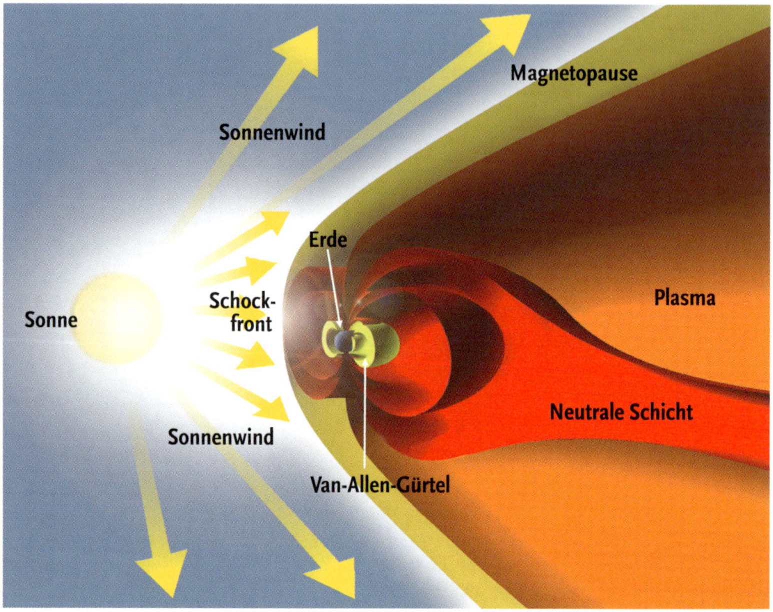

Normalfall mit einer Geschwindigkeit von ca. 400 km/s, und seine Teilchen brauchen für die Strecke von der Sonne zur Erde ungefähr vier Tage. Treffen die Teilchen dort auf die Magnetosphäre, so erzeugen sie zusätzliche elektrische Ströme und damit ein weiteres Magnetfeld. In der Nähe der Erdpole können die Teilchen in die Ionosphäre in 120 Kilometern Höhe über dem Erdboden eindringen. Beim Zusammenstoß mit den Stickstoff- und Sauerstoffatomen unserer Lufthülle zeigt sich diese Teilchenkollision dann in Form der ***Polarlichter*** (s. Seite 55). Diese Vorgänge werden als *ruhiges Weltraumwetter* bezeichnet.

Ähnlich wie beim meteorologischen Wetter können auch beim Weltraumwetter Stürme auftreten. Das ist immer dann der Fall, wenn unsere Sonne eine erhöhte Aktivität zeigt, was im Schnitt alle elf Jahre geschieht. Die hohe Sonnenaktivität kann an der größeren Zahl der Sonnenflecken abgelesen werden.

Auf der Sonnenoberfläche kommt es zu gewaltigen Materie- und Strahlungsausbrüchen (Protuberanzen, Flares, koronale Massenauswürfe). Sie „rütteln“ und „schütteln“ quasi an der Magnetosphäre wie Sturmböen an Bäumen. Auf diese Weise werden die elektrischen Ströme in der Magnetosphäre erheblich verstärkt. Der Ionisationsgrad der Ionosphäre erhöht sich beträchtlich, was starke Polarlichter und den Zusammenbruch des Kurzwellenfunkverkehrs zur Folge hat.

Sonnenstürme und Stromausfälle

Weitaus schwerwiegender ist, dass auf den langen Überleitungen Spannungsspitzen entstehen, die zu Sicherungsabschaltungen führen und

Transformatorenstationen zerstören können (1989: Ausfall des gesamten Stromnetzes der Provinz Quebec in Kanada). Es können Schweißnähte von Ölpipelines reißen, Fehler und Produktionsausfälle bei der Herstellung von Halbleiterbauelementen auftreten. Nicht zuletzt können Kommunikationssatelliten schwer geschädigt oder ihre Bauteile sogar zerstört werden. Der Beobachtung und Prognose des Weltraumwetters wird deshalb in Zukunft eine immer größere Bedeutung zukommen.

Fachleute nennen geomagnetisch induzierte Ströme kurz GICs. In New York kam es zu einem totalen Stromausfall am 9. November 1965. Das Ergebnis dieses Verdunklungsevents: Neun Monate später stieg die Geburtenrate stark an.

Können wir die Zukunft unserer Erde beschreiben?

Es ist schon schwierig und bedarf äußerst mühevoller Kleinarbeit der Geologen, Paläontologen, Klimatologen und Astronomen, die Vergangenheit der Erde zu beschreiben. Dagegen ist es quasi unmöglich, Voraussagen über die Zukunft der Erde zu treffen, da zu viele unbekannte Faktoren eine Rolle spielen. Einige sind jedoch bekannt und sicher:

- Solange die Sonne so leuchtet, wie wir sie heute kennen, wird auch die Erde existieren – und das wird noch gut 5 Milliarden Jahre der Fall sein.
- Solange die Wärmeproduktion im Erdinnern durch den radioaktiven Zerfall anhält, wird es Konvektionsströme geben und damit die Geburt, Wanderung und Vernichtung der Krustenplatten.
- Der dadurch erzeugte Vulkanismus wird weiterhin für genügend Wasserdampf- und Kohlendioxidnachschub und somit natürlichen Treibhauseffekt sorgen und auf diese Weise eine „lebenswerte" Atmosphäre garantieren.
- Die Konvektionsströme des äußeren Erdkernes werden auch in Zukunft das geomagnetische Feld aufbauen und auf diese Weise das Leben vor der harten kosmischen Strahlung schützen.
- Die Lage und Verteilung der Klimazonen auf unserem Planeten bleibt lange Zeit stabil und verändert sich nur langsam durch die Verlagerung der Ozeanströmungen. Das aber hängt von der Tektonik ab. Voraussetzung ist: Die Schwankungen der Erdbahnparameter – Lage der Erdachse, Form der Erdbahn – erfahren keine tiefgreifende Wandlung.

Der stabile Zustand unserer Sonne wird aber nicht ewig anhalten. Aus der Kernphysik und der Erforschung der Sterne wissen wir, dass die auf der Basis der Kernfusion ablaufende Energieproduktion (wobei Wasserstoff zu Helium umgewandelt wird) die Grundlage für das Leben unseres Zentralgestirns ist. Auf diese Weise leuchtet die Sonne als greller Feuerball und erzeugt den notwendigen inneren Druck. Er verhindert, dass unser Tagesgestirn durch seine eigene Schwerkraft in sich zusammenfällt.

Noch weitere 5 Milliarden Jahre wird die Sonne in diesem stabilen Gleichgewicht verharren. Allerdings wird ihre Leuchtkraft beständig zunehmen.

Bereits in 500 Millionen Jahren wird sie zehn Prozent höher sein als heute. Die Verdunstungsrate der Weltmeere wird steigen, und schließlich werden die Ozeane ganz verdampft sein, was das Ende allen Lebens bedeutet. Nach sechs Milliarden Jahren wird sich die Sonne durch Veränderung ihres Fusionsprozesses zu einem roten Riesenstern aufblähen und schließlich die inneren Planeten bis zum Mars in ihren Gasen verschlingen.

Kosmische Katastrophen aber können Erde und Klima im wahrsten Sinne des Wortes aus der Bahn werfen: Gehäufte Meteoriteneinschläge (wie wahrscheinlich in der Vergangenheit geschehen) würden durch den von ihnen aufgewirbelten Staub das Sonnenlicht absorbieren. Ein nuklearer Winter wäre die Folge und Leben auf der Erde in der heutigen Vielfalt nicht mehr möglich. Bei diesem apokalyptischen Ereignis – nennen wir es mal GAKU (größter anzunehmender kosmischer Unfall) – könnte sogar die Lage der Erdachse radikal verändert werden. Durch den Zusammenstoß mit einem sehr großen Körper soll auch der Mond entstanden sein, und durch ein solches Ereignis kann ebenfalls die Lage des Planeten Uranus erklärt werden: Dieser achte Planet unseres Sonnensystems walzt quasi auf seiner Bahn entlang.

Und das Leben?

Aus der Geschichte des Lebens wissen wir, dass es weitere Veränderungen erfahren wird, und zwar umso schneller, je höher eines seiner Geschöpfe auf der Evolutionsleiter steht. Muschelgattungen existieren durchschnittlich seit 80 Millionen Jahren, Fischgattungen seit 30 Millionen Jahren, Huf- und Raubtiere dagegen erst seit sechs bis acht Millionen Jahren. Zur letzten Gruppe gehört im weitesten Sinne auch der Mensch. Er hat seit seinem Auftreten als Homo sapiens vor 100.000 Jahren der Erde wie kein anderes Lebewesen seinen Stempel aufgedrückt.

Würde man das Alter der Erde – nach letzten Forschungen genau 4,47 Milliarden Jahre – in einem Sommertag zusammenfassen, so wäre die Geschichte des Menschen nicht mehr als das kurze Aufleuchten eines Glühwürmchens bei Sonnenuntergang!

*Himmelsschauspiele

Eine seltene Konjunktion der Planeten Mars, Jupiter und Saturn fand im April 2000 statt, zu der sich damals noch die zunehmende Mondsichel gesellte.

Der Himmel mit seinen Gestirnen hat zu allen Zeiten eine große Faszination auf die Menschen ausgeübt – ähnlich wie im Theater eine fantastisch gemalte Kulisse. Aber noch überwältigender ist sein Anblick, wenn sich irgendein Ereignis vollzieht, wenn vor dieser Kulisse „Schauspieler" agieren. Auch hier hat der Himmel eine ganze Palette von „Stücken" aufzuweisen, sowohl am Tage als auch in der Nacht.
Am eindrucksvollsten sind ohne Zweifel Sonnen- und Mondfinsternisse. Schön anzusehen ist auch das Zusammentreffen (Konjunktion) mehrerer Planeten, besonders wenn es in der Dämmerung geschieht. Das berühmteste dieser Art ist die dreifache Konjunktion von Jupiter und Saturn, die als die wahrscheinlichste Erklärung für den Weihnachtsstern gilt.
Aber auch der Taghimmel hat einiges an Schauspielen zu bieten. An erster Stelle ist sicher der allseits bekannte Regenbogen zu nennen, der auch doppelt auftreten kann. Auch das unheimlich große und oft tiefrote Aussehen von Sonne und Mond in der Nähe des Horizontes, Haloerscheinungen um Sonne und Mond und die in unseren Gegenden nur noch selten zu sehende Erscheinung des Zodiakallichtes sind Wunder der Natur.

Weshalb ist der Himmel eine Kugel mit Sternbildern?

Wer als Laie oder Astronomie-Einsteiger in einer mondlosen, sternklaren Nacht zum Himmel aufschaut, für den scheint sich dieser wie eine gigantische Halbkugel mit zahllosen Lichtpunkten über seinen Kopf zu spannen. Poetisch wird auch vom „Himmelszelt" gesprochen. Die scheinbare Form des Himmels, das wissen wir heute, entsteht nur in unserer Fantasie. In Wirklichkeit sind die Sterne alle unterschiedlich weit von der Erde entfernt. Verwirrend ist natürlich die Vielzahl der Sterne, obwohl auch hier die Astronomen genaue Angaben darüber machen können, wie viele Sterne mit dem bloßen Auge zu sehen sind. Deshalb ist es nicht weiter verwunderlich, dass unsere Vorfahren die Sterne zu Figuren zusammenfassten und die Sternbilder schufen. Denn wegen ihrer naturverbundeneren Lebensweise und Religion hatten unsere Vorfahren eine enge Beziehung zum Himmel. Die Sternbilder dienten ihnen zu religiösen Zwecken, zur Navigation und als Teil ihrer Kalender.

So hatten die Ägypter herausgefunden, dass der „Frühaufgang" des Sternes Sirius (also das erste Erscheinen des Sternes in der Morgendämmerung nach einer längeren Unsichtbarkeitsperiode) das Nahen der Nilüberschwemmung ankündigte, und in Mitteleuropa leitete der Frühaufgang des Sternbildes Großer Hund in der zweiten Juli-Hälfte die sommerlich heißen Hundstage ein.

Die Sternbilder entstammen der jeweiligen Lebenswelt der einzelnen Völker. Es waren reale oder mythische Gestalten und Gegenstände, die an den Himmel versetzt wurden. So gibt es zahlreiche griechische Sternsagen, die die Entstehung der Sternbilder wie Orion, Skorpion, Perseus, Andromeda und Kassiopeia in farbigen und spannenden Geschichten erzählen. Die Sternbilder, die wird heute noch benutzen, gehen im Wesentlichen auf den antiken griechischen und weiter auf den ägyptischen und babylonischen Kulturkreis zurück.

Allerdings sind nicht die „auffälligsten" Sternbilder die ältesten, sondern die Bilder des **Tierkreises.** Der Tierkreis ist jene Zone des Himmels, deren

Gibt es ein dreizehntes Tierkreissternbild?

Die zwölf Tierkreissternbilder kennt jeder: Widder, Stier, Zwillinge, Krebs, Löwe, Jungfrau, Waage, Skorpion, Schütze, Steinbock, Wassermann und Fische. Doch immer wieder tauchen in Boulevardblättern Meldungen von einem fehlenden 13. Tierkreissternbild auf. So ganz aus dem Himmel gegriffen sind sie nicht, denn genau genommen durchquert die Sonne im Dezember tatsächlich ein *13. Sternbild,* nämlich das des *Schlangenträgers.* Allerdings wird es nicht zu den Tierkreissternbildern gezählt. Der Grund liegt möglicherweise darin, dass die Anzahl der Tierkreissternbilder, nämlich zwölf, mit der Anzahl der Monate eines Jahres übereinstimmt. Weiterhin mag eine Rolle gespielt haben, dass bei den Babyloniern, die den Tierkreis erfunden haben, die Zahl „zwölf" eine große Bedeutung hatte. Und nicht zuletzt mögen auch die einst anders gezogenen Grenzen des Sternbildes Skorpion eine Rolle gespielt haben.

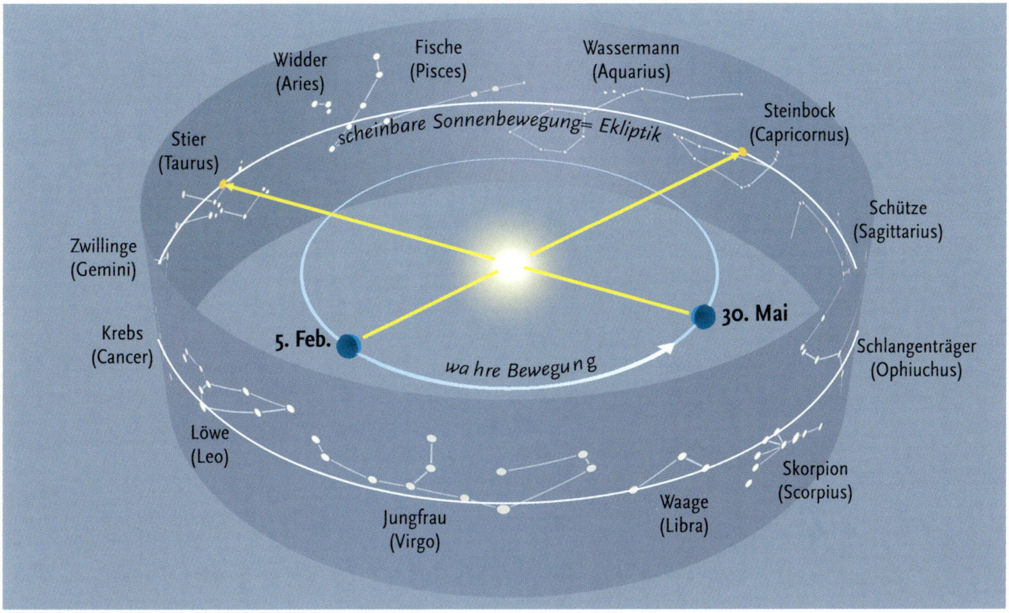

zwölf Sternbilder unsere Sonne auf ihrer Bahn während eines Jahres (der **Ekliptik**) zu durchwandern scheint. Ihre „Erfindung" hat sich über Jahrtausende hingezogen. Beispielsweise beträgt das Alter des Sternbildes Wassermann wahrscheinlich 20.000, das der übrigen Tierkreissternbilder 10.000 Jahre. Als Erfinder gelten die Babylonier; ihre Zahlenmystik gipfelte in der Zwölf, weshalb sie die Tierkreissternbilder dieser heiligen Zahl anpassten. Im Jahre 1925 beschloss die Internationale Astronomische Union, den Himmel in eine genaue Zahl von Sternbildern zu unterteilen, mit endgültigen Namen und exakten Grenzen. Seither gibt es am gesamten Himmel ***88 Sternbilder***, davon entfallen 32 auf die Nordhalbkugel, 47 auf die Südhalbkugel, und neun erstrecken sich teilweise über beide Himmelshälften.

Zu den allgemein bekanntesten Sternbildern gehören die zwölf des Tierkreises. Wegen der jährlichen Wanderung unserer Erde um die Sonne scheint unser Tagesgestirn im Verlauf eines Jahres jeden Monat in einem anderen Tierkreissternbild zu stehen.

Die Ekliptik

Die scheinbare jährliche Sonnenbahn durch die Sternbilder des Tierkreises wird *Ekliptik* genannt. Sie ist auch die Ebene der Erdbahn, ja fast des gesamten Planetensystems. Gegen den Himmelsäquator ist sie um 23,5 Grad geneigt und schneidet ihn in zwei Punkten. Der Schnittpunkt, an dem die Sonne am 21. März von der Südhälfte auf die Nordhälfte des Himmels überzuwechseln scheint, heißt *Frühlingspunkt*. Er liegt heute im Sternbild der Fische. Der Gegenpunkt wird als *Herbstpunkt* bezeichnet und liegt heute im Sternbild der Jungfrau. Da die Umlaufbahnen der Planeten um die Sonne und die des Mondes kaum von der Ekliptik abweichen (mit Ausnahme von Pluto), weil alle Mitglieder aus einer rotierenden Gas- und Staubwolke entstanden sind, sind alle Mitglieder unseres Sonnensystems am Himmel immer in unmittelbarer Nähe des Tierkreises zu finden.

Was ist das Große Weltenjahr?

Als der griechische Astronom Hipparch im 2. Jahrhundert v. Chr. einen neuen Sternkatalog erstellen wollte, entdeckte er, dass die von ihm gemessenen Positionen mit den überlieferten nicht mehr übereinstimmten. Vor allem rückte das Datum der Tagundnachtgleiche langsam aber ständig voran. Hipparch nannte diesen Vorgang „Präzession".
Die physikalische Erklärung konnte jedoch erst Isaac Newton liefern: Unsere Erde ist ein abgeplatteter Himmelskörper (s. Seite 32) mit einer um 66,5 Grad gegen die Ekliptik geneigten Achse. Sonne und Mond zerren nun am Äquatorwulst der Erde, um die Erdachse aufzurichten. Dem aber widersetzt sie sich und vollführt eine Bewegung ähnlich einem taumelnden Kreisel. Ein Umschwung dauert allerdings 25.784 Jahre und wird manchmal auch prosaisch als das „Große Weltenjahr" betitelt; die genaue Bezeichnung lautet „platonisches Jahr".
Da die Erdachse zur Zeit in ihrer Verlängerung (im Norden) auf den Polarstern zeigt, ergibt sich durch die Pendelbewegung der Erdachse auch ein Wechsel dieses Markierungspunktes. Beispielsweise wird im Jahre 7500 der Stern Alderamin im Cepheus die Rolle des Polarsterns übernehmen, im Jahre 9300 der helle Deneb im Schwan und im Jahre 14.000 Wega in der Leier. Allerdings kommen diese Sterne dem wirklichen Himmelspol nicht so nahe wie unser heutiger Polarstern. Demnach hat es auch in der Vergangenheit andere Polarsterne gegeben: So stand 3000 v. Chr. der Stern Thuban im Drachen dem nördlichen Himmelspol sehr nahe.
Dadurch verlagern sich auch das gesamte astronomische Koordinatensystem sowie die festgelegten Raumsektoren für die einzelnen Sternbilder des Tierkreises. Die so genannten Tierkreiszeichen verschieben sich gegenüber den Tierkreissternbildern.
Genauso geschieht es natürlich mit den Orten von Frühlings- und Herbstpunkt. Lag vor etwa 2000 Jahren der Frühlingspunkt noch an der Grenze zwischen Fische und Widder und wurde deswegen als Widderpunkt bezeichnet, so befindet er sich jetzt im westlichen Teil der Fische und wird nach weiteren 600 Jahren den Wassermann erreichen. Dann soll laut Sternenglaube das Zeitalter des Friedens und der Musik beginnen. Darauf bezieht sich auch das Lied „The age of Aquarius" aus dem Musical „Hair".

Sternbilder – eine optische Täuschung?

Was wir als Sternbilder sehen, ist nur eine optische Täuschung durch unseren irdischen Standort: Nur von uns aus gesehen bilden manche Sterne Gruppen, Ketten, Halbrunde, geometrische und andere Figuren, die für uns den Anschein der Zusammengehörigkeit erwecken. In Wirklichkeit stehen die Einzelsterne der Sternbilder im Weltraum so weit voneinander entfernt, oft viele Lichtjahre weit, dass sie keinen Einfluss aufeinander ausüben können. Das gilt auch für die Sternbilder des Tierkreises. Sternbilder dienen also nur der Groborientierung am Himmel. Die wissenschaftliche Festlegung der genauen Position eines Objektes geschieht heute durch Koordinaten (s. Seite 17).

Wie entstehen Sonnen- und Mondfinsternisse?

Die Finsternisse zählen seit jeher zu den eindrucksvollsten Schauspielen, die der Himmel uns Menschen bietet. Das gilt natürlich besonders für totale **Sonnenfinsternisse**, die in vergangener Zeit die Menschen in Angst und Schrecken versetzt haben. Wenn unser Tagesgestirn für wenige Minuten durch den Mond vollkommen verdunkelt wird und sich plötzlich Nacht über die Erde senkt; wenn die Sterne sichtbar werden, die Tiere sich zur Ruhe begeben und die Landschaft fremdartig aussieht, dann wird jedem deutlich, wie abhängig doch alles Leben auf der Erde von diesem Stern ist.

Hauptakteur Mond

Wie aber kommt es zu einer Sonnenfinsternis? Den frühen Astronomen bereitete die Erklärung dieses Himmelsschauspiels großes Kopfzerbrechen, konnten sie doch lediglich das Verschwinden der Sonnenscheibe beobachten. Die chinesischen Astronomen glaubten deshalb, die Sonne würde für einen kurzen Augenblick ihre Helligkeit verändern, und der griechische Philosoph *Anaximander* (6. Jh. v. Chr.) nahm an, Sonne und Mond hörten bei einer Finsternis eine Zeit lang auf zu leuchten.

Heute sind uns die Ursachen klar und lassen sich in einem Planetarium oder mit speziellen Modellen (Tellurien) einleuchtend demonstrieren. Hauptakteur ist in beiden Fällen der Mond. Wenn er genau zwischen Erde und Sonne tritt, kommt es zu einer Sonnenfinsternis. Zwar ist der Mond erheblich kleiner als die Sonne, aber die Sonne ist 400-mal weiter von der Erde entfernt. Beide Himmelskörper haben somit – für uns ein glücklicher Zufall – am Firmament die gleiche scheinbare Größe.

Eigentlich könnte man meinen, dass es jeden Monat zu einer Sonnenfinsternis kommen muss, nämlich immer dann, wenn der Mond zwischen Erde und Sonne steht, also zur Neumondzeit. Nun ist aber die Mondbahn etwas (5 Grad) gegen die Erdbahn geneigt und der Neumond zieht meist ober- oder unterhalb der Sonnenscheibe vorbei. Damit verringert sich die Häufigkeit eines solchen Ereignisses auf die Zeit, wenn der Mond in der Nähe einer dieser Bahnschnittpunkte (Knoten) in Richtung Sonne steht. Sonne, Mond und Erde müssen nicht nur in derselben Richtung, sondern auch auf gleicher „Höhe" stehen. So entstehen pro Jahr durchschnittlich nur zwei oder drei Sonnenfinsternisse, in seltenen Fällen fünf.

Sonnen- und Mondfinsternisse sind Licht- und Schattenspiele, hervorgerufen durch Mond und Erde.

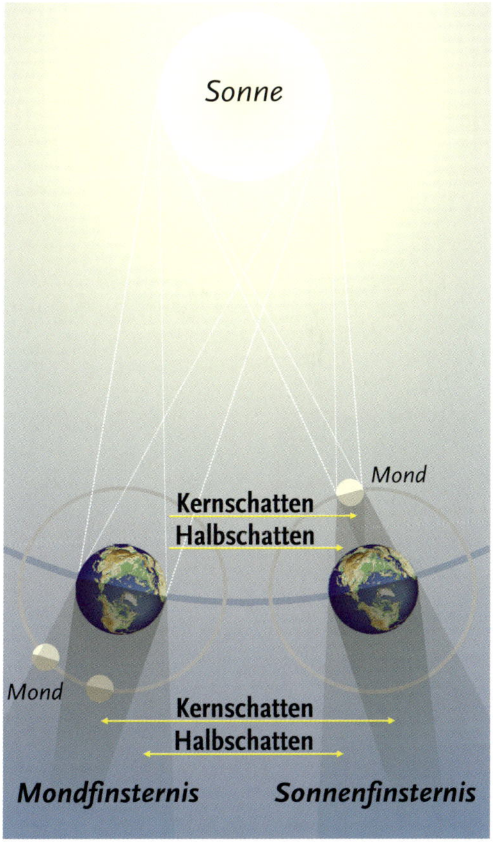

Vom Weltraum aus ist der auf die Erde fallende und über ihre Oberfläche wandernde Mondschatten am eindrucksvollsten zu sehen.

Wandernder Schatten

Wenn der nur auf seiner Rückseite beleuchtete Mond sich nun mit seiner dunklen Vorderseite vor die Sonne schiebt, wird ein bestimmtes Gebiet auf der Erde vom **Schatten** unseres Trabanten getroffen. Dabei entstehen zwei Schattenkegel: der viel größere *Halbschatten*, wo die Sonne nur teilweise verfinstert zu beobachten ist (*partielle Sonnenfinsternis*), und der viel interessantere Bereich des *Kernschattens*. Er wird auch *Totalitätszone* genannt, weil eben hier die Sonne vollkommen verfinstert erscheint. Seine Breite beträgt maximal 300 Kilometer.

Dieser Schatten bleibt nun auch nicht auf einem Punkt der Erde, sondern wandert wegen der Rotation unseres Planeten und der Bewegung des Mondes mit einer mittleren Geschwindigkeit von 2000 km/h über die Erdoberfläche, so dass sein Weg ein schmales Band zu bilden scheint und eine totale Sonnenfinsternis maximal 7,6 Minuten dauern kann.

Die totale Sonnenfinsternis des Jahres 1999 war auch von Süddeutschland aus zu verfolgen.

Fliegende Schatten, Perlschnurphänomen und Korona

Wer einmal eine totale Sonnenfinsternis erlebt hat, den wird sie immer wieder in ihren Bann ziehen. *Adalbert Stifter* schrieb in seiner „Schilderung der Sonnenfinsternis am 8. Juli 1842“: „Es war der Moment, da Gott redete und die Menschen horchten.“

Bei einer totalen Sonnenfinsternis wird der Himmel innerhalb weniger Minuten so dunkel, dass die helleren Sterne und Planeten erscheinen. Die Temperatur fällt deutlich um einige Grad, und ein kalter Wind streift über die Landschaft, deren Horizont in eine Art Dämmerlicht getaucht ist.

Kurz vor Beginn der Totalität verursachen Schlieren in der Erdatmosphäre eigentümliche Schatten- und Lichteffekte, die so genannten „fliegenden Schatten“. Sekunden vor der Totalität scheint die schmale Sonnensichel in einzelne Lichtpunkte zu zerfallen: Der Beobachter sieht den Perlschnur- oder Diamantring. Er wird durch die unebene Oberfläche am Mondrand hervorgerufen. Ist die Sonne dann total verfinstert, zeigt sich ein zarter

Strahlenkranz (die Sonnenkorona) mit rötlichen Fontänen (den Protuberanzen, gewaltigen Gasausbrüchen).

Roter Mond

Mondfinsternisse sind nicht ganz so spektakuläre, aber deshalb nicht weniger interessante Schauspiele. Im Gegensatz zu den Sonnenfinsternissen können sie an vielen Punkten der Erde gleichzeitig verfolgt werden, nämlich überall dort, wo der Mond zur Zeit der Verfinsterung über dem Horizont steht: auf der gesamten Nachtseite der Erde.
Bei einer **Mondfinsternis** steht die Erde zwischen Mond und Sonne – es herrscht also Vollmond. Der Mond wandert dann durch den Erdschatten. Da der Kernschatten der Erde in mittlerer Mondentfernung einen Durchmesser von 9000 Kilometern besitzt (Monddurchmesser: 3476 Kilometer), dauert eine Mondfinsternis auch erheblich länger als eine Sonnenfinsternis, nämlich bis zu 3,5 Stunden, wobei die Totalität im günstigsten Fall fast drei Stunden beträgt.
Je nachdem, wie der Mond durch den Erdschatten läuft, gibt es auch bei diesem Ereignis totale (der Mond zieht vollständig durch den Kernschatten) und partielle Finsternisse (Mond tritt nur teilweise in den Kernschatten ein). Allerdings verschwindet bei einer totalen Mondfinsternis der Mond bis auf ganz seltene Einzelfälle nicht vollständig, denn die Erdatmosphäre lenkt immer noch Sonnenlicht in den Kernschatten hinein. Vor allem die langwelligen roten Lichtstrahlen gelangen in den Kegel, und so erscheint der Mond dem Beobachter während einer totalen Finsternis rötlich oder braun verfärbt. Da auch der Vollmond meist den Erdschatten verfehlt, gibt es pro Jahr nur etwa ein bis zwei Mondfinsternisse.

Eine Mondfinsternis ist zwar nicht so dramatisch wie eine Sonnenfinsternis, dauert aber länger und ist farbenprächtiger. Da in den Kernschatten der Erde noch das rote Sonnenlicht gelenkt wird, leuchtet der verfinsterte Mond rötlich.

Weshalb zeigt uns der Mond nur eine Seite und die verschieden beleuchtet?

Selbst wer sich nicht für Astronomie interessiert, weiß, dass der Mond sein Aussehen von Tag zu Tag verändert: Er wechselt vom unsichtbaren Neumond über zunehmenden Halbmond (oder „erstem Viertel“, weil er im ersten Viertel seiner Bahn steht) zum Vollmond und von dort über abnehmenden Halbmond wieder zum Neumond. Während der verschiedenen **Phasen** zeigt uns der Mond immer dasselbe „Gesicht“ – mit bloßem Auge oder besser mit einem Fernglas sehen wir immer wieder dieselben dunklen Flecken, die Maria und Kraterlandschaften.
Die Erklärung für diese beiden Phänomene liegt in der Gestalt und Bewegung unseres Erdtrabanten. Im Gegensatz zur gasförmigen und damit selbst leuchtenden Sonne ist der Mond ein fester und somit nicht selbst leuchtender Himmelskörper. Er scheint nur deshalb, weil seine Oberfläche das Sonnenlicht reflektiert, es wie ein Spiegel zurückstrahlt. Von dem einfallenden Sonnenlicht werden allerdings nur rund sieben Prozent zurückgestrahlt, der Mond ist ein sehr dunkler Körper.

Da der Mond um die Erde kreist, sehen wir die uns zugewandte Vorderseite während eines Umlaufs verschieden beleuchtet.

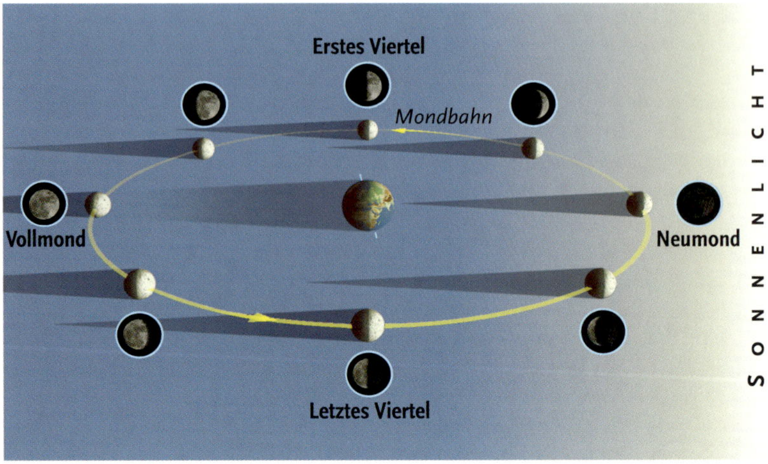

Da der Mond um die Erde wandert, fällt das Sonnenlicht, je nachdem wo er in seiner Bahn steht, in verschiedenem Winkel auf die uns zugewandte Seite, und wir sehen sie zum größeren oder kleineren Teil beleuchtet. Manchmal ist sogar der unbeleuchtete Teil erhellt, ein Phänomen, das man immer wenige Tage vor oder nach Neumond beobachten kann, wenn nur die schmale Sichel des Mondes leuchtet. Man spricht vom so genannten *aschgrauen Licht*, das durch die dann am Mondhimmel stehende, hell erleuchtete „Vollerde" erzeugt wird.
Der Mond wendet uns deshalb immer genau ein und dieselbe Seite zu, weil seine Umlaufzeit um die Erde exakt der Zeit seiner Rotation entspricht. Umlaufzeit und Rotationszeit des Mondes sind synchron, man spricht auch von „gebundener Rotation".

Schwankungen erlauben Einblicke

Unser Blick ist allerdings nicht ganz auf die Mondvorderseite fixiert. Da die Mondbahn elliptisch ist, ändert sich die Bahngeschwindigkeit unseres Erdtrabanten, seine Rotationsdauer ist dagegen konstant. Dies hat zur Folge, dass der Mond für den irdischen Beobachter etwas „mit dem Kopf schüttelt". Durch diese Libration in Länge kann man mehr als die Hälfte der Mondoberfläche sehen.
Außerdem steht die Rotationsachse des Mondes nicht genau senkrecht (90°) auf der Bahnebene, sondern ist nur um 83 Grad gegen sie geneigt. Deshalb kann der Beobachter einmal etwas über den Nordpol und dann wieder über den Südpol hinausschauen; der Mond scheint ein wenig „mit dem Kopf zu nicken". Man nennt dies die Libration in Breite. Durch beide Librationseffekte zusammen ergibt sich so eine Sichtbarkeit von 59 Prozent der Mondoberfläche.

Dass in vielen Gedichten und Schlagern der Silberglanz des Mondes besungen wird, hat einen einfachen Grund: Das Mondgestein selbst wirkt zwar dunkelgrau, aber der silbrige Glanz des Mondes entsteht, weil die Farbempfindlichkeit des menschlichen Auges bei schwachen Lichteindrücken wechselt. Der Vollmond leuchtet 400.000-mal schwächer als die Sonne; er reflektiert im Mittel nur sieben Prozent des auftreffenden Sonnenlichtes.

Weshalb treffen sich Planeten?

Manchmal scheinen alle mit bloßem Auge sichtbaren Planeten am Himmel versammelt zu sein. Sie bilden Paare und Gruppen – oft auch mit dem Mond. Manchmal stehen nur zwei dicht beieinander, zum Beispiel Merkur und Venus oder Venus und Jupiter oder Jupiter und Saturn. Der Astronom bezeichnet ein solches Zusammentreffen als Konjunktion.
Wer diese Begegnungen beobachtet, sollte daran denken, dass es sich nur um Projektionen handelt, denn in Wirklichkeit sind die Planeten Millionen Kilometer voneinander entfernt.

Der Merkur- und Venuslauf

Bei den Planeten Merkur und Venus, die innerhalb der Erdbahn um die Sonne laufen, gibt es drei besondere Winkelstellungen zur Sonne: die obere Konjunktion, die untere Konjunktion und die Elongation.
Bei der oberen Konjunktion steht der Planet von der Erde aus gesehen hinter der Sonne und ist damit für den Betrachter nicht zu sehen. Bei der unteren Konjunktion befindet sich der Planet zwischen Erde und Sonne und ist ebenfalls unsichtbar, weil er uns die Nachtseite zuwendet. Manchmal kann es dabei jedoch vorkommen, dass er vor der Sonnenscheibe vorüberzieht. Während eines solchen Durchganges ist der Planet dann als schwarzer Fleck vor dem gleißend hellen Sonnenhintergrund zu sehen.
Wegen der ungünstigen Lage der Bahnen im Raum und dem Verhältnis der Umlaufszeiten von Merkur, Venus und Erde zueinander sind solche Durchgänge allerdings relativ selten. Für Merkur sind beispielsweise die nächsten Durchgänge am 7. Mai 2003 und am 8. November 2006 zu erwarten, sie können also im Abstand von drei bis 13 Jahren aufeinanderfolgen. Venusdurchgänge gab es seit der Erfindung des Fernrohrs am 6. Dezember 1631, am 4. Dezember 1639, am 6. Juni 1761, am 3. Juni 1769, am 9. Dezember 1874 und am 6. Dezember 1882.
Damit beträgt der Zeitraum für vier Venusdurchgänge 243 Jahre. Im 20. Jahrhundert trat kein einziger Venusdurchgang auf. Im neuen Jahrhundert dagegen haben wir mehr Glück. Hier wird am 8. Juni 2004 und am 6. Juni 2012 dieses seltene Himmelsschauspiel zu beobachten sein.

Die äußeren großen Planeten können im All wirklich fast in einer Linie von der Sonne aus gesehen mit der Erde stehen. Diese Konstellation kommt nur alle 175 Jahre einmal vor, was 1980 der Fall war. Die NASA wollte das für eine Grand Tour mit einer Art Raumsondenbus ausnutzen, musste aber wegen finanzieller Engpässe die Mittel zusammenstreichen.

Der größte Winkelabstand

Am besten zu beobachten ist ein innerer Planet immer dann, wenn er entweder in der größten östlichen oder westlichen Elongation steht, also seinen jeweils größten Winkelabstand von der Sonne erreicht.
Steht ein Planet in östlicher Elongation, so geht er nach der Sonne unter und kann am Abendhimmel beobachtet werden. Umgekehrt ist es bei der westlichen Elongation: Venus oder Merkur strahlen am Morgenhimmel. Während der Elongationsstellung sehen wir Merkur oder Venus halb

beleuchtet, ähnlich dem Mond im ersten oder letzten Viertel (Halbmond). Zwischen beiden Positionen schwankt ihre Erscheinung zwischen einer dünnen Sichel und einer nahezu vollen Scheibe, was natürlich nur im Fernrohr zu beobachten ist.

Mars und die anderen Planeten

Anders verhält es sich bei den Planeten jenseits der Erdbahn, den äußeren oder oberen Planeten Mars bis Pluto. Sie sehen wir im Gegensatz zu den inneren immer in voller oder fast voller Phase, weil wir nicht gegen, sondern mit dem Sonnenlicht schauen.

Bei diesen Planeten ergeben sich für den Beobachter zwei wichtige Stellungen: die Konjunktion und die Opposition. Bei der Konjunktion steht der äußere Planet von der Erde aus gesehen hinter der Sonne und ist somit unsichtbar. Dagegen befindet er sich bei der Opposition der Sonne gegenüber, die Position im All ist also zum Beispiel Sonne–Erde–Mars. Der Planet geht dann bei Sonnenuntergang auf und bei Sonnenaufgang unter. Da er sich wegen seiner Nachbarschaft zur Erde auch in maximaler Erdnähe aufhält, ist er zur Oppositionszeit gut zu beobachten.

Leider ist nicht jede Oppositionsstellung die beste Beobachtungsposition für einen Planeten. Die Planetenbahnen sind ja keine Kreise, sondern unterschiedlich geformte Ellipsen. So nähert sich der Mars der Sonne im Perihel (sonnennächster Punkt) bis auf 207 Millionen Kilometer, in Sonnenferne (Aphel) beträgt seine Distanz 249 Millionen Kilometer. Außerdem liegen die einzelnen Planetenbahnen-Ellipsen zueinander wiederum in verschiedenen Positionen, so dass die Nachbarschaft mal von größerer, mal von kleinerer Distanz geprägt ist.

Es spielt also eine ganz wichtige Rolle, an welcher Stelle der Marsbahn es zur Opposition kommt. Zum Beispiel beträgt die Entfernung Erde-Mars während einer Perihelopposition nur 56 Millionen Kilometer, bei einer Aphelopposition dagegen 101 Millionen Kilometer! Das Planetenscheibchen im Fernrohr ist daher verschieden groß, und entsprechend unterschiedlich sind dann auch Oberflächeneinzelheiten zu erkennen.

Pendel- und Schleifenbewegung

Ob ein Planet zu den inneren oder äußeren Mitgliedern des Sonnensystems zählt, ist nicht nur für seine Stellung am Himmel von Bedeutung, sondern auch für seinen scheinbaren Lauf. So scheinen die innerhalb der Erdbahn kreisenden Planeten Merkur und Venus für den Beobachter vor der Sonne hin- und herzupendeln: Mal stehen sie links, mal rechts von der Sonne, während sie vor und hinter der Sonne nicht zu sehen sind. In diesen Positionen werden sie entweder überstrahlt oder zeigen uns nur die dunkle Nachtseite.

Anders ist es bei den Planeten, die jenseits der Erdbahn um die Sonne laufen, zum Beispiel dem Mars. Sie vollführen eine **Schleifenbewegung**, die Folge eines Überholeffekts ist: Wenn die der Sonne nähere und damit schnellere Erde den entfernteren und somit langsameren Planeten überholt, setzt sich dieses Manöver am Himmel in eine Schleifenbahn um.

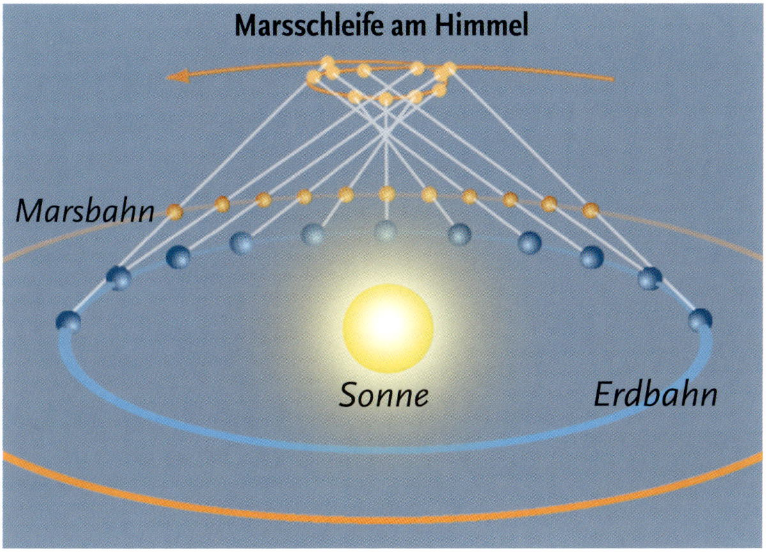

Die Schleifenbewegung der äußeren Planeten, die den Alten großes Kopfzerbrechen bereitet hat, lässt sich mit dem heliozentrischen Planetensystem ganz einfach als Überholmanöver durch die schnellere Erde erklären.

Wie entstehen Polarlichter?

Für die ersten europäischen Polarforscher war das grandiose Schauspiel des Nord- und Südlichtes (Aurora borealis, Aurora australis) ein faszinierendes, geheimnisvolles Phänomen und unlösbares Rätsel, das erst in unserer Zeit erklärt werden konnte. Dagegen war den Einwohnern der Polarregionen das flammende Firmament ein vertrauter Anblick, die bunten Schleier und Strahlen ein Bestandteil ihrer Mythologie. In unseren Breiten ist das Nordlicht als spektakuläres Himmelsphänomen selten zu beobachten. Die letzte auch von den Medien wahrgenommene Polarlichterscheinung ereignete sich am 7. April 2000. Etwa zwei bis dreimal pro Jahrhundert strahlt das Polarlicht bis in den Mittelmeerraum. Dann aber erscheint es meist wenig strukturiert in Form einer diffusen roten Wolke.
Bereits in den achtziger Jahren des 19. Jahrhunderts fiel den Physikern auf, dass das **Polarlicht** an eine bestimmte Zone des Globus gebunden ist. Sie erscheint wie ein gewaltiges Oval, das den geografischen und magnetischen Pol umschließt. Seine Breite beträgt etwa 500 Kilometer, seine Entfernung vom geomagnetischen Pol rund 2000 Kilometer. Innerhalb des vom Polarlicht umschlossenen Raumes – in Europa etwa oberhalb des 80. Breitengrades – nimmt das sichtbare Nordlicht ab, und in der Polgegend selbst ist es kaum noch sichtbar.

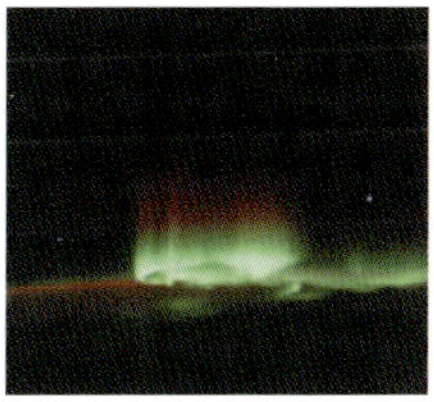

Schon die ersten Erdbeobachtungssatelliten schossen eindrucksvolle Aufnahmen des Polarlichtovals. Noch viel faszinierendere Fotos gelangen dann den Besatzungen des Spaceshuttle.

Auslöser Sonnenwind

Der Ursprung der Polarlichter liegt im Sonnenwind, jenem Strom elektrisch geladener Teilchen, den unser Tagesgestirn permanent aussendet. Er ist ein Gemisch aus positiv geladenen Protonen und negativ geladenen Elektronen und wird als „Plasma“ bezeichnet. Der Sonnenwind breitet sich

In unseren Breiten lassen Dunst und Wolken den roten Farbanteil des Polarlichtes noch stärker hervortreten. Hinzu kommt, dass es meist nicht so ausgeprägt, also in Form von Vorhängen strukturiert erscheint und die künstliche Helligkeit des Nachthimmels sehr störend ist.

nach allen Richtungen hin mit Geschwindigkeiten von etwa 300 bis 800 km/s aus, kann aber bei gewaltigen Materieauswürfen auf bis zu 2000 km/s beschleunigt werden.

Trifft dieser, das ganze Planetensystem durchflutende Sonnenwind auf die Magnetfeldhülle der Erde (s. Seite 40), staucht er die Kraftlinien auf der Tagseite zu einer Front und dehnt sie auf der Nachtseite zu einem mehrere Millionen Kilometer in den Weltraum reichenden Schweif. Die Grenze zwischen dem Magnetosphären-Schweif und dem außen entlangströmenden Sonnenwind heißt ***Magnetopause***.

Aber auch innerhalb des Magnetosphären-Schweifs gibt es geladene Teilchen; sie stammen teils aus den höheren Schichten der Erdatmosphäre, sind aber in erster Linie in den Schweif seitlich eingedrungene Sonnenwindteilchen.

Ein natürlicher Transformator

Die Magnetopause stellt nun einen gewaltigen Transformator dar: Angetrieben von der Bewegungsenergie der außen entlangströmenden Sonnenwindpartikel entsteht ein elektrischer Strom. Dabei können Leistungen von über einer Million Megawatt (entsprechend 1000 großen Kernkraftwerken) erzeugt werden. Gleichzeitig ist die Magnetosphäre aber auch ein Speicher für magnetische Energie. Bei unruhiger Sonne wird oft bis zu einer Stunde lang Energie „aufgeladen“. Sie entlädt sich dann mit einem Schlag wie ein geplatzter Luftballon und schießt einen Schauer von geladenen Teilchen zur Erde. Hier werden sie von den magnetischen Kraftfeldlinien in die Polarregionen geleitet und treffen etwa 23 Breitengrade vom jeweiligen Magnetpol entfernt – im Polarlichtoval – auf die Ionosphäre (s. Seite 38).

Dort prallen die Teilchen auf die Sauerstoff- und Stickstoffatome der hier oben noch sehr dünnen Luft. Unter dem Ansturm der energiereichen Teilchen senden diese ebenso Licht aus wie das Gas in einer Neonröhre, wenn es vom elektrischen Strom durchflossen wird: Das Polarlicht flammt auf, meist gleichzeitig über der Arktis und der Antarktis. Die Reaktionen mit den Sauerstoffatomen führen zu rotem und grünem Licht, die mit den Stickstoffatomen zu blauen und violetten Farbtönen. Kommt das Polarlicht in unseren Breiten vor, erscheint es meistens rötlich.

Gerade wenn das Nordlicht in niedrigeren geografischen Breiten auftritt, sieht man es in Horizontnähe. Hier wird es durch den Dunst und Wolken noch zusätzlich rot gefärbt. Die Römer glaubten dann, die Hauptstadt ihres Weltreiches brenne; die ersten Christen sahen das als Omen für den bevorstehenden Untergang Roms, und auch im 19. Jahrhundert rückte die Feuerwehr öfters vergeblich aus, weil vermeintlich ein Brand ausgebrochen war.

Auch die Form des Polarlichts wird durch die geomagnetische Verteilung der Ströme geprägt. Bei ruhigem, stetigen Sonnenwind ist häufig ein stabiler Polarlichtbogen zu beobachten, der in west-östlicher Richtung den nördlichen Himmel überspannt. Bei „Böen" im Sonnenwind kommt es zu Verformungen des Bogens in Falten und Beulen. Der Beobachter sieht dann Leuchtbänder über den Himmel huschen. Es können aber auch wellenförmige Strukturen sein, die von Ost nach West über den Himmel laufen. Übrigens werden bei Polarlichterscheinungen gigantische Energiemengen freigesetzt: Ein einstündiges Polarlicht entspricht etwa 100 Milliarden Kilowattstunden, also etwa dem deutschen Stromverbrauch von knapp drei Monaten.

Welche anderen Lichterscheinungen gibt es?

Polarlichter gehören ohne Zweifel zu den spektakulärsten Lichterscheinungen in der Atmosphäre. Dass sie meist im Winter zu beobachten sind, liegt einfach daran, dass es dann lange genug dunkel ist.

Gerade in der mit Eiskristallen angereicherten Luft über der Antarktis lassen sich Korona- und Halo-Erscheinungen um die Sonne sehr häufig beobachten.

Wenn Sonne und Mond Ringe tragen

Zu den besonders auffälligen und nach Meinung vieler Menschen seltenen Erscheinungen zählen Halos um Sonne und Mond. Die Auffassung von „selten" stimmt dabei nicht, denn in Nordeuropa tritt durchschnittlich einmal pro Woche ein Halo auf. Dabei sieht man einen oder mehrere weißlich-blasse Lichtringe, die die Sonne oder den Mond in einem Radius von 22 Grad umgeben. Daneben können aber auch **Erscheinungen** mit mehreren vollständigen oder halben Ringen und Nebensonnen auftreten.
Ähnlich wie der Regenbogen entsteht der Halo, wenn das Sonnenlicht am Wasser der Atmosphäre gebrochen wird. Während bei Regenbogen die Wassertröpfchen für dieses Phänomen verantwortlich sind, sind es bei Halos die Eiskristalle. Sie sind in den Zirruswolken enthalten, die immer dann auftreten, wenn bei Herannahen eines Tiefdruckgebietes der Wasserdampf der aufsteigenden warmen Luft in acht bis zehn Kilometern Höhe bei Temperaturen unter –6 Grad gefriert.
Trifft nun das Licht auf die sechseckigen Eiskristalle, wird es je nach Eintrittswinkel unterschiedlich stark gebrochen – zumeist um 22 Grad, weil aus physikalischen Gründen ein anderer Ablenkwinkel nicht möglich ist.
Bei niedrigem Sonnenstand können statt des Ringes auch zwei diffuse Lichtflecken auftreten. Diese Flecken, innen rötlich und außen bläulich, werden ***Nebensonnen*** (Parhelia) genannt und entstehen, wenn die Sonnenstrahlen parallel zur Grundfläche der Eiskristalle einfallen. Es entscheidet also nicht nur der Einfallswinkel des Lichtes, sondern auch deren Form, ob Plättchen, Säule oder kreuzförmiger Vierlingskristall, welche Halovariante sich ausprägt. Sehr selten ist auch die Erscheinung der Gegensonne: ein heller Lichtfleck, in einen Horizontalkreis eingebettet, der der Sonne genau gegenüber liegt. Er entsteht vermutlich, wenn sich Sonnenstrahlen an vierstrahligen Eiskristallen spiegeln.
Der Mond kann außerdem noch einen Hof oder mehrere Ringe zeigen. Wissenschaftlich werden diese Phänomene im ersten Fall als „Aureole" und im zweiten als „Kranz" oder „Korona" bezeichnet. Aureolen und Koronen treten dann auf, wenn die Lichtstrahlen der Sonne oder des Mondes durch winzige Wassertröpfchen in der Atmosphäre gebeugt werden. Die Strahlen dringen dabei nicht wie beim Regenbogen in die Tröpfchen ein, sondern werden um sie herumgeleitet. Undurchsichtige Eiskristalle oder sogar Staubkörnchen können denselben Effekt hervorrufen, vorausgesetzt, sie sind klein genug.
Die Größe der Partikel spielt noch in anderer Hinsicht eine wichtige Rolle: Je kleiner sie sind, desto größer ist der Durchmesser der Beugungsringe.

Die ovale Riesensonne

Ein im Zusammenhang mit dem Sonnenuntergang auftauchendes und viel bestauntes, für die meisten von uns rätselhaftes Phänomen ist, dass die Sonne, aber auch der Mond, in der Nähe des Horizontes manchmal riesengroß und dann auch noch **oval** erscheint. Dies hängt einmal mit der Linsenwirkung der Atmosphäre zusammen. Sie wirkt nämlich in der Nähe des Horizontes wie eine Art Vergrößerungsglas.

Es ist jedoch zum Teil auch auf unsere Sinnestäuschung, also auf eine psychologische Wirkung zurückzuführen: Wir glauben nämlich nicht, dass in der Nähe stehende Häuser oder Bäume größer sind als die Sonne oder Mond und korrigieren dieses Bild automatisch. Haben wir dagegen in der Nähe oder gleichen Richtung gar keine Vergleichsobjekte, so erscheinen uns diese beiden Himmelskörper sogar kleiner.
Außerdem wird das von der Sonne kommende, in die Atmosphäre eintretende Licht in einer leichten Kurve gebrochen, und zwar je niedriger die Sonne steht umso stärker. Bei der gerade unter dem Horizont versinkenden Sonne wird ein Lichtstrahl vom oberen Rand der Scheibe zur Erde hin gebrochen, und daraus entsteht der Eindruck, der obere Rand der Sonne liege höher als in Wirklichkeit.

In Horizontnähe verfärbt sich die Sonne tiefrot und wird durch die Lichtbrechung der Erdatmosphäre stark deformiert.

Dass der obere Rand der Sonne am Horizont beim Untergang etwas höher zu stehen scheint als in Wirklichkeit, hat folgenden Grund: Unser Auge sieht den Lichtstrahl erst, nachdem er zur Erde hingebogen wurde. Dasselbe geschieht mit einem Strahl, der vom unteren Rand der Sonne kommt und noch stärker gebrochen wird. So scheint der untere Rand der Sonne noch mehr „angehoben" als der obere. Diese scheinbare Zusammenpressung lässt die Sonne oval aussehen. Die „Anhebung" der Sonne über dem Horizont ist durchaus merklich. Um mehr als den eigenen Durchmesser wird sie über ihre wahre Stellung hinausgehoben. Deshalb ist die Sonne auch noch sichtbar, wenn sie schon um mehr als ihren eigenen scheinbaren Durchmesser unter dem Horizont versunken ist.

Das Zodiakallicht

Nur in sehr ländlichen und dunklen Gegenden kann über der Auf- oder der Untergangsstelle der Sonne ein schwacher, schräg verlaufender kegelförmiger Lichtschein beobachtet werden: das ***Zodiakallicht***, die Streuung des Sonnenlichtes am interplanetaren Gas und Staub. Es hat also keinen atmosphärischen Ursprung. Diese Materieformen umgeben die Sonne in Form einer Wolke, die in der Ebene der **Ekliptik** liegt (s. Kasten Seite 45). Selbst an dem der Sonne genau gegenüberliegenden Punkt kann man eine Aufhellung beobachten. Man spricht dabei vom Gegenschein.
Da in mittleren und höheren Breiten die Ekliptik schräg zum Horizont verläuft, kann das Zodiakallicht am besten von den Tropen aus beobachtet werden, weil es dort ungefähr senkrecht zum Horizont steht. Bei uns ist es im Februar und März abends oder im September und Oktober morgens gut zu beobachten, denn in diesen Zeiten hat die Ekliptik eine günstigere Lage zum Horizont. Trotzdem verwechseln die meisten Beobachter es leicht mit frühen beziehungsweise späten Dämmerungserscheinungen, zumal das Streulicht in den Ballungszentren zusätzlich die Beobachtung dieses Phänomens erschwert.

Die Narben des Mondes

Nach der Sonne ist der Mond der bekannteste Himmelskörper. Der Grund dafür ist, dass er wegen seiner geringen Entfernung von der Erde (rund 384.000 Kilometer) nach der Sonne das hellste Gestirn am Firmament ist, sich schon mit dem bloßen Auge Oberflächenmerkmale erkennen lassen und der Mond während eines bestimmten Zeitraumes wechselnde Lichtgestalten zeigt. Deshalb ist es auch nicht weiter verwunderlich, dass der Mond neben der Sonne schon früh als Kalendermaß verwendet wurde. Bei manchen Völkern – besonders denen des Orients – ist er *die* Grundlage des Kalenders überhaupt.

Kein anderer Planet hat im Verhältnis einen so großen Mond wie die Erde. Sein Durchmesser beträgt 3476 Kilometer und entspricht damit einem

Unser Mond in abnehmender Phase. Deutlich sind die dunklen Mare- und hellen Terraegebiete zu erkennen. Der große helle Krater in der Mitte heißt Kopernikus, der obere, am Rand des Mare Imbrium gelegene, Plato.

Viertel des Erddurchmessers von rund 12.700 Kilometern. Zu Recht werden Erde und Mond oft auch als ***Doppelplanet*** bezeichnet.
Eine Laune der Natur will es, dass Mond und Sonne am Himmel die gleiche scheinbare Größe haben. Deshalb können wir zu bestimmten Zeiten das fantastische Schauspiel einer totalen Sonnenfinsternis beobachten. Kein anderer Himmelskörper ist uns, was seine Oberfläche betrifft, seit der Erfindung des Fernrohrs so gut bekannt wie der Mond. Ja, es gab Zeiten, da waren die Mondkarten genauer als die Karten der Erde.

Was versteht man unter dem Mann im Mond?

Schon bei Vollmond erkennt der Betrachter mit bloßem Auge helle und dunkle Gebiete auf der Oberfläche unseres Trabanten. Der Volksmund spricht vom „Mondgesicht" oder dem „Mann im Mond". Der Sage nach soll ein Mann am Sonntag zum Holzsammeln in den Wald gegangen sein und damit gegen das Ruhegebot des Herrn verstoßen haben. Gott habe ihn dann zur Strafe auf den Mond verbannt. Andere Völker sahen eine Spinnerin mit Spinnrad, ein Kaninchen, das aus einem Gebüsch springt, zwei Kinder, die einen Wassereimer tragen oder ein altes Paar.

Maria und Terrae

Erst als der italienische Astronom Galileo Galilei 1609 (s. Seite 13) ein Fernrohr auf den Mond richtete, erkannte er, dass die dunklen Flecken wie große Meere aussahen. Wegen dieser Ähnlichkeit bezeichnete er sie als „Mare" nach dem lateinischen Wort für „Meer".
Galilei betrachtete den Mond entlang der Licht- und Schattengrenze (Terminator) und erkannte eine zerklüftete Landschaft mit hohen Bergen, die

Die Namen der Geländeformationen auf dem Mond

Erste ausführliche Beschreibungen und Karten stammen von den Astronomen *Hevelius* (1611–1687) und *Riccioli* (1598–1671). Ricciolis Nomenklatur für die Einzelheiten auf der Mondoberfläche aus dem Jahre 1651 ist heute noch gebräuchlich. Sie wurde nach der Erkundung durch Raumsonden auch auf die lange Zeit unbekannte Rückseite des Mondes angewandt. Nach ihr werden die dunklen Gebiete als Meere oder lat. *Maria* bezeichnet. Sie tragen Beinamen, die die vermeintlichen Einflüsse des Mondes auf den Menschen und die Erscheinungen der Erdatmosphäre widerspiegeln, zum Beispiel „Meer der Fruchtbarkeit", „Meer der Stürme" oder „Meer der Ruhe". Die helleren, höher gelegenen Gebiete heißen Länder, lat. *Terrae*.
Mondgebirge sind zumeist nach irdischen Gebirgsketten benannt, zum Beispiel Apenninen, Kaukasus oder Karpaten. Krater tragen Namen berühmter Naturforscher, Philosophen und Astronomen. Das hat dem Mond auch die scherzhafte Bezeichnung „Größter Gelehrtenfriedhof" eingebracht. Für die Namensneuvergabe, besonders vieler Krater auf der Rückseite, ist heute die Internationale Astronomische Union (IAU) zuständig.

Deutlich ist auf dieser Lunar-Orbiter-Aufnahme die viel stärker mit Kratern überzogene, lange Zeit unbekannte Rückseite des Mondes zu sehen. Das einzige Mare auf der Mond-Rückseite ist das Mare Moscoviense.

Das Foto aus dem „Berliner Mondatlas" zeigt links oben nahe der Schattengrenze den Krater Plato, daneben die Alpen und tiefer gelegen die Apenninen sowie das Mare Imbrium und Mare Serenitatis.

lange Schatten warfen. Die meisten Berge lagen in helleren Gebieten, die er „Terrae" (Länder) nannte. In Wirklichkeit handelt es sich um Hochländer, die sich über die umgebenden Maria (Plural für „Mare") erheben.
Schon bald entstanden die ersten Mondkarten, die sehr schnell immer detaillierter wurden. Das lag nicht nur daran, dass sich die optische Qualität der Fernrohre verbesserte. Grund war auch, dass unser Erdbegleiter keine sichtbare Rotation aufweist und seine Oberfläche wegen der fehlenden Atmosphäre immer glasklar vor dem Auge des Betrachters liegt. Die Astronomen hatten also für das Studium der lunaren Oberflächeneinzelheiten genügend Zeit und Muße. Allerdings mussten sie auf die Kartierung der unsichtbaren **Rückseite** (rund 41 Prozent) verzichten; ein Umstand, der sich erst mit dem Raumfahrtzeitalter änderte.

Die Maria: Meere und Ozeane vergangener Zeiten?

Ohne Zweifel gehören die „Mondmeere" zu den größten und damit auffälligsten Oberflächenmerkmalen unseres Trabanten. Bereits mit dem bloßen Auge kann man sie als dunkle Flecken sehen. Heute wissen wir, dass es sich bei diesen Gebieten (am größten ist das Mare Imbrium mit einem Durchmesser von 960 Kilometern) um mit Lava gefüllte Ebenen handelt, oder besser gesagt um Beckenlandschaften, denn viele Maria werden von Gebirgszügen umgeben.
Die **Maria** entstanden wahrscheinlich durch den Einschlag (Impakt) gewaltiger Meteoroide von etwa 130 Kilometern Durchmesser in der Frühzeit unseres Sonnensystems (s. Seite 82). Das Innere der Einschlagsgebiete füllte sich später durch Lavaströme auf. Sie stiegen an die Oberfläche empor, als sich das Mondinnere durch radioaktive Prozesse aufheizte. Die Überflutungen der Mondmeere fanden also nicht durch Wasser, sondern durch glutflüssiges Mondinneres statt, so dass wir es hier mit Lavameeren und -ozeanen vergangener Zeiten zu tun haben.

Die Krater: erloschene Vulkane oder kosmische Bombentrichter?

Das Hauptmerkmal des Mondes sind allerdings die **Krater**. Schon in einem Feldstecher zeigen sich die größten von ihnen sehr deutlich, so zum Beispiel der Krater Kopernikus. Sehr große Krater werden auch Ringgebirge oder Wallebenen genannt; mit Durchmessern von 200 bis 300 Kilometern kann man sie schon fast als kleine Maria bezeichnen.
Auch wenn es beim Blick durch ein Fernrohr nicht so aussieht: Krater sind sehr flache Gebilde. Stünde ein Astronaut im Zentrum eines großen Kraters, so würde er wegen der Mondkrümmung dessen Wälle nicht mehr erkennen können.

Mondkrater Tycho, aufgenommen von einem der Lunar-Orbiter. Man sieht deutlich, durch den Schattenwurf hervorgehoben, den gezackten Rand, die Terrassenwände und den Zentralberg des Kraters.

Helle Gebiete und Strahlensysteme

Die hellen Gebiete des Mondes, die Terrae oder Hochländer, enthalten die meisten Krater – etwa fünfzehn- bis zwanzigmal mehr als die Maria. Viele Krater besitzen im Inneren einen oder mehrere Zentralberge, die wegen ihres Schattenwurfs besonders gut zu beobachten sind, wenn der Terminator (die Licht-Schatten-Grenze) in der Nähe verläuft. Entsprechendes gilt für die Wälle, die gelegentlich stufen- oder terrassenförmig ins Kraterinnere abfallen.
Von einigen Kratern gehen helle, besonders bei Vollmond gut zu beobachtende **Strahlensysteme** aus; ein prominentes und schon im Fernglas gut zu beobachtendes Beispiel ist der Krater Tycho. Seine Strahlen sind bis zu einer Entfernung von 1800 Kilometern zu verfolgen. Früher nahmen die Mondforscher an, dass es sich dabei um durch einen Einschlag entstandene Brüche handle. Heute wissen wir dagegen, dass die Strahlensysteme aus verstreutem hellerem Staub bestehen, der beim Impakt herausgeschleudert wurde.
Weitere bekannte Strahlenkrater sind: Kepler, Aristarch, Herodot, Stevinus, Sellinus im Mare Australe, Proclus im Mare Crisium und Messier mit Doppelstrahlen im Mare Fecundatis.

Auf diesem Foto, das kurz vor Vollmond gemacht wurde, sind deutlich die „Strahlenkrater“ zu sehen. Die ausgeprägtesten Strahlensysteme zeigen Tycho (unten) und Kopernikus (Mitte).

Gibt es heute noch Vulkanausbrüche und Einschläge auf dem Mond?

Der Fußabdruck des ersten Menschen auf dem Mond wird noch für Millionen Jahre zu sehen sein, denn Verwitterung durch Wind und Wasser wie auf der Erde gibt es auf dem Mond nicht.

Der Mond ist – und das wird allgemein akzeptiert – ein toter Himmelskörper, sowohl in biologischer als auch in geologischer Hinsicht. Der erste Aspekt ist sehr leicht einzusehen, denn im Fernrohr können wir ungehindert die Oberfläche betrachten, da der Mond keine Atmosphäre und damit kein Wasser besitzt. Beides sind aber Grundvoraussetzungen für die Entstehung und die Existenz von Leben.
Sicher ist, dass heute immer noch Meteoriten auf dem Mond einschlagen, wenn auch nicht mehr in der Größe und Stärke wie in der Frühzeit des Mondes. Immer noch registrieren die während der Apollo-Landungen aufgestellten vier Seismometer neben regelmäßigen Beben auch unregelmäßig auftretende Erschütterungen, die von Meteoriten-Einschlägen stammen. So konnten die Seismometer der Apollo-Stationen zum Beispiel am 17. Juli 1972 den Aufschlag eines 1000 Kilogramm schweren Meteoriten verfolgen. Diese kosmischen Geschosse sind es – vor allem die Mikrometeoriten –, die zur Verwitterung der Krater und der **Fußspuren der ersten Menschen** auf dem Mond beitragen; ein Prozess, der sich aber über Millionen Jahre hinziehen wird.

Berge und Täler auf dem Mond?

Die Hadley-Montes sind das beste Beispiel für die fehlende Erosion durch Wind und Wasser auf dem Mond. Sie gleichen eher riesigen Sanddünen.

Berge, Täler und „Rillen" sind weitere auffällige Merkmale der Mondoberfläche. Sie sind ebenfalls am besten zur Zeit des Schattenwurfes zu beobachten. Neben den so genannten Zentralbergen in den Kratern gibt es Gebirgsketten. Sie gruppieren sich zumeist um die Maria herum, ziehen sich aber auch in einzelnen Ketten über die Oberfläche.
Die Höhen der **Mondgebirge** (Apenninen 4000 m, Alpen 3000 m und Kaukasus 3650 m) übertreffen zum Teil die der irdischen, doch ist eine exakte Angabe schwierig, weil sie nicht auf ein bestimmtes Niveau (wie den Meeresspiegel auf der Erde) bezogen werden können. Die Mondforscher behelfen sich deshalb durch die Messung der Schattenlänge.

Keine zackigen Gipfelketten

Man darf sich die Mondgebirge aber nicht wie irdische Hoch- oder Mittelgebirge vorstellen: Sie sind weder gezackt noch bestehen sie aus leicht faltbaren Schichtgesteinen wie die irdischen Gebirge, denn es gibt weder eine Erosion durch Wind und Wetter noch eine Sedimentation. Die einzige Form der Erosion geschieht auf dem Mond durch den rapiden Temperatursprung zwischen Tag und Nacht sowie das permanente

Diese Rillen haben nichts mit ehemaligen Wasserläufen zu tun, sondern sind das Ergebnis von Lavaflüssen oder eingebrochenen Lavatunnels aus der Frühzeit des Mondes.

Bombardement durch Mikrometeorite. Die Bilder der Apollo-15- und Apollo-17-Mission, die die Astronauten in gebirgige Regionen unseres Erdbegleiters führten (**Hadley-Apenninen** und Taurus-Litrow-Region), zeigen daher auch sanddünenähnliche Bergformen.

Die **Täler** auf dem Mond treten in verschiedenen Formen auf. So ist das berühmte Alpine-Tal in die Berge eingeschnitten, während das Rheita-Tal aus einer Kette von Kratern besteht, die sich vereinigt haben. Zu den Tälern zählen auch die spaltenähnlichen Rillen, von denen einige wie die Hyginus- und die Ariadaeus-Rille unter günstigen Beleuchtungsverhältnissen selbst in kleinen Fernrohren sichtbar sind.

Schließlich gibt es noch Verwerfungen, wie man sie bei entsprechendem Lichteinfall auch in der „Geraden Wand" im Mare Nubium beobachten kann. Hier fällt der Boden steil in Richtung Westen ab, so dass vor Vollmond der Schatten des Abhanges als dunkle Linie beobachtet werden kann. Später, wenn der Steilhang im Sonnenlicht liegt, zeigt er sich als helle Linie.

Wasser und Luft auf dem Mond?

Auch wenn wir Landschaften auf dem Mond haben, die mit „Mare, Oceanus, Lacus" oder „Palus" (Meer, Ozean, See und Sumpf), also als Gewässerformen bezeichnet werden: Freies Wasser gibt es auf dem Mond nicht, denn er besitzt keine Atmosphäre. Der Mond ist zu klein, und damit reicht seine Schwerkraft nicht aus, um eine noch so dünne Gashülle an sich zu binden. Damit haben wir auch keine Erosion durch Wind und Wasser und keine Sedimentation, die auf unserer Erde neben dem Vulkanismus landschaftsbildend sind.

Der beste Beweis für eine fehlende Atmosphäre ist der ungetrübte Blick auf die Mondoberfläche, den wir von der Erde aus haben. Sehr eindrucksvoll ist es auch, mit einem Teleskop die Bedeckung eines Sternes durch den Mond zu verfolgen. Bei einer solchen Sternbedeckung stellt man fest, dass der Stern plötzlich verschwindet, ganz anders als das Verschwinden von Sonne, Sternen und Planeten an unserem Horizont. Besäße der Mond eine Atmosphäre, so müsste bei einer Sternbedeckung das Licht langsam schwächer werden; tatsächlich jedoch verschwindet es in weniger als einer Sekunde.

Die Fußabdrücke der ersten Astronauten und die Fahrspuren der Mondautos werden wegen der fehlenden Erosion mit Sicherheit noch Millionen Jahre auf dem Mond zu sehen sein. Das gilt jedoch nicht für die bei der Landung gehisste US-Flagge: Sie fiel beim Start der Mondfähre durch den Abgasstrahl um.

Allerdings zeigen neuere Untersuchungen, dass der Mond noch über eine minimale Restatmo-

Sengende Hitze – klirrende Kälte

Da der Mond keine Atmosphäre und keine Wasserflächen besitzt, findet auch keine Wärmespeicherung und kein Temperaturausgleich statt. Es gibt nur helles Sonnenlicht oder tiefschwarzen Schatten. Bereits 1869 nahm der vierte Earl of Rosse auf der berühmten Sternwarte von Birr Castle erstmals eine relativ genaue Temperaturbestimmung vor, bei der er auf plus 120 Grad Celsius als Maximum kam. Heute wissen wir, dass die Temperaturen am Mondäquator zur Mittagszeit ca. +130 Grad Celsius erreichen, während sie in der Mondnacht auf –160 Grad zurückgehen. Zukünftige Mondbasen müssen daher für konstante Energieversorgung sorgen.

sphäre aus seiner Entstehungszeit verfügt. Ihre Dichte entspricht nur etwa dem 14trillionstelfachen der Erdatmosphäre. Es handelt sich dabei um Gase, die beim radioaktiven Zerfall bestimmter Elemente in den verschiedenen Mondgesteinen sowie bei möglichen schwachen vulkanischen Erscheinungen freigesetzt werden.

Weiterhin haben Raumsonden-Missionen wie die der Sonde Clementine und Lunar Prospector deutliche Anzeichen dafür gefunden, dass es an den *Polen des Mondes* Wasser in gefrorenem Zustand gibt. Das Wassereis liegt tief verborgen in Kratern, die nie vom Sonnenlicht getroffen werden und stammt von Kometeneinschlägen aus der Frühzeit des Erdtrabanten. Die Ausdehnung der Wassereis-Areale beträgt am Südpol 5000 bis 20.000 Quadratkilometer und 10.000 bis 50.000 qkm am Nordpol.

Vor allem unter dem Mikroskop wird die vielfältige Struktur des Mondbodens sichtbar, besonders gut sind die glaskugelartigen Einschlüsse zu erkennen.

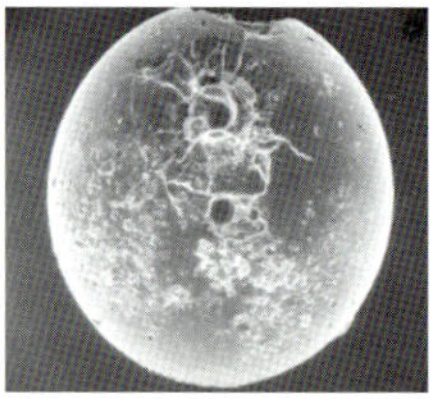

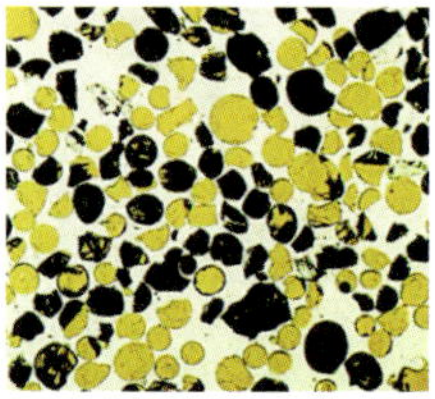

Woraus besteht die Mondoberfläche?

Bis zu den ersten weich gelandeten Raumsonden Mitte der 1960er Jahre waren sich die Wissenschaftler nicht im klaren darüber, wie die Mondoberfläche beschaffen ist. Eine Theorie, die von Sciencefiction-Autoren ausgemalt wurde (Lesetipp: Arthur C. Clarke: *Im Mondstaub versunken*), aber auch den Planungsingenieuren der bemannten Mondlandung Sorgen bereitete, behauptete, die Mondoberfläche sei von einer meterdicken Staubschicht bedeckt. Bei einer Landung würden Raumfahrer mit ihren Fahrzeugen sofort wie im Treibsand versinken. Aus diesem Grund setzten auch die USA nach der ersten weichen Landung der unbemannten sowjetischen Sonde Luna 9 in der Zeit vom 30. Mai 1966 bis 17. Januar 1968 sechs Surveyor-Sonden an verschiedenen Punkten des Mondes ab, die neben Tausenden von Fotos ausführliche Bodenuntersuchungen lieferten.

Die genauere Oberflächenstruktur des Mondes konnte erst nach den Apollo-Landungen erforscht werden, in deren Verlauf die Astronauten insgesamt 283 Kilogramm Mondgestein mit zur Erde brachten. Nach diesen Informationen stellt sich der Bau der Mondoberfläche wie folgt dar: Die Oberfläche ist von gewaltigen Schuttmassen *(Regolith)* überzogen, deren Schichten bis in eine Tiefe von 10 bis 18 Metern reichen. Sie enthalten größere eckige und kantige Bruchstücke *(Brekzien)*, kleine blasig-kristalline

Brocken sowie feinen Staub. Dieser Staub überzieht große Teile der Mondoberfläche, selbst die Bergabhänge, deren Konturen verhältnismäßig weich und wie „überpudert“ erscheinen.
Verursacht wird dieser Zustand durch das ständige Bombardement mit Meteoriten. Ein bis zwei Prozent des **Mondgesteins** bestehen aus meteoritischem Material. Gelegentlich finden sich darin auch glasartige Partikel, deren Entstehung auf den Aufprall des Meteoriten zurückzuführen ist. Ein Teil der Mondmaterie verdampft nämlich bei Einschlägen, und das abkühlende Material kondensiert sie zu kleinen Glaskügelchen.

Eine Analyse des Mondgesteins

Die Zusammensetzung des Mondgesteins ähnelt sehr stark der des irdischen, bis auf eine wichtige Ausnahme: Der Mond besitzt weit weniger leichtflüchtige Elemente, wie etwa Natrium und Kalium, sowie Elemente, die sich in der geschmolzenen Lava lösen, zum Beispiel Gold und Nickel. Ferner fand man verschiedene Mineralien, zum Beispiel Pyroxen, Plagioklas, Ilmenit und Olivin. Die Altersbestimmung des Gesteins ergab ein Alter um die vier Milliarden Jahre; nur bei wenigen ließ sich ein Alter von 4,4 Milliarden Jahren ermitteln, was der genauen Entstehungszeit des Mondes entspricht.

Bebt unser Mond?

Während der Apollo-Mondlandungen stellten die Astronauten an vier weit auseinanderliegenden Stellen auf der Mondoberfläche Seismometer auf. Da Erschütterungen durch Wind, Gezeiten der Ozeane oder Straßenverkehr auf dem Mond fehlen, lassen sich dort auch viel schwächere Beben als auf der Erde nachweisen. Mondbeben überschreiten selten die Stärke 2 auf der Richter-Skala, die auf der Erde zur Einordnung der Erdbebenstärke verwendet wird. Auf der Erde dagegen können Beben mit einer Stärke zwischen 2 und 3 zwar registriert, nicht aber vom Menschen gefühlt werden. Ab Stärke 5 kommt es zur Beschädigung von Gebäuden; noch stärkere Beben – das heftigste erreichte die Stärke 8 – können alle Gebäude zerstören. Ein Astronaut im Zentrum eines Mondbebens würde dagegen nichts spüren.

Welchen Einfluss übt der Mond auf die Erde aus?

Welchen Einfluss der Mond auf die Erde hat, lässt sich nur in einem Fall mit großer Sicherheit beantworten: dem der ***Gezeiten***. Wer beispielsweise an der Nordseeküste wohnt, kennt den Effekt: Zu bestimmten Zeiten steigt das Wasser (es ist Flut), dann wiederum fällt es (Ebbe), um nach 12,5 Stunden wieder zurückzukehren.

Die Ursache liegt im Wechselspiel zwischen der Anziehungskraft des Mondes und der Trägheit von Erdkörper und Wassermassen. Dasselbe gilt auch für die Beziehung zwischen Erde und Sonne, die Mondgezeiten sind allerdings rund zweimal stärker als die Sonnengezeiten. Auf der dem Mond zugewandten Seite der Erde ist die Mondanziehungskraft am stärksten, und es entsteht ein Flutberg.
Dagegen ist auf der dem Mond abgewandten Seite die Mondanziehungskraft deutlich geringer, das Wasser bleibt schlicht zurück und bildet einen zweiten Flutberg. In den dazwischenliegenden Bereichen herrscht Ebbe. Durch die Rotation der Erde laufen beide Flutberge innerhalb eines Tages um unseren Planeten, wobei allerdings wegen des Mondumlaufs die Flutzeiten nicht in zwölf, sondern in ca. 12 h 25 m aufeinanderfolgen.

Springflut und Nippflut

Im Laufe eines Monats ändern Sonne und Mond ihre Stellung relativ zur Erde, so dass es zu einer gegenseitigen Verstärkung oder Abschwächung ihrer Kräfte kommt. Stehen Sonne und Mond etwa auf einer Linie hintereinander, so addieren sich ihre Kräfte, und die Flut verstärkt sich zur so genannten „Springflut“. Dies passiert jeweils zur Zeit des Neumonds oder Vollmonds. Dagegen reduziert sich die Höhe der Flut, wenn Mondflut und Sonnenebbe aufeinandertreffen, was beim ersten und letzten Viertel des Mondes zu erwarten ist: Es entsteht die „Nippflut“.

Hafenzeiten

Bis die Flut die Küste erreicht, muss sie sich an vielen Stellen unserer Erde vom offenen Meer durch zahlreiche Inseln, Halbinseln und Kanäle hindurcharbeiten. Dadurch wird die Ankunftszeit verzögert und variiert sowohl mit dem Ort als auch mit dem Tag im Monat. Die Folge ist, dass das Hochwasser nur in seltenen Fällen genau mit dem Höchststand (der Kulmination) des Mondes zusammenfällt, sondern normalerweise einige Stunden später eintritt. Deshalb hat jeder Ort auf der Erde seine so genannte Hafenzeit. Sie liegt zum Beispiel für die Insel Helgoland bei 11 h 20 m, das heißt, das Hochwasser trifft auf Helgoland um 11 h 20 m nach der Kulmination des Mondes ein.

Was wissen wir über Entstehung und Herkunft des Mondes?

Die Frage, wie unser Mond entstanden ist oder woher er kommt, kann heute zufriedenstellend beantwortet werden – wenn auch nicht mit letzter Sicherheit. Fakt ist: Der Mond ist genauso alt wie unsere Erde und die übrigen Planeten: 4,4 bis 4,8 Milliarden Jahre. Außerdem entfernt er sich von der Erde, so dass er in der Frühzeit unserem Heimatplaneten sehr nahe gestanden haben muss. Bis 1974 wurden folgende Theorien über den Ursprung des Mondes diskutiert:

Die Abschleuderungstheorie

Nach ihr sind Erde und Mond aus einem gemeinsamen Körper hervorgegangen. Die noch flüssige Erde müsste so schnell um ihre eigene Achse rotiert sein, dass langsam ein birnenförmiges Gebilde entstand und sich schließlich der Mond abgespalten hat. Leider kann nicht erklärt werden, wo der Drehimpuls des Systems Erde/Mond seitdem geblieben sein soll.

So etwa könnte das Impakt-Szenario abgelaufen sein: Ein marsgroßes Planetesimal ist vor ca. 4,5 Mrd. Jahren mit der Erde kollidiert.

Die Einfangtheorie

Erde und Mond wären in diesem Fall als zwei eigene Körper getrennt voneinander entstanden. Bei einer engen Begegnung der beiden hätte die Erde den Mond „eingefangen“ und in eine Umlaufbahn gezwungen. Diese Theorie ist himmelsmechanisch schwer zu erklären.

Die Akkretionstheorie

geht davon aus, dass die Mondentstehung sich ähnlich der Planetenentstehung vollzog, allerdings in unmittelbarer Nachbarschaft der Erde. Danach bildete sich der Mond aus einer Wolke von Planetesimalen entweder gleichzeitig mit unserem Planeten oder etwas später aus den Trümmern der Erdentstehung. Auch diese klassische Theorie benötigt besondere Voraussetzungen und ist nicht sehr wahrscheinlich.

Die Einschlag- oder Kollisionstheorie

Sie wurde 1974 von *Bill Hartmann* formuliert und an der Cornell-Universität vorgestellt: Vor etwa 4,5 Milliarden Jahren, als sich auf der teilweise geschmolzenen und chemisch differenzierten Erde gerade eine feste Kruste zu bilden begann, stieß ein Planetesimal von der Größe des Mars mit der noch jungen Protoerde zusammen. Die Wucht der Kollision zertrümmerte die Oberfläche beider Körper und verdampfte sie, worauf zahlreiche Bruchstücke ins Weltall geschleudert wurden. Einige von ihnen blieben in der Erdumlaufbahn und sammelten sich in einer Scheibe. Hier formten sich zunächst kleinere Monde, und aus ihnen wurde später der heutige Mond.

Wenn der Mond bei diesem Prozess hauptsächlich aus dem Mantelmaterial des Einschlagkörpers entstand, wäre das eine Erklärung für die unterschiedliche chemische Zusammensetzung von Erde und Mond, vor allem für das Fehlen von Wasser auf dem Mond, weil es in der enormen Hitze verdampfte. Die Einschlagtheorie ist heute allgemein akzeptiert und kommt mit wenigen besonderen Annahmen aus. Nur eine ist nötig: Ein marsgroßer Körper muss in der Frühzeit mit der Erde einen Crash verursacht haben.

Die Sonne, unser nächster Stern

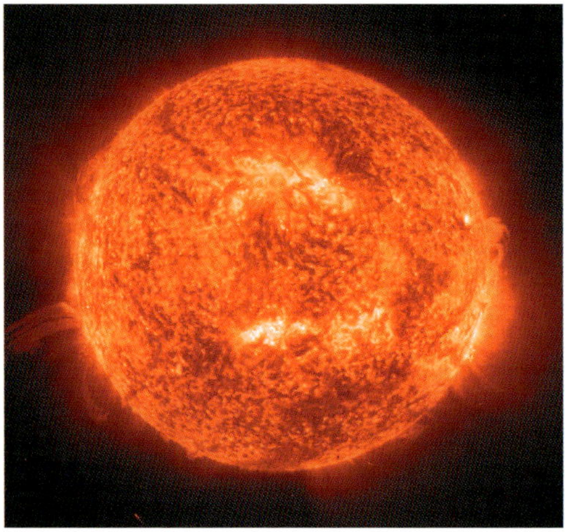

Der im Weltraum „verankerte" Satellit SOHO erlaubt seit Jahren einen ungehinderten Blick auf unser Tagesgestirn.

Astronomen und Astrologen mögen noch so heftig und konträr über den Einfluss der Gestirne auf das tägliche menschliche Leben streiten – was den Einfluss unseres nächsten Sterns namens Sonne angeht, sind sie sich einig. Denn ohne ihr Licht und ihre Wärme würde es kein Leben auf der Erde geben. Unser Planet wäre, wie in der Schöpfungsgeschichte zu Beginn der Zeit eindrucksvoll beschrieben, „wüst und leer".

Es ist verständlich, dass sich die Wissenschaft, und hier vor allem die Astronomie, nachdem sie sich zur Astrophysik entwickelt hatte, mit der Ursache des Sonnenfeuers, dem Alter und dem Lebensweg unseres Sternes befasst. Die Lösung dieser Fragen gelang erst in den dreißiger Jahren des 20. Jahrhunderts durch die Atomphysik – und gelangte mit dem Bau der Wasserstoffbombe zu trauriger Berühmtheit.

Auf der anderen Seite gibt es intensive Bemühungen angesichts des immer größeren Energiebedarfs, das Sonnenfeuer kontrolliert in Fusionsreaktoren ablaufen zu lassen, um so eine schier unerschöpfliche Energiemaschine zu erhalten. Bisher sind die technischen Probleme aber noch nicht gelöst. Dies gilt auch für zahlreiche Prozesse und Phänomene, die sich im Innern und auf der Oberfläche der Sonne abspielen, denn die Sonne ist nicht nur der uns nächste Stern – sie ist der einzige Stern, den wir aus der Nähe untersuchen können.

Warum leuchtet die Sonne?

Diese einfach klingende Frage gehörte lange Zeit zu den ungelösten und schwierigsten Problemen der Physik und Astronomie, zumal sie auch die Frage nach der Natur unseres Tagesgestirns einschließt. Der erste, der eine wissenschaftliche Antwort zu finden versuchte, war der griechische Philosoph *Anaxagoras* von Athen (500–428 v. Chr.). Durch einen auf die Erde gefallenen, noch heißen Eisenmeteoriten, dessen Ursprungsort er auf der Sonne vermutete, zog er den Schluss, die Sonne müsse eine rotglühende

Eisenkugel sein. Das war für die damalige Zeit, als die Himmelskörper für Götter gehalten wurden, eine ketzerische Behauptung. Zur Strafe wurde Anaxagoras aus seiner Heimatstadt verbannt.
Für Jahrhunderte stand die Frage nach der Natur der Sonne nicht mehr auf der Tagesordnung. Niemand konnte sich vorstellen, welche Stoffe in der Lage waren, über einen so langen Zeitraum Licht und Wärme zu liefern. Erst um die Mitte des 19. Jahrhunderts herum gab es neue Erklärungsversuche. Die Kohle war als neuer Energieträger entdeckt und intensiv erschlossen worden und hatte die industrielle Revolution überhaupt erst möglich gemacht. Vielleicht, so deshalb die Überlegung, war die Sonne ein gigantisches Kohlekraftwerk und bekam wie ein irdisches Kraftwerk durch das Nachschaufeln neuer Kohlen Nahrung? Im Jahre 1848 stellte J. R. Meyer deshalb die These auf, die Sonne würde durch permanent einstürzende Meteoriten diesen Nachschub erhalten.
Im Jahre 1884 veröffentlichte der Physiker *Hermann von Helmholz* (1821–1894) eine neue Theorie: Unsere Sonne ist ein heißer Gasball, der durch langsames Zusammenziehen Energie erzeugt. Dafür sollte eine jährliche Kontraktion von etwa 60 Metern ausreichen. Dieses Modell wurde von *Lord Kelvin* (1824–1907) unterstützt, einem der prominentesten Physiker des 19. Jahrhunderts. Rechnungen aber zeigten, dass auf diese Weise die Sonne nur rund 30 Millionen Jahre leuchten würde, das Alter der Erde beträgt jedoch mindestens 4,5 Milliarden Jahre!

Schlüssel Kernfusion

Die raschen Fortschritte in der Kernphysik in den zwanziger und dreißiger Jahren des 20. Jahrhunderts lieferten den Schlüssel zur Erklärung der Energieerzeugung in der Sonne und den Sternen. Während einer Bahnfahrt von Washington nach Ithaca zur Cornell-Universität kam der deutsch-amerikanische Physiker *Hans Bethe* auf den Gedanken, dass die Kernfusion die Quelle für die Sonnenenergie sein könnte.

In verschiedenen Forschungszentren auf der Welt, wie hier in Jülich, versuchen Physiker die kontrollierte Kernfusion zu verwirklichen, um auf diese Weise das Sonnenfeuer als unerschöpfliche Energiequelle auf die Erde zu holen.

Weshalb ist Kernfusion die Quelle der Sonnenenergie?

Der glühende, 1.400.000 Kilometer durchmessende Sonnenkörper (der somit ca. 109-mal größer als die Erde ist) besteht zu 73 Prozent aus Wasserstoff, zu 25 Prozent aus Helium und zu 2 Prozent aus anderen Elementen. Druck, Dichte und Temperatur steigen zum Zentrum der Sonne hin rasant an: von 0,04 g/cm^3 und 6000° an der „Oberfläche" auf 154 g/cm^3 und 15 Millionen Grad im Sonnenkern. Bei solch hohen Temperaturen im Zentrum existiert die Sonnenmaterie in Form eines Plasmas, also „nackten" Atomkernen, ionisierten Atomen und freien Elektronen.

Das zerlegte Sonnenlicht zeigt nicht nur die Regenbogenfarben, sondern auch dunkle Linien. Sie werden zu Ehren des Optikers Joseph von Fraunhofer „Fraunhofersche Linien“ genannt.

Die heftigen Zusammenstöße der Atomkerne lösen **Kernverschmelzungen** (thermonukleare Reaktionen) aus. Hierbei werden vier Wasserstoffatomkerne in einen Heliumkern umgewandelt, wobei die Masse des Heliumkerns um etwa ein Prozent kleiner ist als die der vier ursprünglichen Wasserstoffkerne. Die scheinbar verschwundene Masse wird dabei direkt in Energie umgewandelt. In Zahlen ausgedrückt heißt das: In jeder Sekunde werden im Sonneninnern 564 Millionen Tonnen Wasserstoff zu 560 Millionen Tonnen Helium „fusioniert“, wobei die Sonne in jeder Sekunde um rund vier Millionen Tonnen leichter wird.
Vom Kern aus dringt die Strahlung nach dem Durchlaufen vieler atomarer Prozesse bis zur Sonnenoberfläche vor. Dort wird sie dann in Form von sichtbarem Licht, Ultraviolett- und Wärmestrahlung, Radiowellen, Röntgen-, Gamma- und Neutrinostrahlung in den Weltraum abgegeben.
Es ist also ein ganzes Bündel von Strahlungsarten, das unsere Sonne täglich freisetzt. Davon entfällt der größte Teil auf das sichtbare Licht und die angrenzenden Wellenlängen. Das sichtbare und scheinbar weiße Licht lässt sich in ein so genanntes **Spektrum** zerlegen und untersuchen.
Die gesamte Strahlungsleistung der Sonne entspricht 4×10^{23} Kilowatt, wovon nur $1{,}7 \times 10^{14}$ kW auf die Erde fallen. Trotzdem beträgt der Energieanteil, der pro Sekunde auf einen Quadratmeter der oberen Erdatmosphäre einfällt, immer noch 1,37 kW. Dieser Wert wird *„Solarkonstante“* genannt. Um diese Werte anschaulicher zu machen, soll ein Vergleich helfen: Wer einen Stecknadelkopf in einen Filmscheinwerfer hält, hat im Verhältnis etwa die solare Energiemenge, die auf die Erde trifft.

Das Sonnenspektrum

Fällt das Sonnenlicht durch ein Prisma, dann entsteht ein farbiges Band, ein kontinuierliches Spektrum. Es umfasst die Farben Rot, Orange, Gelb, Grün, Blau, Indigo und Violett. Die gleiche Erscheinung zeigt uns auch das Naturschauspiel eines Regenbogens.
Für die Untersuchung des Sonnen- und Sternlichts verwenden die Astronomen speziell konstruierte Geräte, die *Spektrografen*. Sie zeigen nicht nur das Farbband, sondern auch eine Vielzahl dunkler Linien, die *Fraunhofer-Linien* genannt werden. Es handelt sich dabei um so genannte Absorptionslinien. Während der kontinuierliche Anteil des Spektrums in der für uns sichtbaren Photosphären-Schicht der Sonne entsteht, werden die dunklen Absorptionslinien in dem unteren Bereich der darüber liegenden und nur bei einer totalen Sonnenfinsternis sichtbaren Chromosphäre erzeugt.
Die Temperatur dieses unmittelbar über der Photosphäre liegenden Bereichs der Chromosphäre liegt um etwa 1000 Grad niedriger als die der Photosphäre. Die so entstehenden Linien entsprechen in der Mehrzahl (70 Prozent) chemischen Elementen, die durch Vermessung identifiziert werden können. Bisher wurden etwa 2500 Absorptionslinien vermessen und über 60 chemischen Elementen zugeordnet.

Das Neutrinoproblem

Neben Licht, Ultraviolett-, Wärme-, Radio-, Röntgen- und Gammastrahlung sendet die Sonne auch Neutrinostrahlung aus. Aber die Neutrinos bereiten den Astronomen Kopfzerbrechen. Sie sind schwer nachzuweisen, denn sie tragen keine Ladung und haben keine Masse – ihre Ruhemasse ist, wenn überhaupt vorhanden, verschwindend gering. Nach der Theorie sollten bei der Energieproduktion im Sonneninnern aber erhebliche Mengen an Neutrinos entstehen.

Um sie zu messen, wurde in den USA in einem stillgelegten Bergwerk in Süd-Dakota ein Tank mit 454.600 Litern Tetrachlorethylen gefüllt. Diese Flüssigkeit wird auch heute noch häufig in der Textilreinigung verwendet. Neutrinos sind durch ihre Eigenschaft in der Lage, mühelos Gesteinsschichten und sogar den ganzen Erdball zu durchdringen. Durch ihre große Menge kommt es aber hin und wieder zu einer Kollision mit den Chloratomen der Detektorflüssigkeit, wobei ein Argonatom entsteht.

1200 m tief unter den Abruzzen stehen zwei Galliumtanks des europäischen Neutrinoexperiments GALLEX. Die Felsmassen sollen das Experiment vor störender kosmischer Strahlung schützen.

Ermittelt man nach einer bestimmten Zeit die Anzahl der gebildeten Argonatome, dann kann man den solaren Neutrinostrom ableiten. Dabei fanden die Physiker seltsamerweise nur etwa ein Drittel der erwarteten Neutrinos. Auch die anderen *Neutrino-Observatorien* im Baksan-Tal des Kaukasus (Russland), in Kamiokade (Japan) und im Gran-Sasso-Tunnel (Italien) erhielten, teils mit unterschiedlichen Techniken, ähnliche Resultate.

Auch die Neutrinodetektoren, die mit einer anderen Sensor-Flüssigkeit arbeiten, nämlich Gallium oder ultrareinem Wasser, konnten zu keiner besseren Lösung beitragen. Geht also ein Teil der solaren Neutrinos unterwegs verloren oder verwandeln sie sich von einer Art in die andere? Neben den solaren „Elektron-Neutrinos“ gibt es nämlich auch „Myon-“ oder „Tau-Neutrinos“. Würde sich ein Teil der solaren Elektron-Neutrinos in die beiden zuletzt genannten verwandeln (das Phänomen der „Neutrino-Oszillation“), so wären sie für die Detektoren unsichtbar. Diese Vermutung hat sich nach den letzten Forschungen des kanadischen Sudbury-Neutrino-Observatory bestätigt.

Die Sonnenflecken – Löcher, Wolken oder Stürme auf der Sonne?

Sonnenflecken sind die auffälligsten Oberflächenmerkmale unseres Tagesgestirns. Im Fernrohr können sie jeden Tag einzeln oder in Gruppen auf der Sonnenscheibe beobachtet werden. **Vorsicht: Schauen Sie niemals mit**

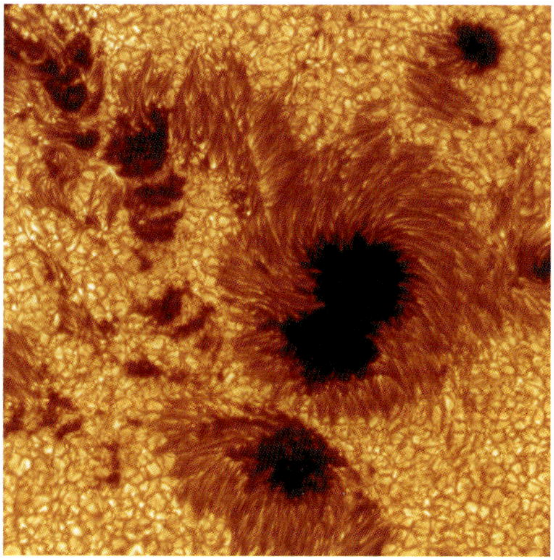

Mit den hochauflösenden Instrumenten des Sonnenobservatoriums auf La Palma lassen sich die Details eines Sonnenflecks hervorragend erkennen.

bloßem Auge, einem Fernglas oder Fernrohr in die Sonne! Ohne spezielle Sonnenfilter oder eine Vorrichtung zur Projektion des Sonnenbildes würden Sie sofort erblinden!

Äußeres Erscheinungsbild

Schon in kleinen Instrumenten erkennt der Beobachter, dass sich ein typischer Sonnenfleck in zwei unterschiedliche Bereiche gliedert: eine dunkle Region im Zentrum, die **„Umbra"**, und einen sie umgebenden weniger dunklen Saum, die **„Penumbra"**. Diese Zone besteht aus hellen und dunklen Fäden, die sich wie die Speichen eines Rades von der Mitte nach allen Richtungen ausdehnen.

Dass wir die Sonnenflecken als dunkle Gebilde vor der gleißendhellen Sonnenscheibe sehen, liegt daran, dass sie kühler sind als die heißere und damit hellere Umgebung. Die Temperatur in der Umbra eines Sonnenflecks liegt meist bei 4000 Grad, im Vergleich zu den etwa 5200 Grad in der Penumbra sowie den 5770 Grad der restlichen Sonnenoberfläche.

Die Sonnenflecken sind keine beständigen Gebilde und haben unterschiedliche Dimensionen. Einzelne Flecken können zwischen 15.000 und 150.000 Kilometern groß sein. Gruppen von Sonnenflecken können sogar Hunderte von Millionen Quadratkilometern der Sonnenoberfläche bedecken.

Eine typische Sonnenfleckengruppe besteht aus einem Fleckenpaar, dessen magnetische Polarität entgegengesetzt ist: Ein Fleck verhält sich als magnetischer Nordpol, der andere als Südpol. Die Stärke des Magnetfeldes in der Umbra dürfte zwischen 1000 und 4000 Gauß betragen, was die Stärke des irdischen Magnetfeldes um beinahe das Zehntausendfache übertrifft. Der Verlauf der Feldlinien zwischen einem Sonnenfleckenpaar ähnelt dem eines Stabmagneten.

Wie lässt sich die Sonne ungefährdet beobachten?

Allgemein beantwortet: nicht ohne die Augen zu schützen. Nachdem Galileo beim direkten Blick durchs Fernrohr fast sein Augenlicht eingebüßt hatte, wandte er die so genannte Projektionsmethode an. Bei diesem klassischen Verfahren lässt man einfach das Sonnenlicht durch das Fernrohr auf einen hinter dem Okular angebrachten Schirm fallen. Auf diese Weise kann die Sonnenoberfläche mit ihren verschiedenen Phänomenen ungefährdet betrachtet und gezeichnet werden.

Jedes Fernrohr ist ein Brennglas. Deshalb ist eine direkte Beobachtung nur mit sehr starken Filtern möglich. Vor dem Objektiv angebrachte Filter sind den Okularfiltern auf jeden Fall vorzuziehen, denn Okularfilter liegen im so genannten Brennpunkt des Fernrohres. An dieser Stelle wird nicht nur das Bild, sondern auch die Hitze konzentriert, so dass sich das Okularfilter stark aufheizt und zerplatzen kann.

Erste Sonnenflecken-beobachtungen

Chinesen berichten bereits von Sonnenflecken, die erste Veröffentlichung über Beobachtungen der Sonnenflecken mit einem Fernrohr stammt aus dem Jahre 1611 von *Johannes Fabricius* (1564–1617). Der Jesuitenpater *Christoph Scheiner* (1575–1650) beobachtete diese Erscheinungen im selben Jahr. Daraufhin sah sich Galilei zu der Feststellung veranlasst, er habe die Sonnenflecken bereits seit November 1610 gesehen. Wahrscheinlich haben alle drei die Flecken im gleichen Zeitraum entdeckt.

Fleckenzyklen

Im Jahre 1848 veröffentlichte der Amateurastronom *Samuel Heinrich Schwabe* (1789–1875) seine Entdeckung, nach der die Zahl der Sonnenflecken in einem bestimmten Rhythmus schwankt. Alle elf Jahre sind auf der Sonne sehr viele und große Flecken zu beobachten: Die Astronomen sprechen von einem *Sonnenfleckenmaximum*. Ihm folgt einige Jahre später ein *Sonnenfleckenminimum*. Der zeitliche Abstand zwischen zwei Maxima kann zwischen 7,3 und 15 Jahren schwanken.

Daneben werden weitere Perioden diskutiert, die diesem elfjährigen Zyklus überlagert sein könnten. Die Untersuchung von Korallenriff-Ablagerungen ergab Perioden von 145 und 200 Jahren. Auf der anderen Seite zeigen historische Aufzeichnungen, dass es gelegentlich zu großen Lücken im Sonnenfleckenzyklus gekommen ist. Eine berühmte Lücke ist das Maunder-Minimum, das von 1645 bis 1715 dauerte.

Die Erklärung der Sonnenflecken

Um das Phänomen „**Sonnenflecken**“ zu erklären, wurden lange Zeit verschiedene Theorien diskutiert. Doch erst die Beobachtungen des Sonnensatelliten SOHO konnte Licht ins Dunkle dieser Gebilde bringen. Hierbei muss auch zwischen der Physik eines einzelnen Sonnenflecks als Phänomen an der Sonnenoberfläche unterschieden werden und der Erklärung des Flecken- oder allgemeiner, des Aktivitätszyklus.

Schon der deutsche Astrophysiker *Ludwig Biermann* erklärte im Jahre 1941 die Sonnenflecken als Bereiche, in denen die Konvektionsströme, die gewöhnlich heißes Material aus tieferen Schichten der Sonne an die Oberfläche bringen, zeitweise durch starke lokale Magnetfelder gestört werden und damit zu einem Kühleffekt führen.

Ursache dieser Magnetfelder, so die SOHO-Satellitendaten, ist der *solare Dynamo*: Eine rund 61.000 Kilometer dicke Gasschicht rotiert in 216.000 Kilometern Tiefe unterhalb der Konvektionszone. Diese Schicht ändert nun laufend ihre Umdrehungsrate, was zu Turbulenzen und chaotischen Strömungen führt und auf diese Weise das solare Magnetfeld erzeugt.

Wenn zu einem bestimmten Zeitpunkt die Magnetfeldlinien der Sonne entlang der Meridiane verlaufen, also vom Nordpol zum Südpol, dann werden sie durch die unterschiedliche Rotation mit der Zeit ausgebuchtet und schließlich um die Sonne herumgewunden. An Stellen, wo die Linien eng

Die kleine Eiszeit, das Klimaoptimum

Das bekannteste Beispiel für den Zusammenhang zwischen Sonnenfleckenzyklus und dem Klimageschehen auf der Erde ist die kleine Eiszeit: Zwischen 1645 und 1715 gab es in Europa eine Serie strenger Winter, die ihren Höhepunkt Ende des 17. Jahrhunderts zeigte. So war während der Winter 1683–1689 regelmäßig die Themse so fest zugefroren, dass die Einwohner Londons „Frost-Jahrmärkte" auf dem Eis abhielten. Auf der Sonne scheint es in dieser Zeit fast gar keine Sonnenflecken und damit keine Aktivität gegeben zu haben. Viele Forscher sehen deshalb einen Zusammenhang zwischen dem von *Edward Walter Maunder* (1851– 1928) im Jahre 1890 entdeckten Sonnenfleckenminimum (Maunder-Minimum) und einer Kälteperiode.
Genau entgegengesetzt verhielt sich die Sonne zwischen 1100 und 1250. Hier sprechen die Astronomen vom großen mittelalterlichen Maximum. In dieser Zeit war die Sonne besonders aktiv und strahlte extrem stark, so dass in Norwegen Wein angebaut werden konnte und Grönland wirklich „grön", also grün war.

gebündelt sind, wird das Feld verstärkt. Kommt es in dem Feld zu Verschlingungen, dann bricht durch die Sonnenoberfläche ein Bündel verdrillter magnetischer Flussröhren aus und lässt dort eine Sonnenfleckengruppe entstehen.
Was aber spielt sich nun im einzelnen Sonnenfleck ab? Nach neuesten Erkenntnissen aus den SOHO-Daten strömt an der Stelle, wo ein Sonnenfleck entstehen wird, das Plasma zusammen und dann mit bis zu 1 km/s in die Tiefe. Auf diese Weise wird das ins Plasma eingefrorene Magnetfeld stärker. Der Energietransport nach außen verringert sich, wodurch die Oberfläche kühler wird: ein Sonnenfleck entsteht und wird von der Strömung stabil gehalten, die er selbst wieder aufrecht erhält. Denn das von der Seite einströmende Plasma sinkt in der Mitte zur Sonne zurück, weil es kühler geworden ist.

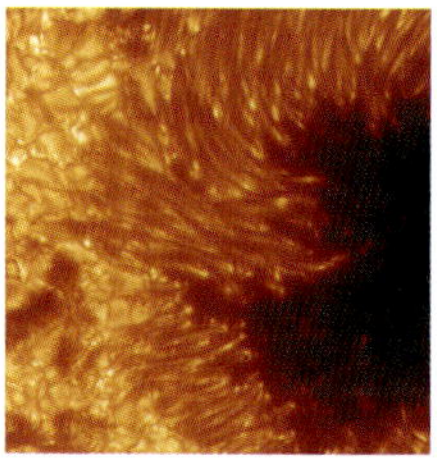

Ähnlich einem kochenden Griesbrei ist die Sonnenoberfläche im Bereich der Granulation durch aufsteigende und absinkende Materieströme in ständiger Bewegung.

Welche Erscheinungen gibt es noch auf der Sonne?

Die Granulation

Sonnenflecken sind zwar die auffälligsten und populärsten Erscheinungen, da sie schon mit kleinen Instrumenten zu sehen sind, aber nicht die einzigen. Betrachtet man die übrige Sonnenscheibe, so stellt man fest, dass sie nicht gleichmäßig hell ist. Bei günstigen Beobachtungsbedingungen zeigt sie vielmehr eine recht unregelmäßige, körnige Struktur: die „Granulation". Die Ausdehnung der einzelnen Granulen beträgt nur ein bis zwei Bogensekunden, ihr tatsächlicher Durchmesser im Schnitt 700 Kilometer.
Die etwa zwei Millionen vorhandenen Granulen sind in ständiger Bewegung, ihre mittlere Lebensdauer beträgt nur acht Minuten. Sie sind ein sichtbares Zeichen für die unterhalb der Photosphäre ablaufende Konvektion des Wasserstoffs, also Strömungen der Sonnenmaterie in den äußeren

Schichten. Dagegen wird tief im Sonneninneren die Energie durch Strahlung transportiert. Dieses „Brodeln" der Sonnenmaterie geschieht mit 6–10 km/s. In den zwischen den einzelnen Gasblasen liegenden dunkleren Regionen kühlt sich die Materie wieder ab und fällt zur Sonnenoberfläche zurück. Da in diesen Regionen die Temperaturen um 300 Grad Celsius niedriger liegen, erscheinen sie als dunkle „Blasenränder".

Auf dem 2400 m hoch gelegenen Gelände des Pico del Teide auf Teneriffa liegt das Zentrum der europäischen Sonnenforschung.

Protuberanzen

Die **Protuberanzen** sind die schönsten und eindrucksvollsten Phänomene auf der Sonne. Ohne **Spezialinstrumente** sind diese heißen, gasförmigen Wolken nur bei totalen Sonnenfinsternissen zu beobachten, wo sie als helle Fontänen am Sonnenrand erscheinen. Protuberanzen bestehen aus Wasserstoffgas und schweben über der Chromosphäre der Sonne oder werden mit hoher Geschwindigkeit von 100 km/s gelegentlich über 200.000 Kilometer weit in den ebenfalls bei totalen Sonnenfinsternissen sichtbaren Strahlenkranz der Korona hinausgeschleudert. Von dort stürzen sie auf die Sonnenoberfläche zurück.

Formen und Dimensionen der Protuberanzen sind verschieden. Die meisten dieser Eruptionen erreichen eine Länge von mehr als 100.000 Kilometern, während ihre „Dicke" nur wenig mehr als 10.000 Kilometer beträgt. Die heftigsten von ihnen schleudern Zungen oder Schleifen aus Materie einige hunderttausend Kilometer hoch über die Photosphäre, und manche können sich ganz von der Sonne lösen und in den Weltraum entweichen.

Flares

Die heftigsten Ereignisse auf der Sonne sind jedoch die Flares oder chromosphärischen Eruptionen. Im Gegensatz zu den Protuberanzen können sie nur mit Spezialinstrumenten beobachtet werden, nämlich mit einem Spektrohelioskop oder H-alpha-Filter (manche aber auch im Weißlicht). Bei diesen Ereignissen handelt es sich um intensive Strahlungsausbrüche auf der Sonne, die sich in der Chromosphäre abspielen.

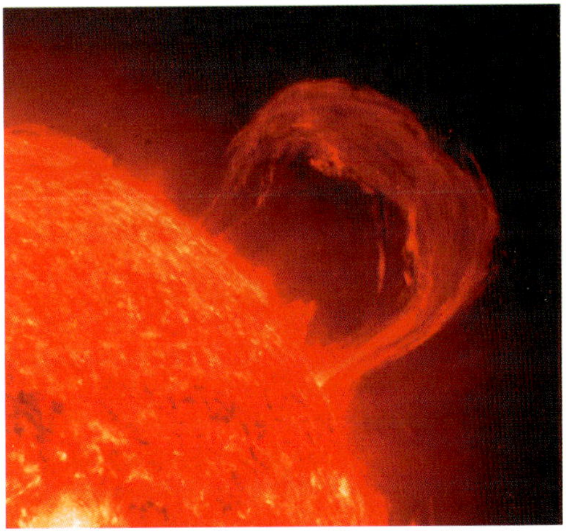

Die von SOHO am 14. September 1999 fotografierte Protuberanz erhebt sich so weit über den Sonnenrand hinaus, dass zig Erdkugeln darunter Platz fänden.

Zusammen mit den Flares werden häufig auch koronale Massenauswürfe beobachtet. Darunter versteht man riesige Gasmassen (bis zu 10^{13} Kilogramm, was etwa der Masse der Zugspitze entspricht!), die mit Geschwindigkeiten bis zu über 2000 km/s aus der Korona in den Weltraum geschleudert werden. Diese explosionsartigen Massenauswürfe verursachen Stoßwellen innerhalb des stetig fließenden Sonnenwindes, vergleichbar mit dem Überschallknall eines Flugzeugs. Wenn dann diese Stoßwellen auf die Erdmagnetosphäre treffen, entladen sich auf der Erde geomagnetische Stürme und es sind verstärkt Polarlichter zu beobachten (s. Seite 38).

Die Korona

Bei totalen Sonnenfinsternissen leuchtet rund um die vom Mond abgedunkelte Sonnenscheibe ein Strahlenkranz, die Korona. Sie liegt über der Chromosphäre, und ihre Heiligkeit ist bedeutend geringer als die des Himmelshintergrundes. Deshalb ist sie außer bei totalen Finsternissen auch nicht vom Erdboden aus zu beobachten.

Die **Form der Sonnenkorona** ist nicht immer gleich. Sie variiert mit der Sonnenfleckenperiode. So erscheint zur Zeit des Sonnenfleckenmaximums die Korona fast kreisförmig, während sie im Sonnenfleckenminimum an den Polen stark abgeplattet ist und in den Äquatorbereichen weit in den Raum ausgreifende Bänder zeigt. In den solaren Polargebieten sind dagegen meist nur kurze, fast genau radial verlaufende Strahlenbüschel zu erkennen.

Die Temperaturen dieser äußersten Atmosphäreschicht der Sonne liegen extrem hoch, nämlich zwischen ein bis zwei Millionen Grad. Für die Aufheizung der Korona ist wiederum der solare Dynamo verantwortlich: Seine elektrischen Ströme erzeugen Bündel magnetischer Felder, die ständig unterhalb der Korona aufsteigen. Berühren sie sich, erfolgt ein Kurzschluss. Starke Ströme fließen und heizen so das dünne Gas der Korona auf. Parallel entstehen gigantische Gasblasen von der Größe der Erde. Wie Fesselballons steigen sie auf, gehalten von den bogenförmigen Magnetfel-

SOHO und ULYSSES

Wie die Nachtastronomen haben auch die Sonnenforscher mit der Atmosphäre zu kämpfen, besonders was die Luftunruhe angeht. Deshalb suchen auch sie sich entlegene Standorte für ihre Instrumente. Auf der Erde sind es der Mauna Kea auf Hawaii und der Pico del Teide auf Teneriffa. Aber die besten Standorte liegen im Weltraum, weshalb es auch spezielle Sonnensatelliten gibt. Der berühmteste ist der europäisch-amerikanische Satellit SOHO (Solar and Heliospheric Observatory). Er befindet sich seit 1996 in 1,5 Millionen Kilometern Entfernung von der Erde in Richtung Sonne am so genannten „Lagrange-Punkt“, an dem sich die Anziehungskräfte von Erde und Sonne gerade aufheben. Dort positioniert, kreist er zusammen mit der Erde um unseren Zentralstern und beobachtet ihn mit zwölf verschiedenen Instrumenten. Die 1990 gestartete Sonde Ulysses flog dagegen über die Sonnenpole hinweg. Dazu wurde sie vorher aus der Bahnebene der Planeten geschleudert.

Der Kern der Sonne ist schwarz wie die Nacht, denn alle Energie, die dort produziert wird, ist für das menschliche Auge unsichtbar. Würde die Sonne von einem Augenblick zum anderen aufhören zu leuchten, würden wir das erst nach acht Minuten bemerken, denn so lange ist das Licht von der Sonne bis zur Erde unterwegs.

dern wie an unsichtbaren Leinen. Zerreißen diese Leinen plötzlich, werden die „Materieballons“ in den Weltraum hinausgeschleudert.

Die typische Form der Sonnenkorona während einer totalen Sonnenfinsternis

Was wissen wir über den Aufbau der Sonne?

Um diese Frage zu klären, kann man sich nur der Rechnungen sowie der Kenntnisse über das Verhalten von Materie bei hohem Druck und der Atomphysik bedienen. Obwohl unsere Sonne eine selbstleuchtende heiße Gaskugel mit einem Durchmesser von 1,4 Millionen Kilometern ist, kann man sie ähnlich wie die Erde gliedern: in eine Atmosphäre und den **Sonnenkörper** mit seinen verschiedenen Schichten.

Reise zum Mittelpunkt der Sonne

Die äußerste Schicht ist die Korona. Sie erstreckt sich über eine Entfernung von einigen Sonnenradien in den Raum hinaus und ist von extrem geringer Dichte. Diesem Strahlenkranz folgt die Chromosphäre, eine einige tausend Kilometer dicke Schicht. Nach einer Übergangsschicht schließt sich die Photosphäre an. Dies ist die lichterzeugende Schicht der Sonne und von der Erde aus mit bloßem Auge zu erkennen. Hier finden die bekannten Aktivitäten wie die Bildung von Sonnenflecken statt, so dass wir von der „Sonnenoberfläche“ sprechen können.

Darunter befindet sich die Konvektionszone der Sonne. Sie umfasst 30 Prozent der Sonnenkugel. Hier steigen heiße Gase an die Oberfläche, während die kühleren nach unten sinken. Durch diesen Prozess wird die Wärme zur Photosphäre transportiert, von der aus sie in den Raum abgestrahlt wird.

Die nächste Schicht ist die Strahlungszone. Sie nimmt 70 Prozent des Sonnenradius ein. Hier wird die Energie in Form von Strahlung übertragen. Die Strahlungsquanten (Photonen) kollidieren in dieser Region oder werden absorbiert und in alle Richtungen ausgesandt. Ein einzelnes Photon erfährt auf diese Weise so viele Ereignisse dieser Art, dass es bis zu 10 Millionen Jahren dauern kann, bis es vom Kern aus die Sonnenoberfläche erreicht.

Der Ursprung aller Strahlungsteilchen liegt im Kern, der sich bis zu einem Viertel des Sonnenradius ausdehnt. Hier sitzt das Kraftwerk, in dem die

Energie durch Kernfusionsprozesse erzeugt wird. Die Temperatur liegt bei ungefähr 15 Millionen Grad, und die Dichte beträgt rund 134 g/cm^3, also 160-mal mehr als die des Wassers. Seit fünf Milliarden Jahren laufen in dieser Zentralregion die Energieerzeugungsprozesse ab.

Bewegt sich die Sonne?

Für den kurzzeitigen Betrachter der Sonnenscheibe (Achtung: nur mit Spezialfiltern aus dem Astro-Fachhandel!) scheint unser Tagesgestirn ein unbeweglicher Himmelskörper zu sein, im wahrsten Sinne des Wortes ein Fixstern. Aber schon die ersten Sonnenbeobachter (Galilei, Scheiner) stellten kurz nach der Entdeckung der Sonnenflecken fest, dass diese Gebilde von Osten nach Westen über die Sonnenscheibe ziehen. Diese Fleckenwanderung ist ein deutliches Zeichen dafür, dass die Sonne um ihre eigene Achse rotiert. Da die Sonne kein fester Körper ist, ist die Rotationsgeschwindigkeit nicht für alle Gebiete gleich, weshalb man auch von einer differenziellen Sonnenrotation spricht. So beträgt die Rotationsperiode für die Äquatorzone der Sonne 26 Tage und steigt in „mittleren Breiten“ (60 Grad vom Äquator entfernt) auf ca. 31 Tage an.
Diese Werte gelten für die von der Erde aus sichtbare Photosphäre, denn mit spektroskopischen Methoden konnten die Sonnenforscher nachweisen, dass auch die sich anschließenden Chromosphäreschichten unterschiedlich schnell rotieren. Die unterschiedlichen Rotationszeiten wirken sich auch auf die Magnetfeldlinien der Sonne aus und sind eine der Ursachen für die Entstehung der Sonnenflecken.

Die Fotosequenz zeigt die seismischen Wellen eines Sonnenbebens, wie sie sich ringförmig über die Sonnenoberfläche ausbreiten.

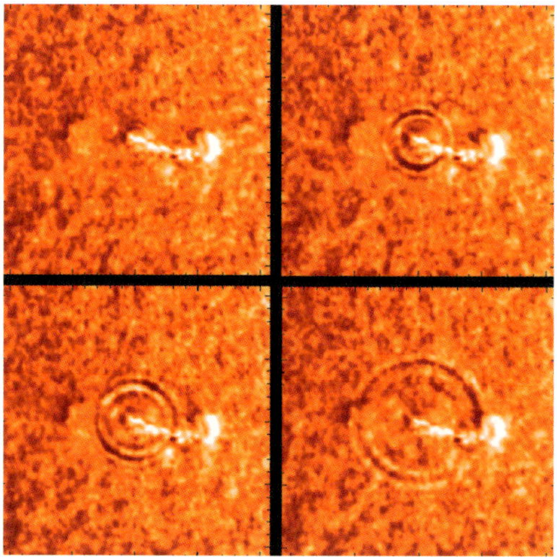

Wenn die Sonne swingt

Auch der Sonnenkörper selbst ist, wie wir heute wissen, nicht ruhig. Der solare Dynamo heizt durch seine produzierten Magnetfelder nicht nur die Korona auf, sondern lässt parallel die gigantischen, durch bogenförmige Magnetfelder gehaltenen Gasblasen entstehen. Das Zerreißen dieser unsichtbaren Leinen schleudert nicht nur die Gasblasen in den Weltraum hinaus, es breitet sich auch fast zeitgleich eine **Welle auf der gasförmigen Sonnenoberfläche** aus, wie wenn man einen Stein ins Wasser wirft.
Diese Wellen lassen die Sonne lokal wie eine Glocke schwingen, während die turbulente Konvektion für die Eigenschwingung unseres Tagesgestirns verantwortlich ist. Sie erlauben darüber hinaus auch einen Blick ins Sonneninnere, denn sie laufen gleichzeitig wie Erdbebenwellen durch den Sonnenkörper. Dabei verändern sich diese Wellen je nach Temperatur oder Dichte im

Geheimnisvolle Natur der Sonnenflecken

Über die Natur dieser Erscheinungen auf der Sonne gingen die Meinungen lange Zeit auseinander. Nach Galilei gehörten sie zur Sonne. Scheiner dagegen meinte, es handele sich bei ihnen um dunkle Objekte, die nahe der Oberfläche um die Sonne kreisten. Der Astronom *Giovanni Cassini* (1625–1712) behauptete, die Flecken seien Bergspitzen, die durch die Sonnenatmosphäre ragten.
Auch wenn man heute über derartige Theorien lächelt, sollte man bedenken, dass es erst in den vergangenen zehn Jahren gelang, die Natur der Sonnenflecken zufriedenstellend zu klären.

Sonneninnern. Dieses Sonnenschwingen in Millionen verschiedener Frequenzen, bei dem extrem tiefe „Töne“ am stärksten hervortreten, macht sich die junge Wissenschaft der *Helioseismologie* für ihre Forschungen zunutze.
Aber die Sonne vollzieht, und zwar mit ihrem gesamten Planetensystem, auch noch eine Wanderungsbewegung. Als Mitglied der Milchstrasse umkreisen sie deren Zentrum. Ihre Geschwindigkeit beträgt dabei rund eine Million Kilometer in der Stunde und die augenblickliche scheinbare Zielrichtung ist das Sternbild Herkules. Unsere Sonne benötigt mit dieser Geschwindigkeit knapp 250 Millionen Jahre, um die Galaxis einmal zu umlaufen. Seit ihrer Geburt vor etwa fünf Milliarden Jahren hat die Sonne mit ihrem Planetensystem etwa zwanzig galaktische Umläufe vollendet, und zur Zeit der Dinosaurier befand sich das Sonnensystem gerade auf der anderen Seite der Galaxis.

Welchen Einfluss hat die Sonne auf die Erde?

Dass die Sonne Vorgänge auf der Erde beeinflusst, ist wohl jedem klar. Unser Wetter und unsere Jahreszeiten wären ohne die Sonne überhaupt nicht denkbar, ebenfalls die Photosynthese der Pflanzen, die eine ganz wichtige Voraussetzung für die Entwicklung der höheren Lebensformen war und immer noch ist. Einen weiteren Einfluss übt die Sonne durch ihre Anziehungskraft auf die Gezeiten der Erde aus.
Viel interessanter ist die Frage, in welchem Umfang die besonderen Erscheinungen auf der Sonne, wie beispielsweise Sonnenflecken und -fackeln und Protuberanzen auf die irdischen Verhältnisse einwirken, ob sie nicht sogar das Klima beeinflussen.

Sonnenaktivität – Wetter und Klima

Unbestritten und deshalb umso heftiger diskutiert sind die Zusammenhänge zwischen der Sonnenaktivität und den Zuständen in der Erdatmosphäre, also ihre Auswirkungen auf Wetter und Klima. So wurde 1952 in Berlin nach einer starken Sonneneruption eine Erwärmung der Stratosphäre von –48 auf –12 Grad Celsius gemessen. Dieses von *Prof. Karin Labitzke* vom Meteorologischen Institut der Freien Universität Berlin entdeckte und untersuchte „Berliner Phänomen“ tauchte später noch öfters auf. Dass sich solche und andere Phänomene auf die Troposphäre und damit auf das Wettergeschehen auswirken, ist inzwischen nicht mehr von der Hand zu weisen.

Nach den Forschungen von *Henrik Svensmark, Eigil Friis-Christensen* und *Knud Lassen* vom Meteorologischen Institut Kopenhagen besteht ein Zusammenhang zwischen der solaren Aktivität und dem Erdklima. Ein Sonnenfleckenmaximum und damit eine höhere solare magnetische Energie hat laut Svensmark und Kollegen einen Anstieg der Erdtemperatur zur Folge, während sie bei wenigen Flecken sinkt. Der Energiefluss in Form des Sonnenwindes und die Schutzschildfunktion des Erdmagnetfelds bestimmen, welche Menge an kosmischer Strahlung zur Erde gelangt und dort die Wolkenbildung beeinflusst.

Eine hohe Sonnenaktivität mit einem kräftigen Magnetfeld führt danach zu einer Verringerung der kosmischen Strahlung und damit zu weniger Wolkenbildung: Die Erde erwärmt sich. Im entgegengesetzten Fall kann mehr kosmische Strahlung in die irdische Lufthülle eindringen – es entstehen mehr Wolken. Viele Wolken besonders in den unteren Schichten der Erdatmosphäre aber führen zu einer erhöhten Rückstrahlung des Sonnenlichtes und lassen die globale Temperatur sinken. Die Daten über die Intensität der kosmischen Strahlung und die Wolkenbildung für die Jahre 1980 bis 1990 zeigen eine Übereinstimmung. Auch der Verlauf der Erdtemperatur seit 1900 steht laut den dänischen Forschern im Einklang mit der Sonnenaktivität: Sie stieg von 1900 bis 1940 deutlich an, sank dann bis 1980, um danach wieder zuzunehmen.

Auch wenn diese These faszinierend ist, steht ihr die Mehrheit der Klimaforscher als dem Motor der globalen Erwärmung angesichts der Komplexität des Klimasystems skeptisch gegenüber.

Coelostaten und Koronografen

Um möglichst großflächig projizierte Sonnenbilder zu erhalten und das Fernrohr nicht dauernd dem Sonnenlauf nachführen zu müssen, haben die Astronomen die Heliostaten und Coelostaten konstruiert. Diese Instrumente sind nichts anderes als in einem Turm senkrecht aufgestellte Fernrohre, in die das Sonnenlicht durch an der Turmspitze rotierende Spiegel gelenkt wird. Mit ihnen lassen sich nicht nur Sonnenbilder sehr großen Maßstabs erzeugen, sondern die Sonne kann auch bequem in anderen Wellenlängenbereichen beobachtet werden.

Das größte Sonnenteleskop ist das McMath-Teleskop auf dem Kitt Peak in Arizona. Es hat eine Länge von 153 Metern und erzeugt ein Sonnenbild von 82 Zentimetern Durchmesser. Andere kleinere, aber nicht weniger berühmte Anlagen dieser Art stehen auf dem Telegrafenberg in Potsdam (Einsteinturm) und im Gebiet des Pico del Teide auf Teneriffa.

Spezielle Fernrohre, Koronografen genannt, wie sie auf dem Pic du Midi in den Pyrenäen oder dem Wendelstein stehen, können durch eine Blende eine künstliche Sonnenfinsternis erzeugen. In ihnen ist nur der Sonnenrand zu sehen. Damit werden die nur bei totalen Sonnenfinsternissen auftauchenden, faszinierenden Protuberanzen sichtbar. Details auf der Sonnenoberfläche lassen sich mit Filtern beobachten, die speziell im Licht des Wasserstoffs arbeiten.

Wie entstand das Sonnensystem?

Eines ist sicher: Unsere Sonne und ihre Planeten können nicht älter als das Universum sein, nämlich zwölf bis 18 Milliarden Jahre. Eine weitere Einschränkung ergibt sich aus der Tatsache, dass die ersten Sterne in den Galaxien nur Wasserstoff und Helium, aber keine schweren Elemente enthielten; diese entstanden erst im Inneren der Sterne der ersten Generation. Das konnte auf zwei Wegen geschehen: Zum einen explodierten sehr massereiche Sterne als Supernovae, und zum anderen wandelten die wenigen massereichen Sterne leichtere Kerne in schwerere um und gaben diese Elemente an das Weltall ab. Auf diese Weise reicherte sich die Materie im Universum immer weiter mit schweren Elementen an, und jede nachfolgende Sterngeneration baute diese Elemente mehr und mehr mit ein.
Unsere Sonne muss also bereits einer späteren Sterngeneration angehören, da sie neben Wasserstoff und Helium einen Anteil von zwei Prozent an schweren Elementen besitzt.
Weitere Hinweise auf die Entstehung des Sonnensystems liefern uns bestimmte Gesetzmäßigkeiten, die wir heute bei den Planeten beobachten können:

- Alle Planeten bewegen sich fast in derselben Ebene, die wir am Himmel als Tierkreis bezeichnen.
- Von der Nordhalbkugel der Erde aus gesehen, laufen die Planeten gegen den Uhrzeigersinn um die Sonne.
- Ihre Bahnen sind fast kreisförmig und fallen fast genau mit der Ebene des Sonnenäquators zusammen.
- Die Abstände der Planeten gehorchen immer einem bestimmten Gesetz – sie wachsen im inneren Planetensystem von einem Planeten zum nächsten um das Anderthalbfache an, weiter außen um das Zweifache.
- Der Gesamtdrehimpuls des Sonnensystems steckt nicht in der Sonne, obwohl ihre Masse über 100-mal größer ist als die aller Planeten zusammen, sondern in den großen Planeten.
- Die überwiegenden Bestandteile (Gesteine, Eis und Gas) sind nicht gleichmäßig verteilt, denn während die vier sonnennächsten Planeten aus Gestein bestehen, setzen sich die äußeren vorwiegend aus Eis und Gas zusammen.

Entstehung aus dem Chaos

Immanuel Kant, Pierre Simon de Laplace, *James Jeans* und Carl Friedrich von Weizsäcker können als die bekanntesten „Architekten" der Theorien über die Entstehung unseres Sonnensystems gelten.
Die zur Zeit favorisierte Theorie hat ihren Ursprung im Jahre 1969. Damals veröffentlichte ein im Westen völlig unbekannter sowjetischer Mathematiker namens *Viktor Safranow* ein Buch mit dem Titel „Die Entwicklung der protoplanetaren Wolke". Dort behauptet er, dass sich im Zentrum des Sonnensystems vor 4,5 Milliarden Jahren zuerst einzelne **Staubteilchen** zusammenklebten, die zu Körnern, Steinen, Felsen, Inseln aus Stein und Metall und schließlich zu den Planeten Merkur, Venus und Erde wurden.

Die Staubscheibe um den Stern Beta Pictoris war der erste Hinweis auf die Möglichkeit, dass auch anderswo als nur im Sonnensystem Planeten entstanden sein könnten. Am Beginn der Geburt eines Planetensystems steht eine rotierende Akkretionsscheibe aus interstellarem Gas und Staub.

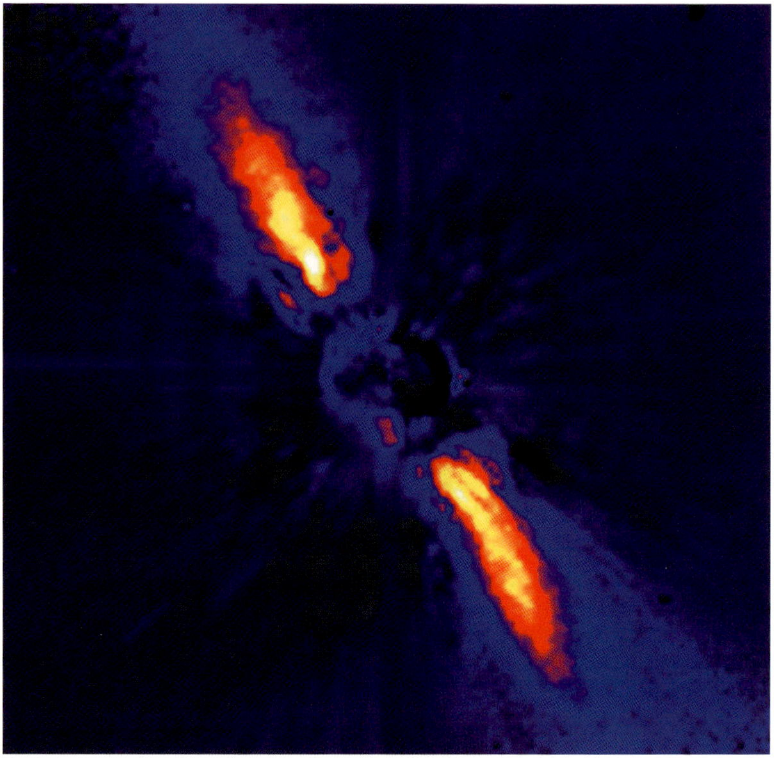

In den frühen 1970er Jahren, als das Buch auch in den USA erschien, simulierte der Geologe *George Wetherhell* Safranows Theorie mehrmals am Computer und bestätigte diese so genannte Akkretionstheorie. Nach dieser Theorie zerfällt der Prozess in zwei Phasen. In der ersten, der „Periode des beschleunigten Wachstums", ballte sich der um die Sonne verteilte Staub in nur 50.000 Jahren zu Milliarden von Felsbrocken zusammen, die Planetesimale genannt werden. Sie vereinigten sich zu ca. 30 Planeten von der Größe des Merkur oder des Mars. In der darauf folgenden, etwa 100 Millionen Jahre dauernden zweiten „Periode des schweren Bombardements" gab es zwischen ihnen zahlreiche Kollisionen, die nur die größten überlebten: Merkur, Venus, Erde und Mars.

Jenseits der Schneegrenze

Anders verlief die Geburt der Riesenplaneten Jupiter, Saturn, Uranus und Neptun. Weil in der Nähe der Sonne sehr hohe Temperaturen herrschten, konnte der größte Teil der Materie nur in Form von Gasen existieren. Nur Materialien wie Stein und Metall, die einen sehr hohen Schmelzpunkt besitzen, konnten auskondensieren und zu festen Planetesimalen zusammenklumpen. In einer Entfernung von der Sonne jedoch, die ungefähr der des Jupiters entspricht (rd. 778 Mio. km), war die Temperatur so niedrig,

*Die Reihenfolge der Planeten von der Sonne aus: Merkur, Venus, Erde, Mars, Jupiter, Saturn, Uranus, Neptun und Pluto kann man sich mit folgendem Spruch merken: **Mein Vater erklärte mir jeden Sonntag unsere neun Planeten.** Der Anfangsbuchstabe jedes Wortes steht für einen Planeten.*

dass Wasserdampf und Gase wie Kohlendioxid zu Eisblöcken gefroren. Manche Wissenschaftler nennen diese Entfernung die „Schneegrenze".
Jenseits dieser Grenze bildeten sich die Planeten nicht nur aus Gesteinsbrocken und Metall, sondern auch aus Eis und gefrorenen Gasen in einem tosenden Schneesturm. Sie überlebten auch eine Krise: Etwa zwei bis zehn Millionen Jahre, nachdem der solare Urnebel begonnen hatte zu kollabieren, leuchtete in seinem Zentrum die Sonne auf und ihr Wind trat heftig in Aktion. Dieser Wind, ja Sturm, blies alle leichten Gase wie Wasserstoff und Helium aus dem Sonnensystem tief in den Weltraum. Die erdgroßen Planeten verloren dadurch diese Uratmosphären, während Jupiter und Saturn, deren Atmosphären zum größten Teil aus Wasserstoff und Helium bestehen, sowie Uranus und Neptun mit ihrem zusätzlichen Methananteil, sie aufgrund ihrer größeren Sonnenentfernung behielten.
Auch die meisten Satelliten der sonnenfernen Planeten bestehen aus dem bereits beschriebenen Grund aus Eis, ebenso die meisten Planetenringe. Das gleiche gilt für die Kometen. Sie wurden während der katastrophalen Phase durch die Riesenplaneten schlichtweg aus dem Sonnensystem herausgeschleudert oder in jene Region verbannt, wo sich heute die Oortsche Wolke befindet. Damit dürften sie als Originalmaterie aus der Entstehungszeit des Sonnensystems angesehen werden.

Wie sieht der weitere Lebensweg der Sonne aus?

Seit rund fünf Milliarden Jahren verwandelt die Sonne durch die Kernfusion in ihrem Zentrum Wasserstoff zu Helium. Seit dieser Zeit sorgen auch Gasdruck und Gravitation für ein Gleichgewicht. Doch der Wasserstoffvorrat im Sonnenkern ist begrenzt, was Auswirkungen auf die zukünftige Entwicklung der Sonne hat. Wenn in 5,4 Milliarden Jahren der gesamte Wasserstoff im Zentrum der Sonne aufgebracht ist, wird die Schwerkraft nicht mehr durch den Gasdruck ausgeglichen. Unser Stern zieht sich durch sein eigenes Gewicht zusammen, wodurch die Temperatur im Mittelpunkt ansteigt. Dabei wird genügend Wärme in diese um den Kern liegende und immer noch Wasserstoff enthaltende Materieschale übertragen und eine neue Serie von Fusionsreaktionen ausgelöst.
Diese „Brennzone" wandert nun vom Kern nach außen und lagert das durch die Fusion entstandene Helium als eine Art Asche im Zentrum des Sternes ab. Der Energieausstoß der sich ausdehnenden Wasserstoffzone erhöht sich, und unsere Sonne verwandelt sich in einen roten Riesenstern. Dabei schwillt sie so gewaltig an, dass sie den Merkur verschlingen wird. Venus, Erde und Mars werden wohl dieser Vereinnahmung entgehen, doch

durch den auf das Zehn- bis Hundertfache seiner jetzigen Intensität ansteigenden Sonnenwind werden ihre Atmosphären erodieren und ihre steinigen Oberflächen öde und leblos in der sengenden Hitze schmoren.

Der Giga-Sonnensturm

Die Kerntemperatur steigt schließlich bis auf 100 Millionen Grad Celsius. Jetzt setzt ein neuer Fusionsprozess ein, bei dem die Heliumatomkerne zu Kohlenstoffkernen verschmelzen. Durch diesen Vorgang, die 3-Alpha-Reaktion (weil drei Alphateilchen verschmolzen werden), verbleibt die Sonne über Millionen Jahre im Stadium eines Roten Riesen. Doch der Kohlenstoff „verstopft" den Kern des Sternes, so dass er keine Energie mehr erzeugt. Der Kern schrumpft weiter, und in der umliegenden Schale wird das Helium-Brennen ausgelöst.
Wenn der Brennstoff verbraucht ist, stoppt kein Gasdruck mehr die Wirkung der Schwerkraft, und der Stern fällt in sich zusammen. Aber zuvor wird die Sonne in einem letzten Schub von Energie ihre äußere Gashülle ins All schleudern und die sterbenden Planeten einem letzten gewaltigen Windstoß aussetzen, der tausendmal stärker sein wird als jetzt.

Der Sonnen- und Planeten-Holocaust

Wie die Planeten diesen Sturm verkraften werden, vermag niemand zu sagen. Sicher ist nur eines: Übrig bleiben wird nach diesem stellaren Holocaust ein weiß glühender Kern, in dem keine Kernreaktionen mehr stattfinden, ein so genannter Weißer Zwerg. Dies ist ein Stern von der Größe der Erde, aber mit einer mittleren Dichte von zwei Tonnen pro Kubikzentimeter. Die meisten Sterne beschließen auf diese Weise ihr Leben, kühlen weiter ab und verblassen schließlich zu schwarzen Zwergen.

Das typische Ende eines Sterns wie die Sonne: Auch sie wird irgendwann ihre Gashüllen abstoßen und als Weißer Zwerg enden, so wie hier beim Nebel NGC 6369 zu sehen.

Hat die Erde Geschwister?

Die Frage, welche der neun die Sonne umkreisenden Planeten nun wirklich Geschwister der Erde oder nur „Cousins“ sind, konnte eigentlich erst richtig durch die Raumsonden Mariner, Pioneer Venus, Venera, Magellan, Viking und Voyager geklärt werden. Sie erlaubten nicht nur globale Übersichten der Mitglieder unseres Sonnensystems, sondern detaillierte „Innenansichten“.

Ein charakteristisches und anschauliches Beispiel für die neue Sichtweise ist der Mars. In der Zeit vor Mariner und Viking kannten die Astronomen nur wenige Eigenschaften des roten Planeten. Darunter waren dessen Dimensionen, seine ausgedehnten Wüstengebiete, die aus gefrorener Materie bestehenden Polkappen, die fast erdgleiche Dauer eines Marstages, das Auftreten von Jahreszeiten, die dunklen, wie Vegetationsflächen erscheinenden Regionen, Wolken in der dünnen Atmosphäre des Mars und periodisch auftretende Staubstürme – sämtlich Merkmale für eine starke Ähnlichkeit zur Erde.

Nach den Missionen der Marssonden kamen noch viel eindeutigere Argumente hinzu: Riesige Schildvulkane, gigantische Canonsysteme, mäanderförmige Flussläufe aus vergangener Zeit, ehemalige Meere. Als Eis und Permafrost gebundenes Wasser sowie zahlreiche sonstige Indizien zeigten,

Die Raumsondenfotos der terrestrischen Planeten sind hier im richtigen Größenverhältnis abgebildet.

dass in der Frühzeit des Mars dort wirklich erdähnliche Bedingungen herrschten, ja Mars einst Mitglied der Ökosphäre war. Auch bei Merkur und Venus wurden verschiedene Beweise für die enge geschwisterliche Bande zu Erde und Mars entdeckt.
Und eines wurde klar: Durch verschiedene günstige physikalische Umstände hat allein die Erde das Rennen im Wettlauf um die Heimstatt des Lebens gewonnen; Merkur und Venus haben es verloren, und Mars ist knapp am Ziel vorbeigeschossen.

Was sind die „terrestrischen" Planeten?

Vergleicht man die Planeten unseres Sonnensystems miteinander – ihre Größe, Atmosphäre, Oberflächenbeschaffenheit sowie ihren inneren Aufbau –, so ergeben sich zwei Gruppen: die Gruppe der erdähnlichen oder terrestrischen Planeten und die Gruppe der jupiterähnlichen oder Riesenplaneten.
Zur ersten Gruppe werden Merkur, Venus, Erde und Mars gezählt. Umstritten ist Pluto. Er ist durch die Gruppe der Riesenplaneten von den sonnennahen terrestrischen Planeten getrennt; seine Umlaufbahn ist extrem stark gegen die Ekliptik geneigt, und er gehört wahrscheinlich einem äußeren Asteroidengürtel an.
Die terrestrischen Planeten sind verhältnismäßig klein und von geringer Masse, aber von hoher mittlerer Dichte und besitzen eine feste Oberfläche. Diese liegt mit Ausnahme des Planeten Merkur unter einer mehr oder weniger dichten Atmosphäre. Von den äußeren sonnenfernen Planeten werden die terrestrischen Planeten durch den Asteroiden- oder Planetoidengürtel getrennt. Nach unseren bisherigen Erkenntnissen konnte sich nur auf einem der erdähnlichen Planeten Leben entwickeln: auf der Erde.

Was ist die Ökosphäre?

Der Begriff „Ökosphäre" wurde 1956 von dem Raumfahrtmediziner *Hubertus F. Strughold* auf dem siebten internationalen astronautischen Kongress in Rom eingeführt. Er leitet sich von dem griechischen Wort „Oikos" ab, was so viel wie Haus oder Wohnsitz bedeutet. Nach Strughold ist die Ökosphäre der Bereich um einen Stern, in dem die Oberflächentemperatur eines Planeten die für das organische Leben notwendigen Werte aufweist. Diese Werte liegen in einem Bereich zwischen Null und 100 Grad Celsius.
Seitdem dieser Begriff geprägt und definiert wurde, haben sich zahlreiche Wissenschaftler mit der **Ökosphäre** unseres Sonnensystems und der anderer Sonnensysteme beschäftigt. Denn Forschungen zu diesem Thema können auch zum Teil die Frage beantworten, ob Leben auf Planeten, die um andere Sonnen kreisen, möglich ist.
So grenzen Untersuchungen von *Stephen H. Dole* von der Rand Corporation in Santa Monica, Kalifornien, die Ökosphäre der Sonne – setzt man

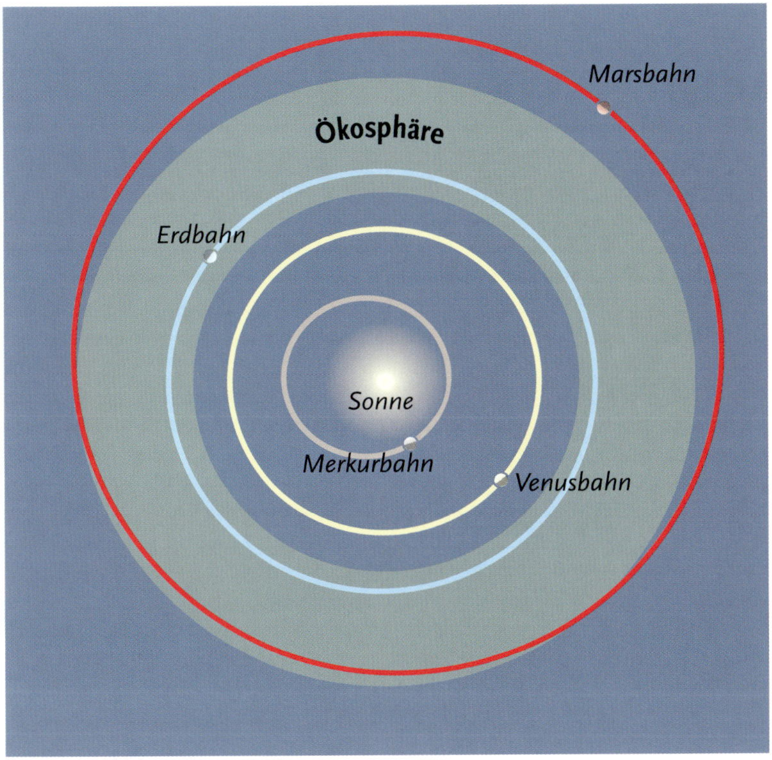

Die Ökosphäre, mit ihren lebensfreundlichen Temperaturen auch „Grüngürtel“ genannt, ist seit ihrer „Einführung“ immer wieder neu definiert, d. h. „geschoben“ worden. Heute beginnt sie nahe der Erdbahn und reicht über die Marsbahn hinaus.

den Abstand Erde-Sonne gleich eins – auf Entfernungen zwischen 0,785 und 1,24 ein. Diese Grenzen werden noch enger gezogen, nämlich auf Werte zwischen 0,95 und 1,01, wenn man den Arbeiten von *Michael H. Hart* folgt. Er untersuchte 1977 mit Computermodellen die Entwicklung der heutigen Erdatmosphäre und kam zu dem verblüffenden Ergebnis: Hätte die Erde nur einen wenig größeren oder kleineren Abstand von der Sonne bei der Geburt des Sonnensystems eingenommen, wäre die Entstehung von Leben auf der Erde praktisch für alle Zeiten unterdrückt worden. Neuere Untersuchungen zu diesem Problem, wie sie vom Potsdamer Institut für Klimafolgenforschung beim Planeten Mars vorgenommen wurden, zeigen aber, dass die Bahnparameter nicht das alleinige Merkmal für die Zugehörigkeit eines Planeten zur Ökosphäre oder zur Gruppe der „lebensfreundlichen Welten“ ausmachen.

Auch die planeteninternen Zustände spielen eine große Rolle – also: Besitzt der Planet genügend Eigenwärme, um permanenten Vulkanismus und damit genügend Kohlendioxid und so wiederum einen Treibhauseffekt mit allen positiven Folgen (höhere Oberflächentemperatur, dichtere Atmosphäre, flüssiges freies Wasser) zu produzieren? Beim Mars könnte das vor rund 3,5 Milliarden Jahren der Fall gewesen sein – und, obwohl er am Rand der Ökosphäre liegt, könnte er damals zu den „lebensmöglichen“ Planeten gezählt haben. Erst die innere Auskühlung veränderte die Situation dramatisch und verwandelte den Mars in eine Kältewüste.

Warum wird Mars auch der Rote Planet genannt?

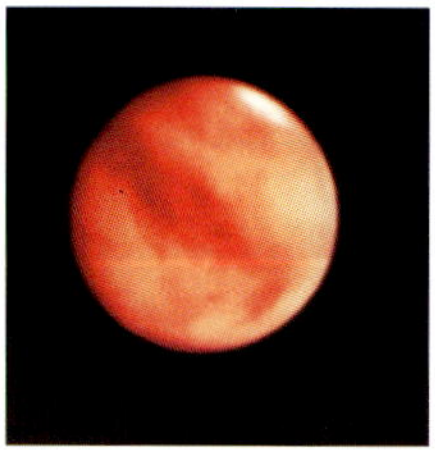

Mars zeigt im Fernrohr deutliche Parallelen zur Erde: seine weißen Polkappen, die ausgedehnten Wüstengebiete und die wechselnden Jahreszeiten. Die wie Oasen und künstliche Wasserläufe erscheinenden dunklen Gebiete haben sich als optische Täuschung erwiesen.

Während die anderen von der Erde mit bloßem Auge aus sichtbaren Planeten, zum Beispiel Venus und Jupiter, in weißlichem oder gelblichem Licht leuchten, springt beim Mars sofort die rote Farbe ins Auge. Deshalb hat dieser Planet die Menschen schon in prähistorischer Zeit fasziniert. Rot ist die Farbe des Blutes, Rot bedeutet Gefahr, und deshalb verbanden die alten Völker mit ihm den Krieg. Babylonier, Griechen und Römer benannten diesen vierten Planeten des Sonnensystems aus diesem Grund nach ihren Kriegsgöttern Nergal, Ares und Mars.

Schon bald nach der Erfindung des Fernrohrs entdeckten die Astronomen, dass Mars in vielen Dingen der Erde ähnelt. Zwar ist er mit einem Äquatordurchmesser von 6794 Kilometern nur halb so groß wie die Erde, aber doppelt so groß wie der Mond. Auch sein Sonnenumlauf mit 687 Tagen beträgt fast das Doppelte unseres Planeten. Dagegen dauert ein Tag mit 24 h 37 m 23 s nur vierzig Minuten länger als auf der Erde. Wegen der fast gleichen Neigung seines Äquators gegen seine Umlaufbahn um 24 Grad (Erde: 23,5°) gibt es auf dem Mars wie auf der Erde vier Jahreszeiten – nur sind diese eben doppelt so lang wie die irdischen. Ebenfalls gibt es tropische, gemäßigte und arktische Zonen mit wechselnder Ausdehnung. Sie werden jedoch auf dem Mars als niedere, mittlere und hohe Breiten bezeichnet.

Die **rötliche Färbung** des Mars lässt sich schnell erklären, wenn man die Wüstengebiete der Erde zum Vergleich heranzieht: Wüstensand zeigt eine gelblich-braune bis rötliche Färbung. Sie ist auf den hohen Anteil von Eisenverbindungen in Sand und Gestein zurückzuführen. Da diese Gebiete im Fernrohr denselben Prozentsatz der Marsoberfläche bedecken wie die Meere der Erde, leuchtet Mars in rötlichem Licht. Diese Erkenntnis wurde durch die Untersuchungen der gelandeten Marssonden bestätigt.

Gibt es Wasser auf dem Mars?

Neben der roten Farbe der Oberfläche entdeckt selbst der Laie bei einem Blick durchs Fernrohr die beiden hellen Polkappen und nach einer gewissen Eingewöhnungszeit einige dunkle Zonen mit braun-grünen Nuancen. Frühere Beobachter hielten diese, hauptsächlich auf der südlichen Hälfte des Planeten liegenden Gebiete für Vegetationszonen, aber auch für Meere und Seen, über die Wolken hinwegzogen.

Besonders zu Beginn des Mars-Frühlings färbten sich diese Regionen noch dunkler, während die Ausdehnung der Polkappen abnahm. Das führte zu der Annahme, dass sich von den Polkappen das Schmelzwasser in die Wüs-

tengebiete ergoss und die Vegetationszonen zum Aufblühen brachte sowie den Wasserstand der Meere und Seen steigen ließ.
Als Untersuchungen der Marsatmosphäre im 20. Jahrhundert höher entwickeltes Leben ausschlossen, wollten viele Wissenschaftler vom Mars als Ort zumindest niederen Lebens nicht lassen, denn Spuren von Wasser gab es ja. Das war auch der Grund für das aufwändige und erfolgreiche Viking-Projekt und spielt bei der Planung zukünftiger Raumflugmissionen zu den Planeten und Monden eine wichtige Rolle. Denn nach dem Mond wird der Mars als das nächste Ziel für eine bemannte Landung angesehen.

Die Mariner- und Viking-Sonden

Bis zum Beginn des Raumfahrtzeitalters konnte nur auf der Grundlage von Fernrohrbeobachtungen über Wasser auf dem Mars theoretisiert werden. Das änderte sich, als die UdSSR und die USA von 1962 an unbemannte Sonden zum Mars schickten, wobei die USA mehr Glück hatten. Ihre Raumsonden Mariner 4, 6, 7 und 9 lieferten beim Vorbeiflug oder aus der Umlaufbahn Tausende von Bildern und Messdaten über den roten Planeten und revolutionierten das bisherige Bild.
Die weichen Landungen von **Viking I und II** am 20. Juli und 3. September 1976 erlaubten zum ersten Mal eine direkte Erforschung vor marsianischem Ort. Sie konnten allerdings nicht die Frage klären, ob es Leben auf dem Mars gibt oder gegeben hat, obwohl eine wichtige Voraussetzung gegeben ist: die Existenz von Wasser.

Als Viking 1 gelandet war, konnten Menschen zum ersten Mal auf die Oberfläche eines anderen Planeten blicken.

Pole und Permafrost als Wasserreservoirs

Das sichtbarste Wasserreservoir sind die Polkappen, die zu den interessantesten und variabelsten Gebieten auf dem Mars gehören. Dabei unterscheiden sich die nördliche und südliche Polkappe in ihrer Struktur und ihren Veränderungen voneinander.
Allein in der nördlichen Polkappe des Mars sind rund 1,2 Millionen Kubikkilometer Wasser gespeichert, was etwa der Hälfte der grönländischen Eiskappe entspricht. Am Südpol des Planeten wird ein Wasserreservoir von ca. 500.000 Kubikkilometer vermutet, was ein Meer von 700 × 700 Kilometern Ausdehnung und einem Kilometer Tiefe ergeben könnte. In den jeweiligen Sommern entweicht das Kohlendioxid in die Atmosphäre und gibt die Wassereiskappen frei, die sich durch Messungen der Temperatur und der Wasserdampfkonzentration nachweisen lassen.

Marsianischer Permafrostboden

Ein weiteres Wasserreservoir ist der Marsboden. Nach den Untersuchungen der Marssonden dürfte das Wasser ähnlich wie im ganzjährig gefrorenen Boden der arktischen Tundra gespeichert sein, also als Permafrost. Jedenfalls zeigen die Orbiter-Bilder so genannte Frostmuster in Form von

polygonalen, d.h. vieleckigen Strukturen, wie sie auch in den Permafrostgebieten der Erde auftreten.
Beweise für diese marsianischen Wasserspeicher sind die Formen einiger Krater, denn sie zeigen erstarrte Schichten von Schlamm an ihren Rändern. Wenn ein Meteorit an einer derartigen Seite einschlug, schmolz und verdunstete das Wassereis durch die Hitze, oder es wurde flüssiges Wasser aus Schichten unterhalb des Permafrostbodens freigesetzt. Dampf und Wasser wirkten dann wie ein Schmiermittel für den fließenden Schutt: Er schwappte wellenförmig nach außen, trocknete und wurde hart oder er kühlte ab und gefror. Ähnliches geschah an anderen Stellen nach Vulkaneruptionen.

Marswasser in zwei Bierflaschen

Neuere Analysen der Daten der letzten Marssondenflüge wie Mars Global Surveyor zeigen, dass das Marswasser an der Oberfläche in Sand und Geröll oder wenige Zentimeter darunter gespeichert ist. Pro Kubikmeter gibt es nach Berechnungen etwa ein Kilogramm Wasser, was etwa dem Inhalt von zwei Bierflaschen entspricht. Dieses Wasser ist an der Oberfläche der Bodenpartikelchen gebunden, und das ist ein völlig neuer Aspekt. Denn damit kommt Wasser nicht nur an den Polarregionen vor, sondern auch am Marsäquator sowie in mittleren marsianischen Breiten an der Oberfläche und nicht erst in größeren Tiefen. Für bemannte Marsexpeditionen bilden diese neuen Erkenntnisse bedeutende Perspektiven.

Schon Mariner 9 lieferte die ersten eindrucksvollen Fotos ehemaliger Flussläufe auf dem Mars. Deutlich ist der mäandrierende Verlauf zu erkennen.

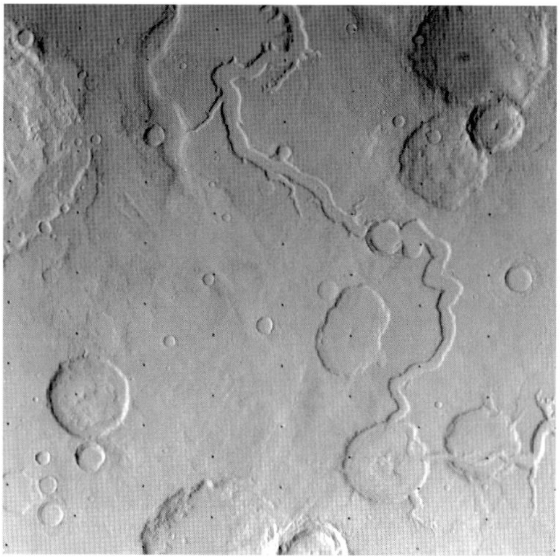

Kanäle, Seen oder gar ein Mars-Ozean?

Wegen des zu geringen Luftdrucks und der meist unter dem Gefrierpunkt liegenden Temperaturen kann es heute auf dem Mars kein flüssiges Wasser mehr geben, und wenn der Boden sich erwärmt, verdunstet das Wasser sofort. Doch es gibt zahlreiche Hinweise darauf, dass in früheren Zeiten einmal Wasser an der marsianischen Oberfläche floss, weil die Bedingungen günstiger waren.
So finden sich an vielen Stellen Kanäle, die an **Flussbetten** erinnern. Allerdings haben sie nichts mit den **Marskanälen Schiaparellis** zu tun. Ihre Entstehung ist auf Meteoriteneinschläge oder Vulkanausbrüche zurückzuführen, bei denen das im Permafrost als Eis gespeicherte Wasser geschmolzen und fortgeflossen ist. Dadurch entstanden große Hohlräume, die später einbrachen. Eine Wassermenge rund 10.000-mal größer als der jährliche Durchfluss des Amazonas ergoss sich in einer riesigen Flutwelle und grub tiefe Abflusskanäle in den Boden.
Andere Kanäle wurden wahrscheinlich durch langsame, ausdauernde Erosion des Wassers geschaffen, das entweder auf oder unter der

Oberfläche floss. Weitere Hinweise für ehemals geflossenes Wasser finden sich in einigen Cañons. Hier sind Ablagerungen zu erkennen. Sie erinnern an die Sedimente an den Küsten manch irdischer Seen und sind vermutlich ebenfalls durch Wasser entstanden. Wahrscheinlich sammelte sich ein Teil des Wassers sogar in Seen oder einem großen nördlichen Ozean, der allerdings bis heute umstritten ist.
Diese Oberflächenformationen sind deutliche Hinweise dafür, dass es einmal in der Entwicklungsgeschichte des Mars Zeiten gegeben haben muss, in denen **Wasser an seiner Oberfläche** floss. Wahrscheinlich liegen sie zwischen 550 Millionen und 3,8 Milliarden Jahren vor der Gegenwart. Die Atmosphäre müsste in diesem Fall dichter und wärmer gewesen sein als heute.

Der mit Hilfe der letzten Forschungsergebnisse geschaffene Marsglobus zeigt die Verteilung des Wassers in der Frühzeit des roten Planeten.

Das Schicksal der Atmosphäre

Wenn der Mars in früheren Zeiten eine viel dichtere Atmosphäre besaß, wo ist sie dann geblieben? Vielleicht löste sich einiges Kohlendioxid im Wasser und lagerte sich in Carbonatgestein ein, das allerdings bisher noch nicht nachgewiesen werden konnte. So gelangte die Marsatmosphäre langsam zu dem Zustand, wie wir sie heute kennen: Sie besteht aus 95,3 Prozent Kohlendioxid, 2,7 Prozent Stickstoff, 1,6 Prozent Argon sowie Spuren von Sauerstoff, Kohlenmonoxid und Wasserdampf. Ihr Wasserdampfanteil ist geringer als in den trockensten Gebieten der Erde.
Der Druck an der Oberfläche beträgt lediglich 1/160 unserer Atmosphäre und ist geringer als in den Luftschichten der Erde, die die höchstfliegenden Flugzeuge erreichen. Vielleicht war es das Erlöschen des Vulkanismus durch Auskühlen des Planeten und damit der Wegfall des Kohlendioxidsprich Treibhauseffekt-Produzenten, oder die hochenergetischen Partikel

Schiaparellis Marskanäle

Im Jahre 1877 überraschte der italienische Astronom *Giovanni Schiaparelli* die Fachwelt mit der Meldung, dass er auf dem Mars schmale dunkle Linien entdeckt habe, die die Oberfläche über sehr weite Strecken durchziehen. Er nannte sie in seiner Sprache „canali", was „Linien", aber auch „Kanäle" bedeutet. Der französische Astronom *Camille Flammarion* äußerte daraufhin die Vermutung, dass es sich bei diesen Oberflächenformationen um ein Bewässerungssystem handeln könnte. Schon damals zweifelten die Astronomen am Vorhandensein der Kanäle und erklärten sie für eine optische Täuschung: Wenn man aus großer Entfernung durch ein Rohr auf eine Fläche schaut, die viele unzusammenhängende Flecken oder Punkte aufweist, dann neigt das Auge dazu, sie zu einem großen Muster zu verbinden. Heute wissen wir, dass diese Astronomen recht hatten: Die Cañons und Flussläufe auf den Fotos der Marssonden stimmen mit keinem der Kanäle Schiaparellis überein. Trotzdem erahnte der Italiener bereits die jetzt bekannten, ehemaligen Flussläufe auf Mars.

des Sonnenwindes haben die Marsatmosphäre schrittweise erodiert. Auf der Erde schützt uns das globale Magnetfeld, die Magnetosphäre, vor dieser Gefahr (s. Seite 39); auf dem Mars dagegen ist der im Kern des Planeten liegende notwendige Dynamo schon früh nach der Bildung des Planeten zum Stillstand gekommen.

Gibt es auch Wasser auf anderen Welten des Sonnensystems?

Mars galt lange Zeit neben der Erde als einzige Welt im Sonnensystem, auf der Wasservorkommen beobachtet werden können. Dass Wasser zumindest in Form von Eis etwas ganz Normales im Sonnensystem ist, zeigte sich nach den Raumsondenflügen und den neuen Modellen über die Entstehung unseres Planetensystems. Heute ist sicher, dass im solaren Urnebel nach Abkühlungsprozessen nicht nur Nickel-Eisen-Körner und Silikate entstanden, sondern auch Wassereiskörner.
Alle Körper des Sonnensystems besaßen in ihrer Frühzeit Wasservorräte. Beim Merkur verflüchtigten sie sich wegen der großen Sonnennähe schon bald in den Weltraum. Dagegen hatte die Venus in ihrer Frühzeit möglicherweise so viel Wasser, dass ihre Oberfläche mit einem zehn Meter tiefen Ozean bedeckt war. Wahrscheinlich verdampfte es zum einen wegen der größeren Sonnennähe des Planeten und wurde zum anderen durch UV-Strahlung in seine Bestandteile Wasserstoff und Sauerstoff zerlegt (Photodissoziation). Dabei entwichen die Wasserstoffatome in den Weltraum, während die Sauerstoffatome im Oberflächengestein gebunden wurden.
In den äußeren Bereichen des Sonnensystems kondensierte das Wasser zu Eis, so dass die Monde der Riesenplaneten und die Ringsysteme zu einem gewissen Anteil aus Wassereis bestehen. Besonders bei den Jupitermonden dürfte unter der Eiskruste sogar Wasser in flüssigem Zustand in Form eines globalen Ozeans vorkommen. Ohne Zweifel besitzen auch die Kometen einen großen Anteil gefrorenen, aber mit Staub und Gesteinspartikeln durchmischten Wassers, weshalb sie zu Recht als „schmutzige kosmische Schneebälle" bezeichnet werden (s. Seite 120).

Riesenvulkane auf Mars und Venus?

Als sich 1971 die Raumsonde Mariner 9 dem Mars näherte, konnte sie mit ihrer Arbeit nicht beginnen, weil der Rote Planet gerade von einem globalen Staubsturm eingehüllt wurde. Erst als sich der Sturm nach einigen Wochen langsam legte, tauchten vier dunkle Flecken auf, die sich schließlich als Vulkane entpuppten. Ihre Dimensionen waren so gewaltig, dass selbst die dicke Staubschicht sie nicht verdecken konnte. Zwar hatten die Astronomen diese in der Tharsis-Region gelegenen Berge schon von der Erde aus beobachtet, ihre wahre Natur jedoch nicht erkannt. Vielmehr wur-

den diese **dunklen Flecken** als Seen angesehen und auf den Karten entsprechend bezeichnet.
Bei den Mars-Vulkanen handelt es sich um so genannte Schildvulkane, die durch aufeinander folgende Ausflüsse relativ dünnflüssiger Lava aufgebaut wurden. Auf der Erde liegen bekannte Exemplare auf Hawaii und Island. Hier schuf die dünnflüssige Lava, die auf der Erde bis zu 60 km/h schnell fließen kann, sehr breite, flache Gebilde, die einem Schild ähneln.

Olympus Mons – Gigant unter den Vulkanen des Sonnensystems

Der bekannteste Marsvulkan ist **Olympus Mons**. Mit einem Basisdurchmesser von 700 Kilometern und einer Höhe von 25 Kilometern ist er der größte Vulkan im Sonnensystem. Er ist dreimal höher als der Mount Everest und übertrifft noch den Vulkankomplex auf den Hawaii-Inseln. Der Mauna Loa durchmisst an der Basis in 4000 Meter Wassertiefe „nur" 120 Kilometer und ragt neun Kilometer über den Meeresboden empor.
Ein Beobachter am Rande von Olympus Mons hätte Mühe, den Gipfel des Vulkans zu sehen, denn auf 300 Kilometer Entfernung macht sich die Wölbung der Marskugel schon bemerkbar. Die Gipfel-Caledra des Olympus Mons hat einen Durchmesser von 70 Kilometern. Aber auch die drei anderen Vulkankegel sind mit je 400 Kilometern Durchmesser und ca. 20 Kilometern Höhe sehr groß.

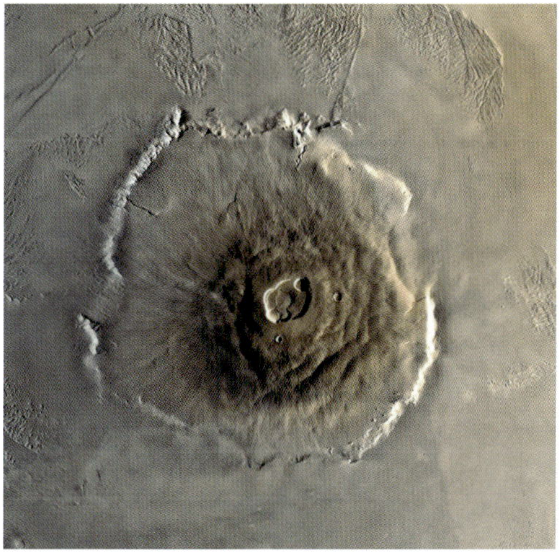

Olympus Mons ist mit 25 km Höhe und 700 km Durchmesser der mächtigste Vulkan im Sonnensystem.

Vulkankrater auf der Venus

Eine noch viel höhere Zahl an Vulkankratern finden wir auf der Venus. Ihre Oberfläche ist mit Zehntausenden von Vulkanen überzogen, die in der Vergangenheit viel aktiver als die der Erde waren. Während die größeren Vulkane dem Schildvulkan-Typ angehören, haben die kleineren Vulkane die Form von Kuppeln, da sie durch zähflüssige Lava entstanden sind. Sie trat an einigen Stellen aus dem Boden aus und erstarrte in Form von flachen Kuppeln. Diese topografischen Erscheinungen haben Ähnlichkeit mit Pfannkuchen, und ihre Oberflächen sind wie eine Brotkruste zerbrochen und gefaltet. Die größten Venus-Schildvulkane erreichen einige hundert Kilometer Durchmesser, sind aber nur wenige Kilometer hoch, so der Maat Mons, dessen Höhe acht Kilometer beträgt.

Unten: Maat Mons, der höchste Vulkankrater auf der Venus.

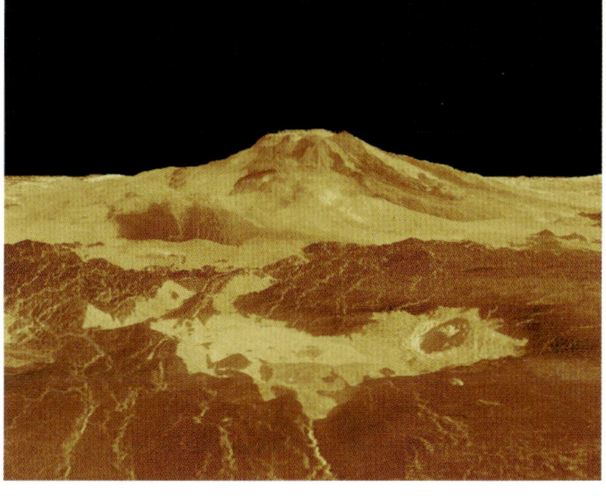

Gibt es eine Plattentektonik auf Mars und Venus?

Die Vulkane der Erde sind eine Folge der Plattentektonik. Doch weder auf dem Mars noch auf der Venus gibt es Anzeichen für diese Erscheinung. Es existieren keine Vulkanketten, wie sie auf der Erde an den Plattengrenzen auftreten. So sind das gewaltige Cañonsystem der Valles Marineris in der Nachbarschaft der Tharsis-Vulkanregion und Olympus Mons auf dem Mars durch Verwerfungen und Erdrutsche entstanden, als sich das Vulkangebiet heraushob, und nicht durch das Aufbrechen der Marskruste durch aufsteigendes Mantelmaterial.
Tatsächlich haben die Wissenschaftler in der ersten Zeit nach der Entdeckung dieser Oberflächenformation sie als Beginn einer Plattentektonik gesehen, nämlich als so genanntes Rift, ähnlich dem ostafrikanischen Rift Valley. Aber weitere Untersuchungen führten dann zu dem Schluss, dass die Lithosphäre (die Gesteinshülle) sowohl auf dem Mars als auch auf der Venus eine durchgehende Schale zu sein scheint, beide Welten als „one plate planet“ zu betrachten sind.
Und da auch kein Wasser über längere Zeit als „Schmiermittel“ einer möglichen Plattenbewegung zur Verfügung stand, gibt es keine globale horizontale Bewegung. Die Venus- und Mars-Lithosphären haben sich wie ein Motor ohne Öl „festgefressen“, und Vulkanismus ist deshalb nur durch Hot Spots möglich. Weil die Lithosphärenplatten nicht über die Hot spots hinwegwanderten, um so ganze Vulkanketten zu hinterlassen – ähnlich wie die Nadel einer Nähmaschine Lochreihen in den Stoff stanzt – konnten sich an einer Stelle riesige Schildvulkane auftürmen, die auf dem kleineren Mars sogar gigantische Dimensionen erreichten.

Einschlagkrater auf den Geschwistern der Erde?

Als 1965 die Raumsonde Mariner 4 die ersten 21 Bilder vom Mars zur Erde funkte, tauchten zur Überraschung der Wissenschaftler Krater auf. Zwar hatte es schon entsprechende Hinweise durch irdische Beobachtungen gegeben und auch eine Vorhersage von *D. L. Cyr* 1944 über das Vorhandensein derartiger Gebilde, doch niemand wollte so recht daran glauben.
Die Mariner-Bilder rückten den erdähnlichsten Planeten des Sonnensystems damit nicht nur in die Nähe des Mondes; sie zeigten auch, dass Meteoritenkrater zu den allgemeinen Charakteristika aller Körper mit fester Oberfläche im Sonnensystem gehören, denn das Bombardement durch Meteoriten ist eine ganz wichtige Phase ihrer Entstehung (s. Seite 82). Allerdings zeigt die Marsoberfläche weniger Krater als die Oberfläche des Mondes, denn vor allem die auf dem Mars vorherrschende Winderosion hat viele kleine Krater abgetragen und eingeebnet.
Beim Merkur setzten die Wissenschaftler wegen der Sonnennähe und fehlender Atmosphäre eine mondähnliche Landschaft voraus, was dann von Mariner 10 während ihrer drei Passagen 1974 auch bestätigt wurde. Wie die Mondoberfläche ist die des Merkur mit Kratern aller Größen übersät – von großen Becken mit Durchmessern von 1000 Kilometern (so das Caloris-Becken mit 1400 km Durchmesser) bis zu kleinen Kratern mit 100 Meter Durchmesser. Wie auf dem Mond besitzen die großen Krater Zentralberge

und Terrassen sowie die jüngeren Krater Strahlensysteme. Durch die stärkere Schwerkraft des Merkur ist das Einschlagsmaterial aber nicht so weit fortgeschleudert worden.
Überraschter waren die Planetologen bei der Venus. Wegen der dichten Atmosphäre hatte auf diesem Planeten niemand Krater vermutet. Die Magellan-Sonde zeigte aber Krater verschiedener Größen, wobei die Anzahl großer Krater wesentlich geringer ist als auf dem Mond oder Merkur. Der Grund liegt in den Lavaüberflutungen, die sich zu verschiedenen Zeiten auf der Venus-Oberfläche ereigneten und die gesamte Oberfläche einebneten, das letzte Mal vor 400 Millionen Jahren.
Die existierenden Einschlagkrater sehen denen des Mondes sehr ähnlich. Doch die dichte Venusatmosphäre beeinflusst sowohl einen einfallenden Meteoriten als auch das herausgeschleuderte Gestein. So erinnert die Form des aus dem Krater herausgesprengten Materials an Lappen oder Blütenblätter.

Bereits vor dem Mariner-10-Flug hatten einige Wissenschaftler eine mondähnliche Oberfläche auf dem sonnennächsten Planeten Merkur vermutet, was dann auch bestätigt wurde.

(K)eine Chance für Leben auf dem Mars?

Bis in die ersten Jahrzehnte des zwanzigsten Jahrhunderts zählten Venus und Mars zu den aussichtsreichsten Kandidaten für Leben außerhalb der Erde. Bei der Venus waren es ihre erdähnliche Größe, ihre dichte Atmosphäre – von der angenommen wurde, sie bestünde aus Wasserdampf – und ihre noch größere Sonnennähe, die zu dieser optimistischen Vorstellung führten.

Höllische Venus

Spektroskopische Untersuchungen sowie die ersten Vorbeiflüge der sowjetischen und amerikanischen Raumsonden widerlegten diese Annahme. Weitere Raumsondenflüge wie die von Pioneer-Venus und Venera gaben endgültig Aufschluss über die Verhältnisse auf dem zweiten Planeten des Sonnensystems. Die Venussonden durchdrangen die Wolkendecke und fanden darunter eine eintönige und glühend heiße Atmosphäre. Die Temperatur steigt am Boden bis auf 460 Grad Celsius, und die untere Atmosphäre speichert so viel Wärme und transportiert sie so effizient von einem Teil des Planeten zum anderen, dass es keine wie auch immer gearteten Temperaturschwankungen gibt.
Die Atmosphäre der Venus setzt sich aus 97 Prozent Kohlendioxid und

Am 20. Oktober 1975 um 8 Uhr 28 war die Raumsonde Venera 7 als erstes von Menschenhand geschaffenes Raumfahrzeug weich auf der Venus gelandet. Doch als die Ingenieure die Messinstrumente überprüften, waren sie verwirrt. „Weiß der Teufel, wo sie aufgesetzt hat", kommentierte einer von ihnen ratlos. „Der Ort scheint aus einer weichen, zähen dunklen undefinierbaren Masse zu bestehen." Doch dem war nicht so: Vielmehr war die Raumsonde auf festem Grund niedergegangen, aber in einer so dichten Atmosphäre, die nur einen Blick wie durch klares Wasser und schwimmende Fortbewegung erlaubt hätte. Das aber zeigten die Kameras nicht. Ihre Objektive waren nämlich in der mörderischen Hitze des Venusbodens zu einer formlosen Masse geschmolzen.

zwei Prozent Stickstoff zusammen, während das letzte Prozent auf Helium, Neon, Argon, Wasserdampf und Sauerstoff entfällt. Die Wolken, die den Planeten einhüllen und eine Erforschung der Oberfläche mit Teleskopen von der Erde aus verhindern, bestehen aus Schwefelsäuretröpfchen. Diese „Lufthülle" lässt zwar das Sonnenlicht passieren, hält jedoch die an der Oberfläche reflektierte Wärmestrahlung zurück, so dass ein starker Treibhauseffekt entsteht.
Hinzu kommt der enorme Druck, der durch die große Menge an Kohlendioxid erzeugt wird. Damit entsprechen die Verhältnisse am Venus-Boden denen in 900 Metern Wassertiefe. Vulkanausbrüche, saurer Regen und tosende Stürme sind weitere Faktoren, die dem Leben auf der Venus keine Chance gegeben haben.

Leben in den Wolken der Venus?

Das mag zwar für den Venusboden gelten, nicht aber für den Venushimmel. Ende 2002 ließ der deutsche Astrobiologe Dirk Schulze-Makuch, der an der Universität von Texas in El Paso forscht, die Kollegen und Planetologengemeinde durch folgende Behauptung aufhorchen: Die Venuswolken können durchaus eine Heimstatt für Leben sein. Immerhin liegt die Temperatur in 50 Kilometern Höhe über der Venusoberfläche nur noch zwischen 30 und 80 Grad, und es herrscht ein erträglicher Druck wie auf irdischer Meereshöhe.
In den hier schwebenden, die Venus in einen undurchdringlichen und ätzenden Schleier hüllenden Schwefelsäurewolken kommen nach nochmaliger gründlicher Analyse der Daten der Venera- und Pioneer-Sonden rätselhafte Phänomene zum Vorschein. Sie könnten als Indizien für venusianisches Leben gelten, und zwar Leben in Form von Mikroorganismen. So zeigen die UV-Aufnahmen der Venusatmosphäre seltsame dunkle Flecken. Hervorgerufen werden sie durch irgendetwas, das das UV-Licht der Sonne herauszufiltern scheint. Seltsam ist auch die unerwartet niedrige Konzentration an Kohlenmonoxid, die die Planetensonden gemessen haben. Sie lässt die Frage aufkommen, wohin das etwa durch Blitzschläge gebildete Gas verschwindet.
Gleichzeitig registrierten die Sonden bei ihren Missionen Schwefelwasserstoff. Diese Verbindung dürfte eigentlich in der Venusatmosphäre gar nicht existieren, denn sie hätte dort längst in Schwefeldioxid umgewandelt werden müssen – es sei denn, irgendetwas produziert ständig neuen Schwefelwasserstoff. Dass es für jedes der aufgezählten Phänomene auch eine nichtbiologische Erklärung geben kann, ist nicht von der Hand zu weisen, aber – so Schulze-Makuch: „Alle diese Rätsel lassen sich zusammen am einfachsten damit erklären, dass in der Venusatmosphäre Mikroorganismen leben – nur dann ergibt sich ein wunderbar geschlossenes Bild."

Als Mahlzeit Schwefeldioxid und Kohlenmonoxid

Folgt man diesen Überlegungen, ernähren sich bizarre Venusbakterien von Schwefeldioxid und Kohlenmonoxid (was den Schwund dieser Gase erklärt) und scheiden Kohlenoxidsulfid oder Schwefelwasserstoff wieder aus. Für diesen Vorgang könnten Mikroben zudem das Sonnenlicht nutzen, was dann auch die dunklen Flecken erklären würde.

Dass das für biologische Zellen lebenswichtige Wasser in der Venusatmosphäre in viel zu geringer Konzentration vorkommt, ist dabei kein Problem. Bei Untersuchungen von Geysiren, Ölquellen und Vulkanschloten haben die Wissenschaftler in den vergangenen Jahren festgestellt, dass noch an diesen extremen Orten Leben in Form seltsamer hitzebeständiger Bakterien existieren kann – sogar selbst in den Wolken. Schon länger ist den Forschern nämlich bekannt, dass Mikroorganismen durch Stürme oder Vulkaneruptionen kilometerhoch in die Luft gewirbelt werden, um dort als Kondensationskeime für Wolken zu dienen. Bisher aber schlossen sie kategorisch aus, dass die Keime in dieser Höhe überleben oder sich gar vermehren könnten und sahen dafür drei Gründe: Immerhin herrscht in irdischen Wolken eine Temperatur bis –56 Grad, schädigt die harte UV-Strahlung jede lebende Zelle, und es gibt kaum Nährstoffe.

1500 putzmuntere Bakterien

Diese Lehrmeinung ist jedoch inzwischen von der Eiswasser-Expertin Birgit Sattler eindrucksvoll widerlegt worden: Die Forscherin der Universität Innsbruck fing auf dem über 3000 Meter hohen Sonnblick in der Nähe von Salzburg Wolkentröpfchen auf. Als sie diese untersuchte, machte sie die sensationelle Beobachtung, dass in jedem Milliliter Flüssigkeit rund 1500 putzmuntere Bakterien unterschiedlicher Form und Größe schwammen. Und: Die Mikroben vermehrten sich einmal pro Woche mit einer Geschwindigkeit ähnlich der des pflanzlichen Planktons.

Anders als die Erde hat nun die permanent dicht verhangene Venus viel dichtere, langlebigere und wärmere Wolken. Die sie bildenden Nebeltröpfchen – die mögliche Heimat der Mikroben – sind auch viel größer als die irdischen und halten sich über Monate in der Luft. Dagegen regnen sie auf der Erde meist schon nach wenigen Tagen zu Boden.

Lebensfreundlicher Mars?

Dagegen scheinen die Verhältnisse auf dem Mars günstiger. Die Frage, ob es dort Leben gab oder gibt, ist eng mit den Hypothesen über die Entstehung des Lebens auf der Erde verbunden. Nach der Theorie der chemischen Evolution sind alle Lebewesen aus denselben molekularen Bausteinen aufgebaut, nämlich Aminosäuren und Nukleotiden.

Die Hypothese der chemischen Evolution geht davon aus, dass das Leben in der ersten Milliarde Jahre spontan durch chemische Reaktionen im Meer entstand. Hier bildeten sich einfache Moleküle, die wieder zerbrachen und sich unter dem Einfluss von Sonnenlicht und Blitzen zu immer komplizierteren Einheiten zusammensetzten. Schließlich gab es Moleküle, die

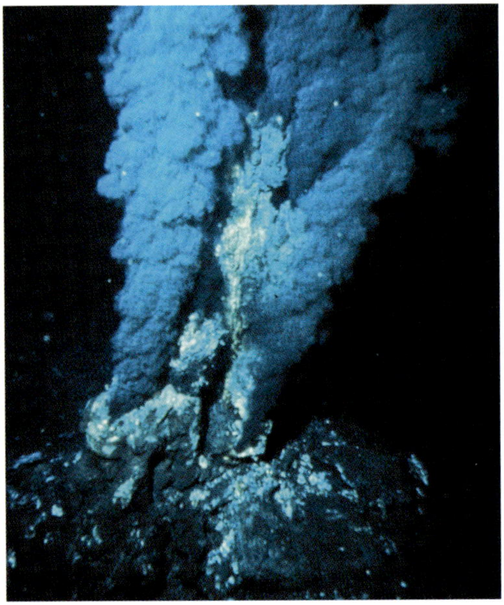

Die Black Smoker, wie sie mit dem Tieftauchboot ALVIN in den 1970er Jahren in großer Zahl im Pazifik im Bereich der Mittelozeanischen vulkanischen Gebirgsrückensysteme entdeckt wurden, könnten durchaus Hort des ersten Lebens auf der Erde gewesen sein.

sich selbst reproduzieren konnten, und das Leben war geboren.
Grundlage dieser Hypothese ist, dass die Uratmosphäre sehr wasserstoffreich war und keinen freien Sauerstoff enthielt. Wenn diese Hypothese stimmt, dann ist das Leben nicht einzigartig, und es wäre möglich, dass sich unter entsprechenden Bedingungen nach genügend langer Zeit auch auf anderen Planeten Lebewesen aus toter Materie entwickeln können.

Nicht immer Sonnenlicht

Es gibt aber noch andere Möglichkeiten, wie wir durch die Vulkan- und Tiefseeforschung wissen. Leben benötigt als Energie- und Entwicklungsfaktor nicht immer Sonnenlicht oder Blitze. Die notwendige Energiequelle für den Aufbau des chemischen Ungleichgewichts, das erst die notwendigen Reaktionen antreibt, aus denen sich lebende Systeme bilden können, kann auch gleichsam durch hydrothermische Quellen oder aus der Verwitterung von Mineralien an der Planetenoberfläche erzeugt werden.
Ein eindrucksvolles Beispiel sind die so genannten **Schwarzen Raucher** oder Black Smokers, wie sie vor allem am Tiefseeboden des Pazifik anzutreffen sind. Hier tritt im Gebiet der Mittelozeanischen Rücken zwei Kilometer unter der Meeresoberfläche mineralienreiches Wasser mit Temperaturen bis zu 760 Grad Celsius aus vulkanisch erhitzten Öffnungen an die Oberfläche. Es lässt Mineralkamine sechs bis neun Meter in die Höhe wachsen, an denen ungewöhnliche Lebensformen sprießen: zum Beispiel kleine weiße Alvinella-Würmer und hitzeresistente Bakterien.
Solche hydrothermischen Austritte könnten ursprünglich die Entstehung von Leben auf der Erde ebenfalls befördert haben und vielleicht auch das Leben auf dem Jupitermond Europa begünstigen (s. Seite 109).
Erde und Mars bildeten sich zur selben Zeit aus ähnlichem Material in ähnlicher Entfernung von der Sonne, und es gab in der Frühzeit auch flüssiges Wasser sowie eine dichtere Atmosphäre auf dem Mars (s. Seite 91). Vielleicht atmeten die Marslebewesen Kohlendioxid, vielleicht war auch freier Sauerstoff für einfaches, aber schon weiter entwickeltes Leben vorhanden, der heute im Gestein gebunden ist – also: Die Voraussetzungen für die Entstehung von Leben waren gegeben. Aber war auch die lange Zeit für eine Evolution vorhanden?

Viking auf dem Mars

Mit Spannung wurde deshalb die Landung der beiden Viking-Sonden 1976 auf dem Mars erwartet. Sie hatten neben Kameras, mit denen sie in einer Umgebung von 1,5 Metern jedes Detail bis hinunter zu wenigen Millime-

Eine Karikatur beschrieb die erfolglose Suche nach Leben auf dem Mars damals wie folgt: Während die Viking-Sonde im Boden grub und ihre Kameras auf diese Stellen richtete, wurde hinter ihrem „Rücken" ein Mars-Neandertaler von einem Mars-Brontosaurus verfolgt.

tern Größe erfassen konnten, eine Wetterstation und drei automatische Labors an Bord, mit denen sie Leben auf dem Mars nachweisen sollten. Obwohl die Kameras zwei Jahre lang Aufnahmen von der Umgebung des Landeplatzes machten – von den Landebeinen bis zum Horizont –, konnten sie keine Anzeichen von sich bewegenden Lebewesen finden. Fazit: Auf dem Mars existiert keine Form von Leben, das größer ist als einige Millimeter – jedenfalls nicht in der Umgebung der Viking-Landestellen. Auch die Suche nach organischen Molekülen toter Mikroben brachte keinen Erfolg. Die in einem speziellen Behälter erhitzten Bodenproben zeigten in ihren ausgasenden Molekülen nur die atmosphärischen Gase Kohlendioxid und Wasserdampf.
Die anderen Geräte an Bord der Viking-Sonden suchten nach Anzeichen für lebende Mikroben. Wenn es sie auf diesem Planeten gab, dann mussten sie die Atmosphäre einatmen sowie die vorhandene Nahrung aufnehmen und verdauen. Die drei Experimente könnte man deshalb als Atmungs-, Nahrungs- und Stoffwechseltest bezeichnen. Jedoch brachte keines dieser raffiniert angelegten Experimente einen Hinweis auf Leben, sondern nur die Beobachtung ungewöhnlicher chemischer Reaktionen des Materials im Marsboden. Fazit: Möglichem „aktuellen" Leben auf dem roten Planeten sind sehr enge Grenzen gesetzt.

Die neue Mars-Vergangenheit und ein Meteorit

Dabei ist allerdings zu bedenken, dass die Viking-Sonden nur an zwei Stellen auf dem Mars Bodenuntersuchungen durchgeführt haben und das im wahrsten Sinne des Wortes nur „oberflächlich". Damals gab es auch noch keine detaillierten Erkenntnisse darüber, in welcher Form wirklich das Wasser vorhanden war. Heute wissen wir, dass es sogar untermarsianisch fließen und sich wahrscheinlich sogar in möglichen untermarsianischen Höhlen gesammelt haben kann.
Ein außergewöhnlicher Fund hat jedoch der Diskussion um einen lebensfreundlicheren Mars weiteren Auftrieb gegeben: Im Jahre 1996 präsentierte die NASA der überraschten Öffentlichkeit einen im Eis der Antarktis gefundenen Meteoriten mit der Bezeichnung **ALH 84001**.
Die Sensation des unzweifelhaft vom Mars stammenden, 1,9 Kilogramm schweren Brockens: Er enthält winzige, 380 Nanometer lange fadenförmige Strukturen, die sich wegen ihrer „Größe" nur im Elektronenmikroskop erkennen lassen. Sie ähneln versteinerten Bakterien, wie man sie fossil auch auf der Erde gefunden hat. Ferner konnten eiförmige Strukturen nachgewiesen werden, die sich als Überreste von Marsmikroben deuten lassen. Es könnte sich also um marsianisches Leben handeln, das vor 1,3 Milliarden Jahren mit dem Stein in Berührung kam.
Mehrere Forschergruppen haben die Ergebnisse bestätigt, andere – die größere Zahl – melden Zweifel an. Ihr Argument: Der Stein wurde während seiner langen Lagerungszeit auf der Erde chemisch kontaminiert.

Der berühmte Mars-Meteorit wurde 1984 im Far-West-Eisfeld der Allan-Hills-Region der Antarktis gefunden und 1993 als vom Mars gekommen identifiziert.

Meteoriten als natürliche interplanetare Raumschiffe

Wie können Meteoriten von anderen Welten wie Mars oder Mond zur Erde gelangen? Dazu muss man sich klarmachen, dass bei einem kosmischen Aufprall (Impakt) gewaltige Energien freigesetzt werden. Wenn ein Geschoss einen Krater schlägt, muss das ursprünglich dort vorhandene Material irgendwo hin. Während der größte Teil vom Schwerefeld des getroffenen Weltkörpers zurückgehalten wird und wieder auf die Oberfläche hinabregnet – das meiste sogar in der Umgebung des neu entstandenen Kraters –, kann bei sehr heftigen Impakten ein Teil der Materie stark genug beschleunigt werden, so dass die Anziehungskraft des Planeten oder Mondes überwunden wird. Solche entflohenen Gesteinsbrocken taumeln dann typischerweise etliche Millionen Jahre durch das Sonnensystem, bis sie auf irgendein Hindernis treffen, zum Beispiel auf die Erde. Viren und Bakterien könnten so durch das Weltall reisen.

Pluto und Charon – die Außenposten unseres Sonnensystems?

Für den jungen Astronomen *Clyde Tombaugh* schlug am 18. Februar 1930 die große Stunde: Auf zwei Fotoplatten vom 21. und 29. Januar entdeckte er nach intensiver Detektivarbeit ein winziges, sich verschiebendes Sternscheibchen. Es war der lange vermutete und gesuchte neunte Planet Pluto. Mit einem Durchmesser von 2300 Kilometern – und damit noch kleiner als der Erdmond – ist Pluto der kleinste Planet und vorläufig auch die letzte Welt unseres Sonnensystems. Seine Umlaufbahn hat die größte Exzentrizität (Abweichung einer Ellipse von der Kreisform) unter allen Planeten und ist mit 17 Grad stark gegen die Ekliptik geneigt.
Durch diese langgestreckte Bahn schwankt der Abstand des Planeten zur Sonne beträchtlich, nämlich zwischen 29,7 und 49,3 AE. Die Folgen sind Schwankungen der Oberflächentemperatur und das Kreuzen der Neptunbahn, so dass eine Zeit lang die Vermutung geäußert wurde, Pluto sei ein

Mehr als ein verwaschenes Bild von Pluto und Charon konnte auch das Hubble-Weltraumfernrohr nicht schießen. Pluto und Charon sind die bisher am wenigsten erforschte Planetengruppe unseres Sonnensystems.

entlaufener Mond des Neptun. Aber nach der Entdeckung des Plutomondes Charon verlor diese Theorie schnell an Attraktivität.
In der Zeit von 1979 bis 1999 war Pluto jedenfalls der Sonne näher als Neptun. Da seine Äquatorebene um 122 Grad gegen die Ebene der Umlaufbahn geneigt ist, „rollt" Pluto ähnlich wie Uranus auf seiner Bahn. Deshalb liegen die beiden Pole abwechselnd alle 124 Jahre im Sonnenlicht oder im Schatten.

Charon und die Plutoforschung

1978 entdeckte *J. W. Christy* vom US-Marine-Observatorium in Flaggstaff, Arizona, eine Ausbuchtung auf den Pluto-Bildern, deren Lage sich systematisch veränderte. Sie entpuppte sich als Mond, der den Planeten im mittleren Abstand von 19.100 Kilometern umkreist. Da Charon, wie der Mond nach dem mythologischen Fährmann der Unterwelt getauft wurde, sich in der Äquatorebene Plutos bewegt, ist auch seine Bahn um 122 Grad gegen die Umlaufebene des Planeten geneigt. Wie unser Mond wendet er Pluto immer dieselbe Seite zu, aber auch Pluto zeigt, anders als die Erde, seinem Mond immer dieselbe Hemisphäre. Von 1985 bis 1991 bot sich den Astronomen eine äußerst günstige Gelegenheit, **beide Welten** zu untersuchen: Sie schauten genau auf die Kante von Charons Bahnebene, so dass der Mond Pluto ab und zu verdeckte. Diese Chance bietet sich nur zweimal pro Plutojahr, also alle 124 Erdenjahre.
So stellten die Astronomen fest, dass Charon etwa halb so groß ist wie Pluto und damit relativ zum Durchmesser seines Planeten der größte Mond im Sonnensystem. Die Oberfläche beider Welten besteht aus Methaneis, wobei Plutos Oberfläche eine rötliche Färbung wie die des Neptunmondes Triton aufweist. Die Oberfläche von Pluto wird wahrscheinlich von organischen Substanzen dominiert, die aus Methan entstehen, das sich beim Beschuss mit energiereichen Teilchen umwandelt. Ferner dürften fester Stickstoff und Kohlendioxid hinzukommen. Darunter könnte sich ein 230 Kilometer starker Mantel aus Wassereis anschließen, unter dem sich dann der Kern aus Gestein und Eis von ca. 1600 Kilometern Durchmesser befindet. Nach einem anderen Modell soll unter einer 20 Kilometer dicken Eisschicht eine weitere 100 Kilometer dicke Schicht aus organischem Material liegen, die den Kern umschließt.
Charons Oberfläche ist dagegen grau und enthält Wassereis. Pluto besitzt eine dünne Atmosphäre aus Methan, Stickstoff und Kohlendioxid. Sie umgibt aber den Planeten nur dann, wenn er sich in Sonnennähe befindet, um sich dann in Sonnenferne wieder als Reif auf der Oberfläche niederzuschlagen.

Reststörungen und Planet X

Die Entdeckung des Planeten Pluto konnte nicht alle Schwankungen in den Bewegungen der Planeten Uranus und Neptun erklären, denn dazu ist Pluto zu massearm. Deshalb setzte Clyde Tombaugh seine Suche nach einem Transneptun oder „Planet X" fort. 7000 Stunden lang verglich er insgesamt 90 Millionen Sterne und kam dann zu dem Schluss, dass es in der

Gegend der Ekliptik bis in eine Entfernung von 270 AE keinen Planeten von der Größe des Neptun geben könne.

Plutinos als restliche „Störenfriede"

Inzwischen können wir durchaus auf einen zehnten Planeten verzichten, denn seit 1977 und vor allem 1992 wissen wir, dass es jenseits des Planeten Neptun und damit im Bereich Pluto-Charon eine ganze Reihe fast ähnlich großer Himmelskörper gibt. Diese Region wird nach dem Astronom *Gerard Kuiper* (1905–1973) als Edgeworth-Kuiper-Gürtel oder nur als Kuipergürtel bezeichnet. Das erste und größte bekannte Objekt wurde 1977 von dem Astronomen *Charles Kowal* entdeckt. Es heißt Chiron und ist zwischen 160 und 200 Kilometer groß. Chiron bewegt sich in einer Entfernung von der Sonne zwischen 18,9 und 8,42 Astronomischen Einheiten (1 AE = 150 Mio. km, die mittlere Entfernung Erde-Sonne) und wurde anfangs als Planetoid eingestuft. Später stellte sich heraus, dass es sich um einen kometenartigen Körper handelt.

Am 30. August 1992 wurde mit dem 2,2-Meter-Teleskop auf Hawaii von den Astronomen *Jane X. Luu* und *David C. Jewitt* das nächste Objekt entdeckt, und danach stieg die Zahl der Kuiper-Gürtel-Mitglieder sehr schnell bis auf 32 an. Die Neptunbahn bildet den Innenrand des Gürtels, der sich bis 100 AE von der Sonne entfernt nach draußen erstreckt. Nach Schätzungen enthält er 10 Millionen Körper, die größer als 10 Kilometer sind, und weitere 10 Milliarden größer als einen Kilometer. Einige verhalten sich von der Zusammensetzung, den Dimensionen und ihrer Bahn wie Pluto, weshalb sie auch „Plutinos" genannt werden.

Im Oktober 2002 konnten Wissenschaftler des Max-Planck-Instituts für Radioastronomie Bonn den Durchmesser von vier der fünf größten und fernsten dieser Kleinplaneten bestimmen. Der größte von Planetenforschern des California Institute of Technology im Juni 2002 entdeckte Kleinplanet hat nach einem Schöpfungsmythos des kalifornischen Tongva-Stammes den Namen „Quaoar" erhalten. Dieser Plutino misst ca. 1200 Kilometer. Körper wie Quaoar bilden einen plausiblen Grund für die restlichen bisher noch nicht erklärten Bahnstörungen jenseits von Pluto.

*Riesenwelten – Ringwelten

Hinter dem Asteroiden- oder Planetoidengürtel im Sonnensystem beginnt bildlich gesprochen ein anderes Land, nämlich das der Riesenwelten Jupiter, Saturn, Uranus und Neptun. Dass diese Planeten ihre Namen zu Recht nach den größten und ältesten Göttern der Antike erhalten haben, zeigte sich spätestens nach der Einführung des Fernrohrs und der Disziplin Astrophysik in die Himmelskunde. Besonders Jupiter und Saturn bieten wegen ihrer relativen Nähe zur Erde einen imposanten, ja den interessantesten Anblick unter den Riesenplaneten.
Wenn man die äußere Erscheinung der Planetenriesen als Maß ihres allgemeinen Bekanntheitsgrades nimmt, dann dürfte zumindest für die Vor-Raumsonden-Zeit Saturn an erster Stelle stehen, denn schon in einem kleinen Fernrohr zeigt er als einziger einen Ring, welcher auch noch in bestimmten Jahren unterschiedliche Anblicke bietet. Deshalb schmückt dieser Riesenplanet auch oft so manches Astronomiebuch oder Volkssternwartenplakat.
Inzwischen wurde Saturn durch die Pioneer-, Voyager- und Galileo-Missionen in dieser Hinsicht von Jupiter der Rang abgelaufen, auf der anderen Seite zeigten sie von den altbekannten Riesen viel Neues und Verblüffendes

Diese Fotomontage zeigt sehr deutlich die charakteristischen Merkmale der jupiterähnlichen oder Riesenplaneten, vor allem ihre Größe im Verhältnis zu Erde und Pluto.

– Dinge, die unser lange vertrautes, aber doch in vielen Bereichen geheimnisvolles Bild radikal revolutionierten. Wer wusste beispielsweise schon vorher, dass Jupiter durchaus zum Konkurrenten der Sonne hätte werden können?

Weshalb steht Jupiter für eine ganze Reihe von Planeten?

Dieses schon „klassisch" zu nennende Voyager-1-Foto zeigt Jupiter mit den beiden Monden Io und Europa aus 20 Millionen Kilometer Entfernung.

Mit einem Äquatordurchmesser von 142.796 Kilometern, was etwa dem zwölffachen Durchmesser der Erde entspricht, ist **Jupiter** der größte Planet unseres Sonnensystems. Seine Entfernung von der Sonne beträgt 778 Millionen Kilometer, seine Masse ist mehr als doppelt so groß wie die aller übrigen Planeten zusammen, und sein gigantisches Volumen übertrifft das der Erde 1335-mal.

Jupiter besteht überwiegend aus gasförmiger Materie und ähnelt in seiner Zusammensetzung der Sonne: Seine Atmosphäre enthält zu 88 Prozent Wasserstoff, gefolgt von 11 Prozent Helium und einem Prozent zahlreicher anderer Komponenten wie Wasser, Methan, Äthan, Acetylen, Kohlenmonoxid, Phosphor- und Schwefelverbindungen. Zu den äußeren Charakteristika gehören seine starke Abplattung, bedingt durch die kurze Rotationszeit von nur 9 Stunden 50 Minuten, die verschiedenen hellen und dunklen Wolkengürtel sowie die zahlreichen Flecken, von denen der Große Rote Fleck auf der südlichen Hälfte des Planeten am bekanntesten ist.

Im Vergleich zur Erde besitzt Jupiter eine große Anzahl von Satelliten, von denen die vier größten ungefähr die Dimensionen des Erdmondes haben. Insgesamt 39 Jupitermonde sind heute bekannt, die eine Mischung aus Fels und Eis darstellen. Dazu kommt ein schmales, aus drei Bereichen bestehendes Ringsystem, dessen Partikel nur wenige Mikrometer groß sind und das erst von Voyager 1 entdeckt wurde.

Saturn, Uranus, Neptun – Geschwister mit kleinen Unterschieden

Ähnliche Eigenschaften zeigen auch die Planeten Saturn, Uranus und Neptun. Zwar sind sie kleiner als Jupiter, aber im Vergleich zum Durchmesser der Erde immer noch riesig. Die Zusammensetzung der Atmosphären dieser Riesenwelten ähnelt der des Jupiter, denn ihre ebenfalls große Masse und die damit verbundene Schwerkraft verhindern selbst das Entweichen von leichten Elementen. So ist zwar die Saturnatmosphäre etwas ärmer an Helium (sie enthält nur 6 % des Edelgases), ansonsten aber aus ähnlichen Elementen aufgebaut. Gleiches gilt für die Planeten Uranus und Neptun.

Wie auf Jupiter sind bei allen drei übrigen Riesenplaneten Bänder und Flecken zu beobachten. Allerdings fallen sie beim Uranus sehr schwach aus, während Neptun mit seinem „Großen Dunklen Fleck" vom Erscheinungsbild dem Jupiter am ähnlichsten sieht. Ebenso stattlich ist die Zahl der Satelliten: Hier steht Saturn mit 30 Trabanten an der Spitze, gefolgt von Uranus mit 21 und Neptun mit acht Monden.

Weshalb zeigt Jupiter Wolkenbänder?

Erst die Voyager-Kameras zeigten den Detailreichtum der Wolkenbänder, nämlich außer dem Großen Roten Fleck auch zahlreiche kleinere Flecken, hier aus 14 Millionen Kilometern Entfernung.

Während beim Blick durchs Fernrohr bei Saturn das faszinierendste Merkmal der Ring ist, sind es bei Jupiter die ihn überziehenden, hellen und dunklen **Wolkenbänder** sowie der Große Rote Fleck. Deshalb konnten schon früh und sehr detailliert von der Erde aus Karten der Oberfläche des Planeten – oder was die Beobachter dafür hielten – gezeichnet werden, Veränderungen permanent registriert und auch eine Erklärung für dieses Erscheinungsbild auf der Grundlage unserer meteorologischen Kenntnisse entwickelt werden.

Große Ablenkung durch die Corioliskraft

Auf der Erde steigt die erwärmte Luft in den äquatorialen Zonen auf und fließt in die höheren Breiten, wo sie abkühlt und zu Boden sinkt. Normalerweise verläuft diese Bewegung geradlinig, also entlang der Längengrade. Durch die Rotation unseres Planeten entsteht jedoch eine Trägheitskraft: die Corioliskraft. Sie wirkt auf jeden Körper, der sich an der Oberfläche bewegt. So werden die Luftströmungen, aber auch Wasserströmungen, durch die Corioliskraft aus ihrer geradlinigen Bewegung abgelenkt – auf der Nordhalbkugel entgegen dem Uhrzeigersinn, auf der Südhalbkugel im Uhrzeigersinn. Die Wolkenwirbel sind das eindrucksvollste Zeichen für diesen Effekt.

Auf dem Jupiter mit seiner viel größeren Rotationsgeschwindigkeit ist dieser Effekt erheblich stärker. Hier werden alle aufsteigenden oder absinkenden Gasmassen um 90 Grad abgelenkt. Deshalb können sich keine Nord-Süd-Strömungen herausbilden; vielmehr werden alle Wolkengebilde in Ost-West-Richtung in die Länge gezogen, und erst in höheren Breiten zerfallen die Strukturen, da wegen der dort langsameren Rotation auch kleinere Corioliskräfte auftreten.

Die hellen Wolkenbänder (von den Astronomen als „Zonen" bezeichnet) sind Bereiche der aufsteigenden Luft, während es sich bei den dunklen Wolkenbändern (den so genannten „Bändern") um die tiefer gelegenen Gebiete mit absinkender Luft handelt.

Was ist der Große Rote Fleck?

Auf diesem Voyager-Foto wurden die Farben des Großen Roten Flecks besonders hervorgehoben.

Der so genannte **„Große Rote Fleck"**, kurz GRF genannt, ist die auffälligste Erscheinung und das einzige ziemlich gleichbleibende Merkmal des Jupiter. Der GRF liegt auf der Südhalbkugel, ist oval und meist von ziegelroter Farbe, wird allerdings gelegentlich blasser und zeigt dann Verfärbungen ins Weißliche und Gelbliche. Mit einer Länge von 40.000 Kilometern und einer Breite von 14.000 Kilometern übertrifft dieses Gebilde mehr als dreimal die Größe der Erde. In letzter Zeit hatte er noch eine Länge von knapp 30.000 Kilometern.

Ein Giga-Hurrikan

Die Flüge der Pioneer- und Voyager-Raumsonden haben zu neuen und überraschenden Erkenntnissen über die Natur dieses Gebildes geführt. Es handelt sich ohne Zweifel um einen seit Jahrhunderten tobenden „permanenten Hurrikan", der durch Konvektion aus tieferen Jupiterschichten erzeugt wird. Während das Wettergeschehen auf der Erde insbesondere durch die Sonneneinstrahlung bestimmt wird, bezieht der „Wettermechanismus" auf Jupiter seine Energie aus dem Planeteninneren.

Versinken im Wasserstoff-Methan-Ozean?

Jupiter gehört mit den drei übrigen Riesenplaneten zu den Gaswelten unseres Sonnensystems. Was wir also im Fernrohr auf dem Jupiter beobachten können, ist die dichte Atmosphäre des Planeten. Der innere Aufbau kann deshalb nur durch Modellrechnungen ermittelt werden, was heute mit den Daten der Raumsonden nicht mehr so schwierig ist.
Neueste Modelle beschreiben den Planeten mit einem 20.000 Kilometer großen Kern aus Eisen und Silizium-Verbindungen. Darüber folgt eine 44.000 Kilometer dicke Schicht aus flüssigem, „metallischem" Wasserstoff und Helium. In 46.000 Kilometern Entfernung vom Zentrum liegt dann die Übergangszone zum normalen flüssigen Wasserstoff; und über diesem „Wasserstoff-Helium-Ozean" erstreckt sich dann 1000 Kilometer hoch die Atmosphäre.

Polarlichter und Ringe

Als die Raumsonde Voyager 1 den Jupiter passierte, entdeckte sie auf der Nachtseite des Planeten Polarlichter. Anders als auf der Erde liegt deren Ursache nicht in der Wechselwirkung der Magnetosphäre mit dem Sonnenwind, sondern mit elektrisch geladenen Teilchen des Mondes Io. Ferner konnten Gewitter mit starken Blitzen beobachtet werden, so dass Jupiter in einigen Bereichen des elektromagnetischen Spektrums extrem auffällig ist. Ein weiteres überraschendes Phänomen, das die Voyager-1-Sonde entdeckte, war das Ringsystem des Planeten. Es hat einen Außendurchmesser von 258.000 Kilometern und einen inneren von 142.800 Kilometern. Seine Dicke beträgt maximal einen Kilometer. Der Durchmesser der Ringteilchen beläuft sich auf vier bis zehn Meter, und im Gegensatz zu denen des Saturnrings (Gesteins- und Eisbrocken) bestehen sie aus Gesteinsstaub mit einer Dichte von 3,5 g/cm^3 und sind relativ dunkel.

Krakatau auf Io?

Schon mit einem Fernglas sind die vier hellsten Jupitermonde Io, Europa, Ganymed und Kallisto deutlich zu sehen. Dem Betrachter erscheint es, als ob er aus großer Entfernung auf unser Planetensystem blickt.

Schauspiele für den Amateur

Die Bahnen der als „Galileische Monde" bezeichneten Jupitertrabanten liegen quasi in der Äquatorebene des Riesenplaneten, so dass sie nacheinander über die Jupiterscheibe wandern und von ihr während eines jeden Umlaufs bedeckt werden. Dadurch kommt es zu Verfinsterungen (Ein- und Austritt der Satelliten in den Jupiterschatten), Bedeckungen durch die Jupiterscheibe, Vorübergängen vor der Jupiterscheibe und Schattenvorübergängen (der Mondschatten zieht über die Jupiterscheibe). Diese eindrucksvollen Phänomene können selbst von Amateuren beobachtet werden und ihre Zeiten werden in den astronomischen Jahrbüchern veröffentlicht.

Vulkanmond Io – die Voyager-Pizza

Bis zu den Flügen der Voyager-Sonden waren nur zwölf Monde bekannt, über die die Astronomen kaum Informationen besaßen. Das änderte sich jedoch mit den Vorbeiflügen der Raumsonden Pioneer 10 und 11, vor allem aber denen der Raumsonden Voyager 1 und 2. Erstmals konnten die Oberflächen fotografiert und untersucht werden.

Hier bot Io die größte Überraschung. Glaubten die Wissenschaftler vor den Raumsondenmissionen, seine Oberfläche würde der unseres Mondes ähneln, also mit Kratern bedeckt sein, so zeigten die aus 420.100 Kilometern Entfernung geschossenen Aufnahmen ein gänzlich anderes Bild: Die Farben Rot und Orange prägten das Aussehen des 3630 Kilometer durchmessenden Mondes.

Doch die dominierenden Geländeformen sind **Vulkane** mit hoher Aktivität. Einige sind zehn Kilometer groß, und auf den Fotos erscheinen sie wie schwarze Flecken, die von dunklen unregelmäßigen Halos umgeben sind. Ferner sind deutlich Lavaflüsse zu erkennen. Die rote und orange Farbe und die schwarzen Gebilde rühren von dem bei den Eruptionen geförderten Schwefel her. Diese Erscheinungen trugen daher dem Jupitermond Io den Spitznamen „Voyager-Pizza" ein.

Neun Vulkane wurden anfangs entdeckt. Bei acht von ihnen konnten Erup-

Das historische Voyager-1-Foto von Io zeigt den Mond mit der Eruptionswolke des Vulkans Pele am Horizont aus 490.000 km Entfernung. Die Entdeckung geschah rein zufällig durch Linda Morabito, Mitarbeiterin des Bildauswerteteams.

tionen mit Höhen bis zu 300 Kilometern festgestellt werden. Ihre Zahl hat sich durch die Raumsonde Galileo bis zum Jahr 1996 auf 120 gesteigert. Diese Höhen übertreffen die der irdischen Vulkane Ätna, Vesuv oder Krakatau (25 km) um ein Vielfaches. Etwa 10.000 Tonnen Lava werden mit Geschwindigkeiten bis 1 km/s ausgestoßen. Aus den hoch aufschießenden Eruptionsfontänen der Io-Vulkane sondern sich pro Sekunde schätzungsweise zehn Tonnen Staub ab. Das hochgeschleuderte Material fächert sich oft auf und nimmt die Form eines Schirmes an, bevor es langsam zur Io-Oberfläche hinabsinkt. Neben der Erde ist Io damit der zweite vulkanisch aktive Körper im Sonnensystem.

Doch worin liegt die Ursache für Ios vulkanische Aktivität? Während auf der Erde das Entstehen und die Vernichtung von Krustenplattenmaterial für den Vulkanismus verantwortlich sind, gibt es auf Io keine Anzeichen einer Plattentektonik, das zeigen die Voyager-Aufnahmen sehr deutlich.

Ios „Vulkanmotor"

Nach den bisherigen Erkenntnissen besteht die Kruste dieses Mondes aus einem Meer von flüssigem Schwefel und Schwefeldioxid. Es ist etwa vier Kilometer dick und an der Oberfläche bis in rund einen Kilometer Tiefe fest. Verantwortlich für die an Geysire erinnernden, explosionsartigen Ausbrüche des Gemisches von Schwefel, gasförmigem Schwefeldioxid und Schwefeldioxid-„Schnee" ist heißes, aus dem Mondinnern aufsteigendes Material.

Der Motor ist in den starken Gezeitenkräften des Jupiters und der anderen **Galileischen Monde** zu suchen, denen der relativ kleine Mond auf seiner Bahn (Entfernung von Jupiter: 422.000 km) um den übermächtigen Jupiter ausgesetzt ist. Die Gezeitenwirkungen des Jupiter sind immerhin 300-mal größer als die Gezeitenwirkungen der Erde auf den Mond. Dadurch wird das Innere von Io regelrecht durchgeknetet, und die so entstehende Reibungshitze vergrößert das Volumen des geschmolzenen Gesteins, das sich dann in heftigen Vulkanausbrüchen Luft macht.

Wie sind die anderen Jupitermonde beschaffen?

Ohne Zweifel war Io die Sensation unter den Jupitermonden. Aber auch die anderen Trabanten des größten Planeten unseres Sonnensystems haben Faszinierendes zu bieten: Europa (3138 km Durchmesser), Ganymed (5262 km) und Kallisto (4806 km).

Europa kreist in 671.000 Kilometern Entfernung um den Planeten. Auf den Raumsondenfotos erscheint er als helle, gelbliche Eiskugel mit relativ glatter Oberfläche ohne Einschlagskrater und ähnelt einer kosmischen Billardkugel oder gesprungenen Eierschale. Das auffallendste Merkmal sind die zahlreichen, fünf bis zehn Kilometer breiten und bis 2000 Kilometer langen dunkelbraunen Linien, die die Mondoberfläche kreuz und quer überziehen. Dabei handelt es sich nach Untersuchungen der Raumsonde Galileo um mehrere hundert Meter hohe Bergrücken (Ridges) auf dem **Eispanzer von Europa**. Größere Einschlagskrater sind selten auf diesem Mond, was auf eine im Vergleich zu beispielsweise Ganymed junge, sehr dynamische Oberfläche hinweist, deren Aussehen in relativ kurzen Zeitabschnitten starke Veränderungen erfährt. Ursache ist entweder flüssiges Wasser oder zähflüssiges Eis.

Die vier Galileischen Monde zeigen zwar unterschiedliche Oberflächenmerkmale; doch drei von ihnen, nämlich Europa, Ganymed und Kallisto, sind im Innern ähnlich aufgebaut, haben also unter ihrer Kruste einen Ozean.

Ein ganz anderes Bild bietet dagegen der dritte Jupitersatellit Ganymed. Er kreist in einem mittleren Abstand von 1.070.000 Kilometern um den Planeten und ist mit seinem Durchmesser von 5262 Kilometern nicht nur der größte Jupitermond, sondern der größte Mond des Sonnensystems und sogar größer als der Planet Merkur (4848 km). Seine Oberfläche ist von hellen und dunklen Gebieten geprägt, wobei die hellen Gebiete mit parallelen Rillen durchzogen sind, die aus mit Gestein verschmutztem Eis bestehen. Die Kraterdichte in den dunklen Gebieten ist hoch, in den hellen Gebieten dagegen niedriger; sie sind damit jünger als die dunklen Gebiete. Unter dieser Kruste liegt vermutlich ebenfalls ein Ozean aus Wasser.

Kallisto in 1.883.000 Kilometern Entfernung zu Jupiter ist der vierte und äußerste der Galileischen Monde. Seine Oberfläche zeigt eine große Zahl von Einschlagskratern, er ist das Objekt mit der höchsten Kraterdichte unter den Galileischen Monden. Auch unter der Kallisto-Oberfläche erstreckt sich vermutlich ein Ozean. Neben vielen kleinen Kratern gibt es

Ein Ozean unter Europas Kruste?

Sensationell und längere Zeit umstritten war der Ozean unter der Eiskruste des Jupitermondes Europa. Aufnahmen der Voyager-2-Sonde hatten die ersten Hinweise darauf gegeben: Sie zeigten in der Eisoberfläche zahlreiche Bruchschollenmuster. Ähnliche Erscheinungen sind aus den irdischen Polarmeeren bekannt, wenn dort das Meereis durch Schmelzprozesse und Gezeiten auseinandergerissen und wieder zusammengeschoben wird. Es musste also einen fließenden Mantel unter Europas Kruste geben. Die Streitfrage: Handelt es sich bei der viskosen Sphäre um eine Art Eismatsch oder wirklich um einen flüssigen Ozean? Und wenn ja, welcher Mechanismus, welche Wärmequelle hält ihn in Bewegung? Nach den letzten Magnetfeldmessungen der Raumsonde Galileo, aber auch neuesten Modellrechnungen gibt es kaum noch Zweifel an der Existenz eines Wasserozeans auf Europa. Die notwendige Wärme wird durch die Gezeitenreibung mit Jupiter verursacht.

auf Kallisto auch einige sehr auffällige Kraterstrukturen, vergleichbar den Becken auf unserem Mond.
Das mächtigste Einschlagsbecken ist Valhalla, das mit seinen konzentrischen Ringen dem Mare Orientale auf unserem Erdtrabanten ähnelt, jedoch mit einer viel größeren Anzahl von Ringen. Der innere Teil dieser Oberflächenformation hat einen Durchmesser von 600 Kilometern, der äußerste Ring sogar 3000 Kilometer. Dieses gewaltige Gebilde ist durch Aufschmelzen und Stoßwellen nach dem Auftreffen eines Einschlagskörpers entstanden.

Saturn und seine Ringe: eine Schallplatte für einen Riesen?

Als einziger Planet zeigt sich Saturn schon in einem kleinen optischen Instrument nicht wie die anderen Planeten nur als Scheibe, sondern mit einem **freischwebenden Ring**. Dadurch galt er bis zu den Voyager-Flügen als „Ringplanet des Sonnensystems". Er war bis zur Entdeckung des Uranus die Grenze des Sonnensystems und ist auch der entfernteste Planet, der mit bloßem Auge gesehen werden kann.

Planet mit Henkeln

Für Galilei war Saturn ein großes Rätsel: Ihm erschien er wie eine Kugel mit zwei Henkeln. Seine Verwirrung wurde noch größer, als er feststellte, dass diese seltsamen Gebilde neben dem Saturn gelegentlich auch ganz

Die Saturnringe aus 1,5 Mio. km Entfernung von Voyager 1 aufgenommen. Deutlich sind die einzelnen, durch Lücken getrennten Ringsysteme zu erkennen, die größte Lücke – die Cassinische Teilung – und der Ringschatten auf der Planetenoberfläche.

verschwanden. Erst 1656 konnte der holländische Astronom *Christian Huygens* (1629–1695) das seltsame Aussehen des Saturn erklären.
Der um den zweitgrößten Planeten des Sonnensystems (120.000 km Durchmesser am Äquator) freischwebende Ring verläuft in der Äquatorebene und ist damit wie der Planet selbst um rund 27 Grad gegen die Bahnebene geneigt. Das führt nun während des knapp dreißigjährigen Sonnenumlaufs dazu, dass der irdische Beobachter den Saturnring aus verschiedenen Perspektiven sehen kann.
So kann er zweimal die so genannte „größte Ringöffnung" beobachten, bei der die Ringebene des Saturn am stärksten gegen die Sichtlinie Erde-Saturn geneigt ist, und zweimal die „Kantenstellung". Hier ist dann der Ring nur sehr schwer oder überhaupt nicht zu sehen. 1988 war ein Jahr mit größter Ringöffnung, da wir von der Erde aus auf die Nordseite des Saturn blickten, 1995 dagegen ein Jahr der Kantenstellung, worauf es 2003 wieder zur größten Ringöffnung kommt, und zwar auf der Südseite. Danach nimmt die Neigung der Ringebene gegen die Sichtlinie wieder ab.

Die Cassinische Teilung

Im Jahr 1675 entdeckte G. D. Cassini eine feine Trennungslinie auf dem Ring, die nach seinem Entdecker „Cassinische Teilung" benannt wurde. Ihre Breite beträgt rund 4450 Kilometer, was etwa dem Durchmesser unseres Mondes (3476 km) entspricht. Durch diese Lücke wird der äußere A-Ring vom mittleren B-Ring getrennt, an den sich nach innen der C-Ring anschließt, auch Flor- oder Kreppring genannt.
Noch weiter innen folgt der D-Ring, der angeblich 1969 auf fotografischem Wege gefunden, aber tatsächlich erst von den Voyager-Sonden entdeckt wurde. Er reicht bis fast an die äußersten Schichten der Saturnatmosphäre heran. Neben der Cassinischen Teilung wurden bereits von der Erde aus noch einige weitere Lücken aufgefunden, vor allem in dem A- und B-Ring. Die bekannteste ist die Enckesche Teilung, auch „Bleistiftlinie" genannt. Sie wurde 1837 von *Franz Johann Encke* (1791–1865) im Ring A entdeckt.

Eine kosmische Schallplatte

Für Sensationen sorgten Voyager 1 und 2. Ihre Bilder ließen die Vielgestaltigkeit und Komplexität des Ringsystems erst richtig deutlich werden. So wuchs die Zahl der Ringsegmente bis auf 10.000 an. Die Bildauswerteteams sprachen deshalb von einer überdimensionalen kosmischen Schallplatte, die der zweitgrößte Planet unseres Sonnensystems besitzt. Eine der erstaunlichsten Entdeckungen waren die so genannten Speichen im B-Ring. Die Ursache dieses seltsamen Phänomens ist noch nicht endgültig geklärt.

Keine Scheibe für den Ringplaneten

Selbst wenn der Saturnring im Fernrohr wie eine gigantische Scheibe aussieht oder auf den Voyager-Bildern einer überdimensionalen kosmischen Schallplatte ähnelt: Eine undurchsichtige starre Scheibe, die von geheimnisvollen Kräften an den Planeten gebunden wird, ist der Ring nicht. Es

handelt sich auch nicht um viele kleine, eng zusammenstehende Monde, die den Saturn auf verschiedenen Bahnen umkreisen oder gar um eine flüssige Substanz. Diese Spekulationen konnten mathematisch widerlegt werden.
Spektroskopische und fotometrische Untersuchungen von der Erde aus sowie Untersuchungen mit Infrarotmessungen und Radar zeigten, dass die Saturnringe aus vielen Milliarden kleiner Eis- und Staubpartikel zwischen 0,1 und 10 Metern Durchmesser bestehen. Sie bewegen sich fast in einer Ebene um den Planeten, wobei sie sich gegenseitig stark abschatten. Wahrscheinlich ist Saturn von einem Haufen Schneeflocken, Hagelkörnern, Schneebällen und Eisbergen umringt.

Saturn – zweitgrößter Planet, aber leichter als Wasser

Mit einem Äquatordurchmesser von 120.000 Kilometern ist Saturn der zweitgrößte Planet im Sonnensystem. In 29,5 Jahren umrundet er einmal die Sonne in einer mittleren Entfernung von 1526 Millionen Kilometern. Seine Masse ist rund 95-mal größer als die der Erde, und in seinem Innern hätten 900 Erdkugeln Platz. Dagegen ist seine mittlere Dichte von 0,71 g/cm^3 die geringste im gesamten Planetensystem und sogar noch geringer als die von Wasser. Ähnlich wie Jupiter benötigt Saturn für eine Rotationsperiode nur zehn Stunden.
Wie bei Jupiter besteht die Saturnatmosphäre hauptsächlich aus Wasserstoff (95 %), Helium (3 %) und Methan (0,4 %). Unter den Wolken liegt eine Zone flüssigen Wasserstoffs. Er tritt erst in molekularem Zustand auf und geht dann in die metallische Form über, diese Region liegt in 30.000 Kilometern Tiefe. Das Zentrum ist ein aus Eis und Stein aufgebauter Kern von 32.000 Kilometern Durchmesser.

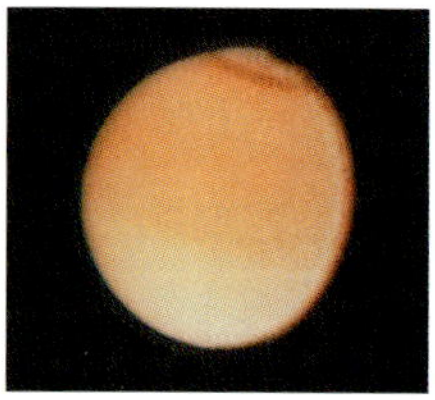

Die dichte Titanatmosphäre verwehrte bisher jeglichen Blick auf die Oberfläche dieses Saturnmondes. Auch das Weltraumteleskop Hubble (Bild unten) konnte nur grobe Details erkennen. Durch die Cassini- und Huygens-Mission erwarten die Forscher einen gewaltigen Sprung in der Erforschung Titans.

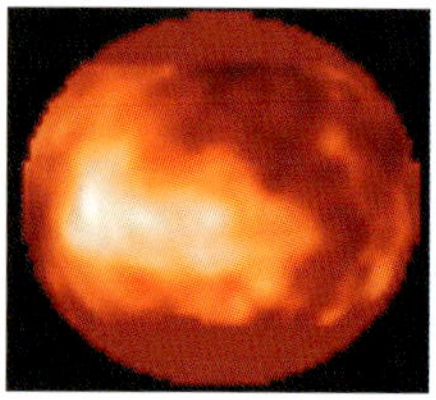

Ein Schleier um Titan?

Saturn ist wie Jupiter von einer ganzen Satellitenfamilie umgeben, deren Mitgliederzahl nach den Raumsondenmissionen ebenfalls sprunghaft gestiegen ist. Der größte, aber auch der geheimnisvollste Mond ist **Titan.** Schon in einem Teleskop kann er beobachtet werden. Mit 5150 Kilometern Durchmesser übertrifft er noch den des Planeten Merkur. Schon 1944 wies der amerikanische Astronom Gerard Peter Kuiper nach, dass Titan von einer Atmosphäre umgeben ist. Nach heutigen Informationen besteht sie zu 82 bis 99 Prozent aus Stickstoff und geringen Mengen Methan. Die Voyager-Fotos zeigen einen orangefarbenen Dunstschleier, eine Art Smog, der den Mond umgibt und damit die Erforschung der Oberfläche verhindert. Darüber – so die Bilder – liegen noch drei weitere Dunstschichten in 150, 300 und 500 Kilometern Höhe.
Für die Verhältnisse unter dieser Gashülle entwerfen die Experten ein recht bizarres Szenario. So könnte es Klippen aus Methaneis geben, Seen und Meere aus Methan sowie Wolken, aus denen ein permanenter Regen aus organischen Verbindungen niedergeht. Einige Wissenschaftler vermuten,

dass die Titan-Oberfläche mit einem mindestens 350 Meter tiefen Methan-Ozean bedeckt ist.

Die anderen großen Monde

In Richtung zum Saturn hin gesehen heißen seine Monde: Phoebe, Japetus, Hyperion, Titan, Rhea, Dione, Tethys, Enceladus und Mimas. Bilder und Daten der Sonden zeigen, dass diese Monde – deren Durchmesser zwischen 30 und 1500 Kilometern liegen – mit Ausnahme von Titan erheblich kleiner sind als unser Mond oder die Jupitertrabanten. Wegen der geringen Temperaturen bestehen sie vorwiegend aus Eis, das allerdings bei den geringen Temperaturen dort hart wie Stahl ist. Wie bei unserem Mond ist eine Seite der Monde immer dem Saturn zugewandt.

Mini-Monde

Kannten die Astronomen vor den Raumsondenflügen nur neun Saturnmonde, wuchs danach ihre Zahl auf 23 an, und heute beträgt die vorläufige Gesamtzahl 30, wobei 13 anders als die neu entdeckten Jupitermonde noch keine Namen, sondern nur noch Buchstaben- und Zahlenkombinationen erhalten haben. Die neu hinzugekommenen Mini-Monde stehen zumeist mit den großen Körpern und besonders den zahlreichen Ringsegmenten in lebhafter Wechselwirkung. Sie umkreisen den Planeten auf relativ engen Bahnen und sind sehr hell, das heißt, sie bestehen wahrscheinlich vorwiegend aus Eis.

Weshalb rollt Uranus auf seiner Bahn?

Als siebter Planet unseres Sonnensystems zählt Uranus zu den „neuen“ Welten. Mit bloßem Auge ist das grünlich-bläuliche Gestirn kaum zu erkennen, und so war dieser Planet im Altertum und im Mittelalter den Astronomen unbekannt. Erst nach der Erfindung des Fernrohrs wurde er am 13. März 1781 von dem Musiker und Amateurastronomen Friedrich Wilhelm Herschel entdeckt. Damit verdoppelte sich die Größe des Sonnensystems, denn Uranus kreist in einer mittleren Entfernung von 2884 Millionen Kilometern um unser Zentralgestirn. Nach Jupiter und Saturn ist Uranus mit einem Äquatordurchmesser von 51.118 Kilometern der drittgrößte Planet. Seine Umlaufzeit beträgt 85 Jahre.
Das Seltsame ist jedoch die Neigung seiner Rotationsachse gegen die Bahnebene. Sie beträgt 98 Grad, so dass Uranus praktisch auf seiner Bahn liegt und fast wie ein Rad um die Sonne läuft. Dieser Zustand ist in unserem Sonnensystem einzigartig, und für einen Beobachter auf der Erde ergeben sich deshalb zahlreiche seltsame Konstellationen. So weisen innerhalb eines 84 Jahre dauernden Umlaufs die Pole und der Äquator des Planeten jeweils 21 Jahre auf die Sonne. Wenn auf der Nordhalbkugel Sommer herrscht, bekommt diese Gegend mehr Sonne als der Äquator und das Südpolargebiet liegt im Dunkel; danach vollzieht sich der ganze Zyklus in umgekehrter Reihenfolge.

Weshalb zeigt die Uranusatmosphäre keine Merkmale?

Im Gegensatz zu Jupiter und Saturn zeigen die **Uranusaufnahmen** von Voyager keine deutlichen Merkmale wie Streifen oder Flecken. Der Planet erscheint als monotone, blau-grüne Kugel. Ähnlich wie die anderen großen Planeten ist Uranus von einer mächtigen Atmosphäre umgeben. Spektroskopische Beobachtungen ergaben eine Zusammensetzung aus über 80 Prozent Wasserstoff, gefolgt von Helium, Ammoniak und Methan. Die Uranusatmosphäre ähnelt sehr stark der des Jupiter, allerdings ist der Methananteil größer.

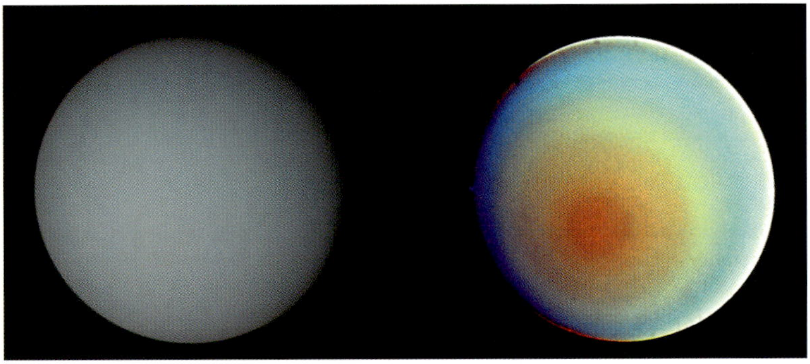

Im Gegensatz zu den anderen Riesenplaneten lässt die Oberfläche bzw. Atmosphäre des Uranus keinerlei Strukturen erkennen, weshalb sie hier auch in Falschfarben dargestellt wurde.

Die niedrigen Temperaturen an der Obergrenze der Uranusatmosphäre lassen das Methan zu einer dichten Wolkendecke ausfrieren, und die Einwirkung ultravioletter Sonneneinstrahlung führt zur Bildung von Dunstteilchen. Durch diese Mischung erhält der Planet sein gleichförmiges Aussehen. Außerdem absorbiert Methan den roten Anteil des Sonnenlichts und verleiht so dem Planeten seine blau-grüne Farbe. Auf farbverstärkten Aufnahmen ist ein dicker, smogartiger Dunst zu erkennen, der den sonnenbeschienenen Südpol bedeckt. Seine rötliche Farbe wird durch die Methanmoleküle hervorgerufen, die vom Sonnenlicht gespalten werden. Erst in tieferen Schichten bilden sich nur schwer erkennbare Ammoniak-Wasserwolken.

Wie kam es zur Entdeckung der Uranusringe?

Aus Sicht der Astronomen ist die Erforschung des Uranus von einigen glücklichen Zufällen geprägt. Der erste war die Entdeckung durch Friedrich Wilhelm Herschel, der zweite der Vorübergang des Planeten an einem schwachen Stern am 10. März 1977. Da der genaue Zeitpunkt des Ereignisses nicht bekannt war, hatten die Astronomen bereits einige Zeit vorher

ihre Instrumente auf Uranus gerichtet. Kurze Zeit nach Beobachtungsbeginn wurde das Licht des Sterns etwas abgeschwächt und erreichte nach einem Augenblick wieder seine ursprüngliche Helligkeit. Anfangs schrieben die Wissenschaftler dieses Phänomen einer vorbeigezogenen Wolke oder einem Positionierungsfehler des Teleskops zu. Doch dann wiederholten sich diese kurzzeitigen Verdunkelungen noch einige Male, bis der Stern total hinter dem Planeten verschwand. Als er wieder auftauchte, erlebten die Beobachter den Vorgang erneut.
Die einzig logische Erklärung für diese symmetrische Verdunkelung des Sterns war die Annahme, dass der Planet von einer Reihe von etwa neun Ringen umgeben sein musste. Als Voyager 2 Uranus passierte, wurden alle **neun Ringe** bestätigt und noch mindestens zwei weitere gefunden.

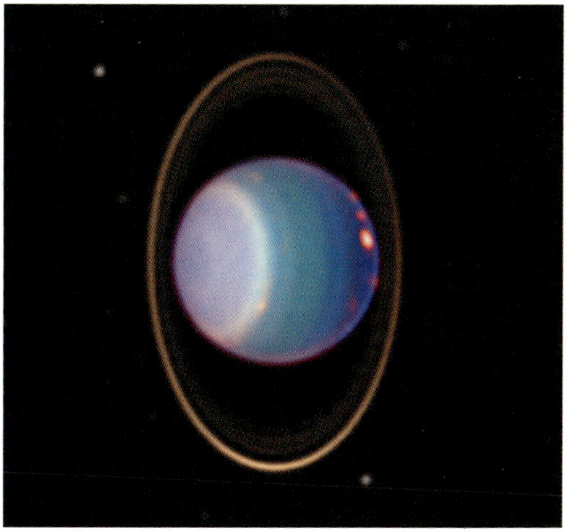

Die Uranusringe sind knapp 10.000 km breit und mit 10 km Dicke sehr dünn. Außerdem sind sie nicht kreisförmig und symmetrisch, sondern ellipsenförmig und an einigen Stellen etwas dicker.

Monde, Minimonde, Moonlets

Noch vor der Entdeckung der in einem Ringsystem vereinigten „Mikromonde“ kannte man durch Beobachtungen von der Erde aus bereits fünf große Monde: Miranda, Ariel, Umbriel, Titania und Oberon. Sie sind von der gleichen Größenordnung (471–1577 km Durchmesser) wie die Saturnmonde, besitzen allerdings eine größere Dichte, was auf einen höheren Gesteinsanteil hinweist.
Neben diesen „regulären“ Monden entdeckte Voyager 2 eine ganze Schar kleiner Monde und „Moonlets“, von denen heute 10 bekannt sind. Neun bewegen sich auf kreisförmigen Bahnen zwischen dem äußeren Rand des Ringsystems und dem innersten großen Mond Miranda, während ein zehnter sich im Ringsystem befindet. Die Durchmesser der kleinen Uranusmonde liegen zwischen 40 und 170 Kilometer, und im Gegensatz zu den kleinen, hellen Saturnmonden sind sie sehr dunkel. Wie beim Saturn fungieren einige als „Schäferhundmonde“, unterstützen also mit ihrer Anwesenheit die langfristige Stabilität des Ringsystems. Die Zahl aller bisher entdeckten und mit Namen versehenen Uranusmonde liegt bei 21.

Weshalb verdankt Neptun seine Entdeckung der Rechenkunst?

Schon bald nach der Entdeckung des Uranus stellten die Astronomen bei Positionsberechnungen fest, dass die tatsächliche Bahn dieses Planeten allmählich vom berechneten Weg abwich. Durch diese Tatsache kamen einige Forscher zu dem Schluss, dass ein anderer, bisher nicht entdeckter Planet für die Störungen verantwortlich sein könnte.

Adams hatte mehrere Male bei Challis wegen seiner Berechnung der Neptunposition vorgesprochen: Entweder war der Königliche Astronom nicht zu Hause oder er saß beim Abendbrot und Adams wurde nicht vorgelassen. Airy dagegen tat Adams Prognose als Unsinn ab, denn Adams hatte als Neuling keinerlei Reputation und war viel zu jung, um ernst genommen zu werden. Außerdem war es Airys Meinung nach unmöglich, Planeten vom Schreibtisch aus zu entdecken.

Auch wenn Neptun von der Farbe her eher Uranus gleicht, ähnelt er von den Oberflächenmerkmalen her Jupiter. Wie der größte Planet zeigt Neptuns Atmosphäre helle und dunkle Streifen und einen großen, allerdings dunklen Fleck: den GDF. Daneben gibt es noch einen bläulich-weißen, der Scooter getauft wurde.

Zwei Astronomen versuchten nun unabhängig voneinander, die Umlaufbahn und aktuelle Position des vermuteten achten Planeten aus den Bahnabweichungen des Uranus zu berechnen: der erst 22 Jahre alte Engländer John Couch Adams und der Franzose Urbain Jean Joseph Leverrier. Als Adams vier Jahre später seine Berechnungen mit den genauen Positionsangaben des vermuteten Planeten den englischen „Royal Astronomers“ *James Challis* und *Sir George Biddell Airy* übergab, beachteten sie diese nicht weiter und machten auch keine Anstalten, Adams Voraussagen zu überprüfen.

Anders dagegen Leverrier: Zwar konnte auch er seine Landsleute nicht davon überzeugen, nach dem noch verborgenen Planeten zu suchen, aber er schrieb an Johann Gottfried Galle in Berlin. Die Berliner Sternwarte verfügte zu dieser Zeit über die genauesten Sternkarten, und so machte sich Galle, nachdem er den Brief am 23. September 1846 erhalten hatte, noch am selben Abend mit einem Assistenten auf die Suche nach dem vermuteten Planeten. Prompt fand er ihn in nur einem Bogengrad Abstand von der vorausgesagten Position. Der neue Planet erhielt den Namen **Neptun**.

Für die Menschen der damaligen Zeit war die Entdeckung des Planeten Neptun durch die scharfsinnige Anwendung der Keplerschen Planetengesetze und des Newtonschen Gravitationsgesetzes (s. Seite 15) sowie einigen Himmelsbeobachtungen nicht nur ein Triumph der Himmelsmechanik, sondern der Naturwissenschaften an sich.

Dieser Erfolg basierte auf zwei glücklichen Umständen: Zum einen gab es zahlreiche ältere Positionsbestimmungen von Uranus, und zum anderen stand Uranus damals nicht allzu weit von Neptun entfernt, so dass sich dessen störende Gravitationskräfte besonders stark bemerkbar machten.

Übrigens: Adams kam doch noch zu Entdeckerehren. Er wird heute zusammen mit Leverrier genannt.

Stickstoffvulkane auf Triton?

Vor dem Vorbeiflug der Voyager-Sonde waren nur zwei Neptunmonde mit sehr unterschiedlicher Größe und Bahn bekannt: Triton und Nereide. Triton (2700 km Durchmesser) wurde bereits drei Wochen nach der Entdeckung des Neptun von dem englischen Astronomen *William Lassell* gefun-

Neptun – neben der Erde der zweite blaue Planet?

Neptun kreist in einem Abstand von 4497 Millionen Kilometern um die Sonne und benötigt für einen Umlauf 165 Jahre. Sein Äquatordurchmesser beträgt 49.528 Kilometer. Als Voyager 2 am 25. August 1989 in nur 4905 Kilometern am Neptun vorbeiflog, fotografierte er einen Planeten, der fast rein blau leuchtet und Phänomene wie die Jupiteratmosphäre zeigt. So gibt es helle und dunkle, streifenförmige Wolkenkomplexe und einen Großen Dunklen Fleck. Er ist im Verhältnis zu Neptun genauso groß wie der Große Rote Fleck auf Jupiter und hat ähnliche Ursachen. Weiterhin zeigen die Bilder einen direkt daneben liegenden hellen Fleck, einen dunklen Fleck mit einem weißen Zentrum sowie ein bläulich-weißes Gebilde, das Scooter getauft wurde.
Stürmische Winde rasen mit Spitzengeschwindigkeiten von über 600 Metern pro Sekunde durch die Atmosphäre. Sie setzt sich aus Wasserstoff, Methan und Helium zusammen, wobei Methan das rote Licht absorbiert und Neptun sein blaues Aussehen verleiht.

den, Nereide (340 km) erst 1949. Darüber hinaus entdeckten die Voyager-Kameras sechs weitere Monde. Sie lassen sich von der Erde aus nicht beobachten, weil sie von Neptun überstrahlt werden. Der größte von ihnen, Proteus, ist mit 400 Kilometern Durchmesser sogar noch größer als Nereide. Alle neun Trabanten sind dunkle, unregelmäßig geformte Körper mit stark geneigten Bahnen. Sie sind wahrscheinlich nicht zusammen mit dem Planeten entstanden, sondern später von ihm eingefangen worden.

Triton: kältester Punkt im Sonnensystem

Tritons Oberfläche ist gefroren und liegt unter einer dünnen Atmosphäre aus Stickstoff und Methan. Der Druck an der Oberfläche beträgt nur 15 Mikrobar, was 1/150.000 des irdischen Drucks entspricht. Die Oberflächentemperatur liegt bei –235 Grad Celsius, womit dieser Mond der kälteste im Sonnensystem bekannte Körper ist.
Tritons Oberfläche ist durch zahlreiche Eisvulkane bedeckt. Der Mond besitzt zwei sehr unterschiedliche Hemisphären: Die nördliche dunklere schimmert bläulich, ist relativ glatt und wird nur von wenigen Rillen oder Hügeln geprägt. Der Blauschimmer entsteht wahrscheinlich wie die Färbung eines Gletschers auf der Erde. Dagegen hat die hellere südliche, leicht rosafarbene Halbkugel ein viel ausgeprägteres Relief, das von einer dünnen Schicht aus Methanschnee überzogen ist. Das lachs- und pfirsichfarbene Aussehen ist wahrscheinlich auf organische Verbindungen zurückzuführen, die durch die kosmische Strahlung allmählich gefärbt wurden.

Tritons Oberfläche, 1986 von Voyager 2 aufgenommen, weist zahlreiche dunkle strichartige Strukturen auf, die an Abgasfahnen erinnern. Sie stammen von den Stickstoffgeysiren und sind in der dünnen Atmosphäre entlang der vorherrschenden Windrichtung ausgerichtet.

Eisvulkane auf Triton

In der Nähe der sonnenbeschienenen südlichen Polkappe entdeckten die Voyager-Kameras vier **aktive Fontänen**, die an irdische Geysire erinnern. Das Material – Stickstoff – wird in Säulen von wenigen Kilometern Durchmesser bis in eine Höhe von acht Kilometern geschleudert, wo es durch schwache Winde bis 100 Kilometer weit in nordöstlicher Richtung verteilt wird, bevor es wieder in kristalliner Form zu Boden „schneit“.

Weshalb sind die Riesenplaneten Ringplaneten?

Wie Uranus ist auch Neptun von Ringen umgeben, die ebenfalls durch Sternbedeckungen von der Erde aus entdeckt und von Voyager 2 genauer untersucht wurden. Neptun besitzt zwei sehr dünne Ringe und einen inneren, sehr breiten Hauptring, der sich möglicherweise bis zur Oberkante der Neptun-Atmosphäre erstreckt. Ähnlich wie die Uranusringe sind auch die Neptunringe schwarz wie Ruß – weil sie wahrscheinlich Methaneis enthalten, das sich durch Strahlung in eine teerartige Beschichtung aus Kohlenwasserstoffen umgewandelt hat.

Kannten die Wissenschaftler vor den Voyager-Flügen nur die Ringe des Saturn, so werden Ringe heute als gemeinsames Merkmal aller großen Planeten angesehen. Bis heute gibt es jedoch keine befriedigende Erklärung für dieses Charakteristikum, und so kann man zwischen drei Möglichkeiten wählen:

- Die Gezeitenkräfte des Planeten haben einen Mond zerrissen, und die Ringteilchen sind damit die Überreste dieses Trabanten.
- Ein eingefangener Körper, zum Beispiel ein Komet, zerbrach.
- Die Ringteilchen sind schon bei der Bildung des entsprechenden Planeten vorhanden gewesen.

Ein wichtiger Hinweis ist die Tatsache, dass sich im Bereich der Ringe keine großen Monde aufhalten. Die Gezeitenkräfte der Planeten verhindern in einem bestimmten Bereich das Entstehen größerer Satelliten. Die äußere Grenze dieser Zone wird „Rochesche Grenze" genannt und ist für jeden Planeten verschieden weit entfernt.

Sowohl die Saturnringe als auch die von Jupiter, Uranus und Neptun liegen innerhalb der jeweiligen Roche-Grenze, bei deren Überschreiten größere Körper durch die Gezeitenkraft zerrissen werden, während kleinere unversehrt bleiben. Somit könnten die Planetenringe möglicherweise Überreste eines oder mehrerer Monde sein, die in den Roche-Bereich hineingerieten und sich durch Kollision verkleinerten.

Ein Ringsystem könnte in Zukunft aber auch „Schmuck" der Erde werden. Irgendwann in Millionen Jahren wird das Abwandern des Mondes zum Stillstand kommen. Beide Himmelskörper werden sich dann entweder dieselbe Seite zuwenden und in dieser Stellung verharren, oder die Erde wird ihren Trabanten wieder heranziehen. Doch er wird dann nicht so enden, wie er geboren wurde, also durch einen Impakt. Vielmehr wird der mond beim Überschreiten der Rocheschen Grenze durch die Gezeitenkräfte zerrissen werden und sich als Ring um den blauen Planeten verteilen.

Auch Jupiter besitzt einen bzw. mehrere Ringe, die allerdings von der Erde aus nicht zu sehen sind.

*Kometen, Meteoroide und Planetoiden

In dem Kult-Comic „Asterix" leben die Gallier in der permanenten Furcht, dass ihnen der Himmel auf den Kopf fallen könnte. So ganz unbegründet war diese Furcht sicher nicht, denn es gibt durchaus am Himmel Erscheinungen, die die Menschen des Altertums fürchten ließen, das Firmament sei doch nicht so fest, wie es der Name Glauben machen will. Wenn beispielsweise ein Komet mit seinem Schweif auftaucht und drohend zur Erde zu zeigen scheint oder Meteoriten, nachdem sie als feurige Kugel am Himmel ihre Bahn gezogen haben, donnernd und zischend zur Erde fallen. Das waren außergewöhnliche Phänomene, die sich nicht in die Welt der ruhig

Kometen galten zu allen Zeiten als faszinierende, aber auch Furcht einflößende Erscheinungen.

dahinziehenden Wandelsterne Sonne, Mond und Planeten einordnen ließen. Sie störten die Harmonie der Sphären und Welten.
Kometen und Sternschnuppen (Meteore) gaben deshalb manchen Stoff für Aberglauben und Märchen. Sie galten zumeist als Unglücksbringer, und dieser Glaube ist erst in den 1980er Jahren gewichen, als die Raumsonde Giotto den Halleyschen Kometen aus der Nähe fotografierte. Als dann 1997 der Komet Hale-Bopp überraschend am Himmel erschien und trotz der Lichtverschmutzung über unseren Ballungszentren einen faszinierenden Anblick bot, kannte die Begeisterung keine Grenzen.
Allerdings, ganz ist die Kometen-Meteoriten-Furcht doch nicht verschwunden, und das lässt sich sogar wissenschaftlich begründen: Kometen und Planetoiden haben nämlich in der Frühzeit des Planetensystems auf allen Welten eingeschlagen und tun es auch heute noch. Dabei können sie durchaus Leben vernichten. Das war möglicherweise ind der Erdgeschichte auch der Fall. Der spektakuläre Einschlag des Kometen Shoemaker-Levy 9 auf dem Jupiter 1994 war eine imposante Demonstration dieser gar nicht so unwahrscheinlichen Gefahr aus dem All.

Was ist ein Komet?

Kometen gehören zu den eindrucksvollsten und faszinierendsten Objekten, die am Himmel erscheinen. Jahrhundertelang galten die Kometen als rätselhafte Himmelskörper. Sie tauchten plötzlich am Firmament auf, änderten ihr Aussehen und bewegten sich völlig unvorhersehbar.
Leider macht es der licht- und staubverschmutzte Nachthimmel unserer Großstädte dem Naturfreund immer schwerer, einen solchen Schweifstern aufzufinden. Denn der Schweif ist das charakteristische Merkmal eines Kometen und erinnert den Betrachter an wehendes Haar, was diesen Himmelskörpern ihren Namen gab: „Aster kometes“. Er kommt aus dem Griechischen und bedeutet soviel wie „Haarstern“. Von der Form her ähnelten für unsere Vorfahren Kometen nämlich dem offenen Haar einer Frau, die sich als Zeichen der Trauer um ihre Frisur nicht mehr kümmerte und sie vom Wind zerzausen ließ.
Der eigentliche Komet ist jedoch ein unförmiger, nur einige Zehn Kilometer durchmessender Klumpen, der aus Eis- und Staubteilchen besteht. Deshalb wird der **Kern des Kometen** oft als „schmutziger Schneeball“ bezeichnet. Schätzungsweise kreisen rund 100 Milliarden Kometenkerne in einer gewaltigen Wolke um unser Sonnensystem. Einige begeben sich dann durch bestimmte äußere Einflüsse auf die Wanderung durch dessen innere Bereiche.

Dank der ESA-Raumsonde Giotto gelang es, erstmals einen Kometenkern – hier den des Halleyschen Kometen – zu fotografieren. Er hat die Form einer Walnuss oder Kartoffel und ist dunkel wie ein Kohlebrikett. Deutlich sind die Materiejets zu erkennen.

Die Entstehung des Kometenschweifs

Nähert sich ein Komet der Sonne, so verdampft ein Teil der Eispartikel des Kometenkerns unter der Einwirkung der Sonnenstrahlung und bildet eine Gashülle: die Koma des Kometen. Sie hat einen Durchmesser von 50.000 bis 1.000.000 Kilometern und besteht aus Kohlenmonoxid, Hydroxyl (eine Wasserstoff-Sauerstoff-Verbindung) sowie Kohlenstoff-, Sauerstoff- und Stickstoffmolekülen. Die Gasdichte ist etwa die eines gerade noch auf der Erde technisch herstellbaren Hochvakuums; Kern und Koma bilden den Kopf des Kometen.
Durch den Sonnenwind werden Gasteilchen aus der Koma weggerissen und formen den Kometenschweif. Er ist immer von der Sonne weg gerichtet, was deutlich den Einfluss unseres Zentralsterns zeigt. Daneben werden Staubteilchen abgeblasen. Sie bewegen sich im Gegensatz zu den Gasteilchen etwas langsamer und formen einen schwächeren, meist gekrümmten „Staubschweif".
Manchmal kann es auch zur Ausbildung von Gegenschweifen kommen. Sie werden ebenfalls durch abströmende Staubteilchen hervorgerufen, und zwar dann, wenn wir von der Erde aus gerade auf die Kante der stauberfüllten Kometenbahnebene blicken. Die Schweife erstrecken sich einige Millionen Kilometer in den Raum hinaus, in manchen Fällen sogar bis über 100 Millionen Kilometer. Zum Beispiel erreichten die Schweife der Kometen von 1680 und 1843 Längen von 300 Millionen Kilometern.

Sind Kometen Unglücksbringer?

Es ist eine altbekannte Tatsache: Was sich der Mensch nicht rational erklären kann, ersetzt er schnell durch Fantasie, und im Falle der Kometen war das nicht anders. Ihre Schweife wurden früher als Schwerter, Dolche, Säbel oder „Zuchtruten Gottes" gesehen, der Kometenkopf für ein abgeschlagenes Haupt gehalten. Nun galt es nur noch, beim Auftauchen eines Kometen auf ganz besonders schreckliche Ereignisse zu achten, um sie dann mit diesen Himmelskörpern in Verbindung zu bringen. Solche „Zusammenhänge" galten als „Beweis" für die Rolle der Kometen als Unglücksboten.

Kometen als scheinbare Unglücksboten

Beispielsweise wurde der Komet des Jahres 44 v. Chr. als Vorbote der Ermordung Cäsars angesehen und der Komet des Jahres 837 n. Chr. als Ankündigung des Todes von Ludwig dem Frommen drei Jahre später gedeutet. Ferner sollten durch Kometen Kriege, Epidemien und sonstige Naturkatastrophen angekündigt werden.
So soll der Komet des Jahres 66 n. Chr. die Zerstörung Jerusalems durch die Römer im Jahre 70 n. Chr. prophezeit haben, während der Komet des Jahres 1066 dem englischen König Harold die Eroberung seines Reiches durch die Nor-

Wie groß die Furcht der Menschen früher vor (dem Halleyschen) Kometen war, zeigt folgendes Gebet aus jener Zeit, als Europa unter dem Ansturm der Wikinger erbebte: Es lautete: „Herr bewahre uns vor den Normannen und vor dem großen Kometen!"

Auf dem Wandteppich von Bayeux deuten die Gefolgsleute König Harolds kurz vor der Schlacht bei Hastings auf den am Himmel erschienenen Halleyschen Kometen.

mannen im Herbst des gleichen Jahres voraussagte. Auf dem berühmten **Wandteppich** in der Kathedrale von Bayeux ist dieses Ereignis der Nachwelt eindrucksvoll überliefert worden.
Als Europa im 15. Jahrhundert unter einem erneuten Völkeransturm erbebte und die Türken 1456 Konstantinopel eroberten, erschien ebenfalls wieder ein großer heller Komet als „Unglücksbote" am Himmel.

Kometenfurcht in unserer Zeit

Bis in unsere Zeit hinein wirkte die Kometenfurcht nach. Als 1910 der Komet Halley wieder einmal auftauchte und die Astronomen berechnet hatten, dass die Erde durch den Schweif des Kometen gehen würde, sahen manche Zeitgenossen das Ende der Welt und der Menschheit gekommen. Aber als der Kometenschweif an der Erde vorbeizog, ließ sich kein Einfluss auf Menschen oder Tiere feststellen – außer auf die Honorare der Karikaturisten (sie hatten sich in zahlreichen Bildern über die Kometenfurcht ihrer Mitmenschen lustig gemacht) und die Einnahmen der Wahrsager. Beide Gruppen hatten überdurchschnittlich gut verdient.

Kometen – Vagabunden des Sonnensystems?

Ein Komet, der mit bloßem Auge sichtbar ist, erscheint im Durchschnitt etwa alle zehn Jahre am Himmel. Gerade dieses plötzliche Auftauchen und ebenso plötzliche Verschwinden der Kometen stellte für die Menschen Jahrhunderte lang das größte Rätsel dar. Deshalb war es auch nicht weiter verwunderlich, dass die Menschen von der Antike bis zum Mittelalter glaubten, Kometen seien feurige Gasausdünstungen der Atmosphäre oder brennende Wolken.
Erst der dänische Astronom Tycho Brahe (s. Seite 13) widerlegte diese Hypothese. Als im November 1577 ein heller Komet am Himmel erschien und für mehrere Monate sichtbar blieb, versuchten Brahe und sein Kollege in Prag, die Position des Schweifsternes zu bestimmen. Beide sahen den Kometen an derselben Stelle des Himmels, während jedoch die Stellungen des Mondes voneinander abwichen. Brahe zog daraus den Schluss, dass der Komet nicht nur kein Bestandteil der Erdatmosphäre war, sondern in noch größerer Entfernung stand als der Mond.

Hyperbel, Parabel, Ellipse

Mit dieser Entdeckung war jedoch noch nicht das überraschende Auftauchen und Verschwinden der Kometen erklärt. Eine Antwort auf diese Frage zu finden, gebührt den beiden Astronomen Kepler und Newton (s. Seite 14). Kepler hatte durch Weiterführung der Beobachtungen Tycho Brahes (besonders der Bahn des Planeten Mars) die drei Gesetze der Planetenbewegung gefunden (s. Seite 14) und Newton fügte das allgemeine Gravitationsgesetz hinzu (s. Kasten Seite 15).

Kometen – so die Schlussfolgerung aus Newtons Erkenntnissen – können auf drei verschiedenen Bahnen durch unser Sonnensystem wandern: auf einer Hyperbel-, Parabel- oder Ellipsenbahn. Nur die Ellipsenbahn garantiert eine Wiederkehr des Kometen, Hyperbel- und Parabelbahnen katapultieren den Kometenkern auf Nimmerwiedersehen aus dem Sonnensystem heraus. Für rund 700 Kometen konnten bisher die zugehörigen Bahnen berechnet werden.

Langperiodische und kurzperiodische Kometen

Kometen sind meistens dann zu beobachten, wenn sie in den innersten Bereich unseres Planetensystems vordringen, also in den Raum innerhalb der Jupiterbahn. Von den vielen Kometen, die nach einer Milliarde Jahre dauernden Reise zum ersten Mal im Sonnenlicht aufleuchten, werden einige durch das Gravitationsfeld der großen Planeten auf neue Bahnen gelenkt oder sie werden aus dem Sonnensystem hinauskatapultiert. Diejenigen, die auf ihren Ellipsenbahnen verbleiben, werden so weit abgebremst, dass sie das innere Planetensystem nicht mehr verlassen und die Sonne umrunden. Sie umlaufen die Sonne dann in kürzerer Zeit als zuvor. Je nach Dauer ihrer Wiederkehr (ihres sonnennächsten Punktes oder „Periheldurchgangs") unterscheidet man zwischen langperiodischen und kurzperiodischen Kometen.

Die meisten Kometen (84 %) haben Umlaufzeiten von mehr als 200 Jahren und werden zu den langperiodischen Kometen gerechnet. Sie gelangen aus allen möglichen Richtungen ins innere Planetensystem und können im wahrsten Sinne des Wortes als „Weltraumvagabunden" bezeichnet werden. Dagegen liegt die Umlaufszeit der **kurzperiodischen Kometen** – zu denen mit 76 Jahren auch der Halleysche Komet gehört – unter 200 Jahren.

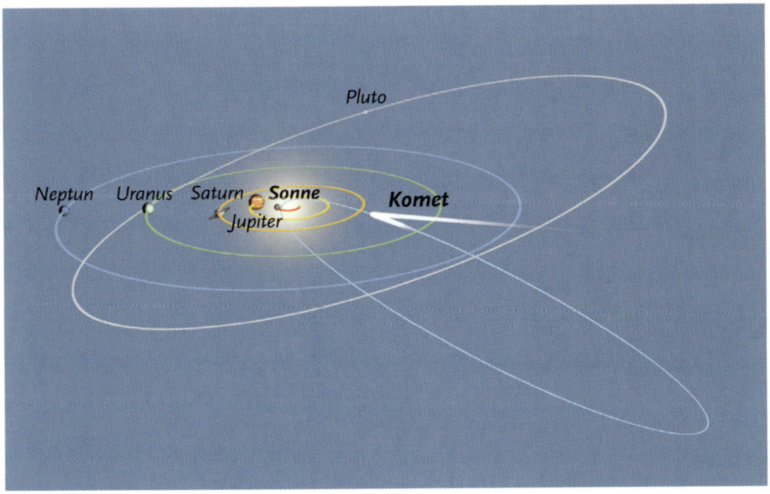

Die Bahnen der meisten Kometen sind langgestreckte Ellipsen. Dadurch kommen Kometen der Sonne immer nur für wenige Monate nah genug, um am Himmel aufzufallen.

Wie sieht es auf der Oberfläche eines Kometen aus?

Geheimnisvoll wie die ganze Kometenerscheinung selbst war jahrelang das Aussehen des Kernes, denn die ihn umgebende Wolke aus Staub und Molekülen, die Koma, hüllt den Kometenkern vollständig ein und versperrt irdischen Beobachtern den Blick auf diesen zentralen Körper. Im Fernrohr erscheint er nur als sternartiges Lichtpünktchen. So konnte bis zum Giotto-Vorbeiflug 1986 über das Aussehen und die Oberflächenverhältnisse eines Kometen nur spekuliert werden.

Von der Sandbank zum schmutzigen Schneeball

Die Astronomen entdeckten im Laufe der Zeit, dass dort, wo sich Kometen befinden, auch Meteore auftauchen. Zwischen beiden musste demnach ein Zusammenhang bestehen. Ende des 19. Jahrhunderts kam deshalb die Idee auf, das Zentrum eines Kometen bestünde aus Sand oder Schotter, sei also nichts anderes als eine durchs All fliegende Sandbank. Dieses Modell hielt sich jahrzehntelang und wurde immer mehr ausgebaut. Es hatte allerdings einen entscheidenden Nachteil: Das für die Bildung von Koma und Schweif benötigte freizusetzende Material hätte nur für eine Woche ausgereicht. Kometen wie Halley wären danach schon vor Jahrhunderten immer schwächer und schließlich unsichtbar geworden.

Deshalb schlug der amerikanische Astronom *Fred Whipple* 1950 das Modell vom „schmutzigen Schneeball" vor. Danach ist der Kern eine Zusammenballung aus Eis oder Schnee mit eingelagerten Staubpartikeln. Nähert sich nun der Komet der Sonne, sublimiert das Eis des Kernes: Es geht vom festen Zustand direkt in den gasförmigen über und bildet auf diese Weise Koma und Schweif. Dabei sublimiert allerdings nur das Material von den Oberflächenschichten des Kometen; der Rest bleibt erhalten und isoliert den Hauptteil des Kernes, so dass er Hunderte oder Tausende von Erscheinungen überstehen kann.

Eine Gebirgsgletscher-Oberfläche

Die Oberfläche eines Kometen muss demnach der eines Gebirgsgletschers ähneln: Sand, Geröll, mit Eis überzogene Felsbrocken, dazwischen Eis- und Schneefelder. Sie sind eben nicht glänzend weiß, sondern sehen eher aus wie ein Gletscher oder der von Streusand und Asche durchsetzte Schnee bei Tauwetter. Dazwischen schießen aus verschiedenen Spalten Fontänen aus verdampftem Eis in den Raum. Jede Sekunde setzte Halley – so ergaben die Messungen der Raumsonde Giotto – auf diese Weise 25 Tonnen Wasserdampf frei und fünf bis zehn Tonnen Staub.

Als 1986 Giotto den Kern des Halleyschen Kometen erstmals aus der Nähe fotografierte, bestätigte sich diese Vorstellung zum größten Teil. Für eine Überraschung sorgte jedoch die außergewöhnliche dunkle Oberfläche. Sie reflektierte nur vier Prozent des Sonnenlichts und ist damit dunkler als Kohle. Der Grund für die bemerkenswert geringe Albedo ist der Anteil an Kohlenstoffverbindungen im Kometenmaterial.

Shoemaker-Levy 9 und Hale-Bopp, die großen Kometenshows

Lange Zeit galt Halley als der spektakulärste und wohl auch populärste Komet. Dieser Rang ist ihm zumindest in den 1990er Jahren durch zwei andere Vertreter seiner Art streitig gemacht worden: Shoemaker-Levy 9 und Hale-Bopp.
In der Zeit vom 16. bis 22. Juli 1994 schlugen 21 Fragmente des ein Jahr zuvor entdeckten Kometen Shoemaker-Levy 9 mit einer Geschwindigkeit von 21.500 km/h auf den Jupiter ein. Entgegen ursprünglicher pessimistischer Vorhersagen konnte das Ereignis von der Erde aus hervorragend mit dem gesamten astronomischen Instrumentarium unserer Zeit beobachtet werden. Der ursprüngliche Komet, der von der Anziehungskraft des Planeten zerrissen worden war, hatte fast zehn Kilometer Größe; die durch die einzelnen Fragmente freigesetzte Energie entsprach 40 Millionen Megatonnen TNT-Sprengstoff.
Dagegen machte Hale-Bopp durch seine hervorragende Sichtbarkeit in der Zeit vom 1. März bis 10. April am Morgenhimmel und vom 26. März bis 15. April am Abendhimmel des Jahres 1997 Furore, zeigte er sich doch selbst über unseren lichtverschmutzten Städten mit bloßem Auge als „richtiger" Komet, also mit deutlich erkennbarem Kopf und Schweif. Beide Kometen lieferten somit jeder auf seine Weise medienwirksame Shows.

Die Oortsche Wolke: Kometenreservoir jenseits der Planeten

Wenn es sich bei Kometen um schmutzige Schneebälle handelt, die in Sonnennähe auszugasen beginnen, dann müssen sie aus Regionen unseres Planetensystems kommen, die weit draußen liegen. Dort ist die Temperatur weit unter dem Gefrierpunkt sowohl von Wasser als auch von Kohlenmonoxid und anderen Gasen, so dass der Bestand dieser Körper und ihre inaktive Oberfläche garantiert ist.
Ein solcher Bereich ist die nach dem holländischen Astronomen *Jan Hendrik Oort* (1900–1992) benannte Oortsche Wolke. Rechnet man nämlich die Bahnen der langperiodischen Kometen unter Korrektur der durch die großen Planeten verursachten Störungen auf ihren sonnenfernsten Punkt zurück, so kommt man auf Distanzen zwischen 50.000 und 150.000 Astronomischen Einheiten.
Zwar hat niemand bisher diese Wolke gesehen, aber die Bahnen weisen deutlich auf sie hin. Für die kurzperiodischen Kometen wird heute der in den Jahren 1949 bzw. 1951 von den Astronomen *Kenneth Edgeworth* und Gerard Kuiper vorhergesagte Edgeworth-Kuiper-Gürtel – auch kurz Kuiper-Gürtel genannt – angenommen (s. Seite 100).

Weshalb ist der Halleysche Komet so berühmt?

Der bekannteste kurzperiodische Komet ist der **Halleysche Komet**. Alle 76 Jahre kommt er in Erdnähe. So war er das vorletzte Mal 1910 und das letzte Mal 1986 zu beobachten. Seine Berühmtheit verdankt er mehreren Umständen: Erstens tauchte er als erster Komet wieder zur vorherberechneten Zeit auf; zweitens zählt er mit zu den hellsten Kometen und ist am besten zu beobachten, und drittens zeigt er am auffälligsten alle charakteristischen Merkmale eines Kometen.

Der Halleysche Komet gehört mit seiner Ellipsenbahn zu den kurzperiodischen Kometen.

Seine periodische Natur wurde Ende des 17. Jahrhunderts von dem englischen Astronomen *Edmund Halley* (1656–1742) entdeckt, als er die Bahnen einiger bekannter Kometen berechnete. Dabei stellte er fest, dass die Bahn des Kometen von 1682 der des Kometen von 1607 und 1531 entsprach, die von Kepler und *Peter Apianus* (1495–1552) beobachtet worden waren. Halley schloss auf ein und denselben Kometen und sagte den nächsten Erscheinungstermin für das Jahr 1758 voraus. Tatsächlich wurde er zu Weihnachten des vorausberechneten Jahres wieder gefunden.

Halley: Ein besonderes Ziel der Raumsonden

Kein anderer Komet ist so intensiv und von so vielen Raumsonden erforscht worden wie der Halleysche Komet. Im Jahr seiner letzten Wiederkehr, im März 1986, war eine ganze Armada von Raumsonden zu ihm unterwegs. Die sowjetische Sonde Vega 1 besuchte ihn als erste, ihr folgte

ROSETTA und die Landung auf einem Kometen

Die Kometensonde Rosetta stellt nach Giotto die spektakulärste Kometensonde der ESA dar. Denn erstmals soll ein Komet nicht nur vom Weltraum aus per Fernerkundung (insgesamt 11 Instrumente) untersucht, sondern auch direkt auf seiner Oberfläche gelandet werden.

Ziel ist der Komet Wirtanen. Der Lander soll eine Harpune in den Kern des Kometen schießen, damit er nicht von der Oberfläche des anderthalb Kilometer großen Eisklumpens zurückfedert und wieder davontreibt. Anschließend werden zehn Spezialinstrumente – darunter auch ein Bohrer – die Kometenoberfläche genau unter die Sensoren nehmen. Eine Kamera wird Panoramaaufnahmen anfertigen, die gemeinsam mit den anderen Daten dann zur Erde gefunkt werden.

Der Start ist für den Januar 2003 vorgesehen, das Treffen mit Wirtanen im Jahre 2011 und die Landung soll ein Jahr später (2012) erfolgen.

zwei Tage später die japanische Sonde Suisei. Dann kamen Vega 2 und Sakigake, gefolgt von der europäischen Raumsonde Giotto und der NASA-Sonde ICE (International Comet Explorer).
Giotto flog im geringsten Abstand (596 km) am Halleyschen Kometen vorbei und lieferte auch die spektakulärsten Ergebnisse, nämlich Fotos vom Kern des Kometen (s. Seite 120). Sie zeigen ein dunkles, erdnuss- oder kartoffelförmiges Gebilde von 16 Kilometern Länge und einem Durchmesser von acht Kilometern an der dicksten Stelle, auf dessen sonnenzugewandter Seite Jets oder Materiefontänen austreten. Nach diesen Begegnungen trat Halley wieder seine Rückreise in die äußeren Regionen des Sonnensystems an und wird erst im Jahre 2062 in Sonnennähe zurückkehren. Doch die großen Raumfahrtorganisationen planen und bauen neue Raumsonden zu anderen Kometen.

Bringen Sternschnuppen Glück?

Nicht weniger faszinierend sind die am Himmel dahinzischenden Leuchterscheinungen, die im Volksmund als *Sternschnuppen* bezeichnet werden. Wie die Kometen waren sie schon in frühester Zeit bekannt. Auffällig sind sie besonders dann, wenn sie gehäuft auftreten, was meist in den Morgenstunden der Fall ist. Sehr alt ist der Brauch, sich beim Anblick einer Sternschnuppe etwas zu wünschen, was dann in Erfüllung gehen soll. Das Märchen „Sterntaler“ dürfte auf solche Sternschnuppenfälle zurückzuführen sein, der einzig dokumentierte Fall übrigens, in dem Sternschnuppen Glück brachten.

Meteore und Kollegen

Der wissenschaftliche Name für das Phänomen der Sternschnuppen lautet der oder das *Meteor*. Die Körper, die diese Leuchterscheinung erzeugen und vor ihrem Eindringen in die Erdatmosphäre durch das Sonnensystem wandern, heißen *Meteoroide*. Sie sind so klein, dass sie nicht mehr als Kleinplaneten bezeichnet werden können. Dringt nun ein Meteoroid in die Erdatmosphäre ein und erreicht sogar den Erdboden, dann lautet die Bezeichnung *Meteorit*. Helle Meteore werden in Deutschland *Feuerkugeln* oder *Boliden* genannt.

Meteorströme

Wie die Kometen wurden die Meteore lange Zeit auch für Erscheinungen der Erdatmosphäre gehalten. Erst durch gleichzeitige Beobachtungen eines Meteorstromes im Jahre 1798, die die Astronomen Brandes und Benzenberg von verschiedenen Punkten in der Nähe von Göttingen unternahmen, konnte ihre außerirdische Herkunft bewiesen werden.
Dass die meisten Meteore in der Zeit vor Sonnenaufgang beobachtet werden können (zwei- bis dreimal mehr Meteore als in den Abendstunden kurz nach Sonnenuntergang), liegt daran, dass wir uns zu dieser Zeit in bezug auf die Umlaufrichtung der Erde um die Sonne auf der Vorderseite

befinden, während wir uns am Abend auf der Rückseite aufhalten. Ähnlich ergeht es einem Autofahrer, der durch ein Schneetreiben fährt: Auf die Windschutzscheibe treffen mehr Schneeflocken als auf die Heckscheibe.
Ebenso gibt es jahreszeitliche Schwankungen. So fallen in der Zeit des Perseidenstroms (Maximum Mitte August) pro Stunde bis zu 300 Meteore! Zeichnet man die Bahnen der zu einem Strom gehörenden Objekte in eine Sternkarte ein und verlängert sie nach rückwärts, so scheinen sie von einem ganz bestimmten Punkt des Himmels auszugehen, dem *Radianten*. Er liegt meist in einem Sternbild, nach dessen lateinischem Namen dann der Meteorstrom bezeichnet wird, etwa *Perseiden* (Sternbild Perseus) oder ***Leoniden*** (Sternbild Leo = Löwe).

Kometen und Meteore

Auch um die Meteorströme zu erklären, lässt sich wieder das Beispiel einer Autofahrt durch Schneegestöber heranziehen. Wenn die Insassen die Flugbahn der Schneeflocken beobachten, erscheint es ihnen, dass die Flocken radial von einem in Fahrtrichtung liegenden Punkt kommen.
Die Ursache der Meteorströme konnte erstmals der Astronom Schiaparelli 1866 erklären. Er verglich die Bahnelemente des Perseidenstroms mit denen des Kometen Swift-Tuttle: Kometen geben nicht nur Gas- und kleine Staubteilchen ab, sondern auch hin und wieder Stücke in der Größenordnung von Sandkörnern und Steinen, die dann in der Umlaufbahn des Kometen verbleiben. Schließlich kann auch der Komet selbst in mehrere Stücke zerfallen. Gerät nun die Erde in einen solchen Strom, dringen die Teilchen mit Geschwindigkeiten zwischen 11,2 und 70 km/s in die Atmosphäre ein und erzeugen einen *Meteorschauer*.

Meteore zeigen sich als leuchtende Spur vor dem Hintergrund des weiterbewegten und zu Strichspuren verzogenen Sternenhimmels.

Das Leuchten der Meteore

Meteore können sehr eindrucksvolle Himmelserscheinungen sein, was dazu führt, dass Größe und Masse der verursachenden Teilchen oft überschätzt und ihre Reibung mit den Luftschichten für das **Aufleuchten** oder gar Verdampfen verantwortlich gemacht wird. Aber das ist nicht allein der Fall, vielmehr heizt die Bewegungsenergie des eindringenden Teilchens auch die umgebende Lufthülle auf. Die Atome werden ionisiert, verlieren also ihre Elektronen, und wenn sich die Elektronen mit den Atomkernen wiedervereinigen, kommt es zu einem Rekombinationsleuchten.
Ferner entsteht in geringeren Höhen vor dem Meteoriten eine Stoßwelle. Dieses Gemisch aus Luft und verdampfter Meteoritenmaterie wird ebenfalls stark erhitzt und ionisiert. Diesem Prozess dürften vor allem die Feuerkugeln ihr

Leuchten verdanken. Der manchmal zu beobachtende Schweif eines Meteors ist ebenfalls auf Rekombinationsvorgänge zurückzuführen, die allerdings sehr langsam ablaufen.

Stein- und Eisenmeteorite

Pro Tag gehen auf unserer Erde 1000 bis 10.000 Tonnen meteoritischen Materials nieder. Es sind jedoch ausschließlich Mikrometeoriten, die auf ihrem Weg vollständig verdampfen. Der Zufluss von Teilchen mit einem Durchmesser von mehr als einem Zentimeter oder mehr als zwei Gramm Masse, die die hellen Feuerkugeln erzeugen, dürfte nur etwa eine Tonne und der von Sternschnuppen fünf Tonnen pro Tag betragen.
Grundsätzlich unterscheidet man Stein- und **Eisenmeteorite**, wobei die Eisenmeteorite am häufigsten gefunden werden. Das ist verständlich, wenn man bedenkt, dass diese Objekte, bevor sie gefunden werden, sehr starken Verwitterungsprozessen ausgesetzt sind. Außerdem ist ein Stück Eisen auffällig – Steine gibt es viele.
Charakteristisch für die meisten Meteorite ist die auffällige Schmelzkruste mit napfartigen Vertiefungen. Schneidet man ein dünnes Stück aus einem Eisenmeteoriten, schleift, poliert und ätzt es mit stark verdünnter Salpetersäure, erscheinen eigenartige Strukturen. Sie bilden entweder Gruppen feiner, sich oft durchkreuzender Linien (*Neumannsche Linien*) oder Lamellen (*Widmannstättensche Figuren*). Diese charakteristischen Merkmale sind auf die besondere kristalline Struktur des Meteoriten zurückzuführen und bilden damit gute Unterscheidungsmerkmale gegenüber irdischem Material, das gelegentlich für einen Meteoriten gehalten wird.

Der Neuschwanstein-Meteorit vom 6. April 2002 zählt zu den jüngsten und spektakulärsten Funden der deutschen Meteoritenforschung.

Der in der Archenhold-Sternwarte Berlin-Treptow ausgestellte Eisenmeteorit stammt aus dem berühmten Meteorkrater von Arizona.

Asteroiden/Planetoiden – Planetenreste oder Bauschutt?

Spätestens seit den Raumsondenflügen zu den großen Planeten unseres Sonnensystems ist allgemein bekannt, dass zwischen Mars und Jupiter zahlreiche Kleinplaneten ihre Bahn ziehen, die man zunächst als Bedrohung für diese Raumflugkörper angesehen hatte. Dieser Bereich wird als *Planetoiden-* oder *Asteroidengürtel* bezeichnet: Planetoiden wegen ihrer planetenähnlichen Bewegung um die Sonne, Asteroiden wegen ihres sternähnlichen Aussehens.
Der erste dieser Himmelskörper wurde bereits in der Neujahrsnacht des Jahres 1801 von dem italienischen Astronomen *Giuseppe Piazzi* (1746–1826) entdeckt. Er taufte ihn Ceres, nach der

Da Meteorite gratis zur Erde geliefert werden und wertvolle Inhalte bergen, nennt man sie gelegentlich auch die „Raumsonden des armen Mannes“.

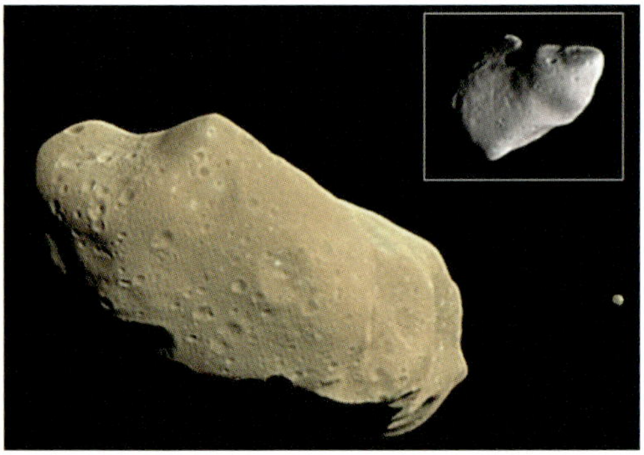

Ida (großes Bild) und Gaspra waren die ersten von einer Raumsonde, nämlich 1990 von Galileo auf dem Weg zum Jupiter fotografierten Asteroiden. Die Länge von Ida beträgt 56 km.

Göttin der Fruchtbarkeit. Innerhalb eines Jahres kamen drei weitere dieser kleinen Planeten hinzu. Heute sind die Bahnen von über 20.000 Planetoiden bekannt, von denen die meisten unsere Sonne in einem Abstand zwischen 2,2 und 3,3 AE mit Perioden zwischen drei und sechs Jahren umlaufen. Dieser Bereich wird auch Hauptgürtel genannt.

Die hellsten **Planetoiden** weisen Durchmesser zwischen 20 und 1000 Kilometer auf. Nach Schätzungen der Astronomen umkreist eine sehr hohe Zahl an Asteroiden unsere Sonne – etwa über eine Milliarde! Trotz der großen Zahl ist der Raum im Hauptgürtel fast leer, wie die Raumsonden Pioneer 10 und 11 sowie Voyager 1 und 2 mit ihren ungehinderten Passagen bewiesen hatten. Die Gesamtmasse aller Asteroiden beträgt nach Schätzungen nicht einmal zehn Prozent der Mondmasse.

Trojaner, Amor-, Apollo- und Aten-Asteroiden

Doch nicht alle Kleinplaneten bewegen sich im Hauptgürtel. So gibt es zwei Gruppen, die dem Planeten Jupiter auf seiner Bahn vorauseilen und folgen, und zwar von der Sonne aus gesehen in einem Winkel von 60 Grad. Es sind die *Trojaner*. Sie liegen in der Nähe der beiden Lagrange-Punkte, jener Stelle, wo sich die Anziehungskräfte von Jupiter und Sonne gegenseitig aufheben, so dass die Asteroiden sich dort in einer gravitativen Gleichgewichtslage befinden.

Andere Kleinplaneten verlassen jedoch diese Zonen und wandern entweder bis in die äußersten Bereiche des Planetensystems oder in die inneren, wobei sie der Erde verhältnismäßig nahe kommen können. Diese „Erdbahnkreuzer" werden als Amor-, Apollo- und Aten-Asteroiden bezeichnet.

Planetenreste, Bauschutt oder frühe Welten?

Die Herkunft der Kleinplaneten versuchten früher zwei verschiedene Theorien zu erklären. Nach der einen Theorie handelt es sich um Bruchstücke eines ehemaligen Planeten, der zerrissen wurde. Allerdings beträgt die Masse aller Kleinplaneten nur insgesamt sieben Zehntausendstel Erdmassen, was für die Bildung eines großen Planeten nicht ausreicht. Aus dem gesamten Material hätte sich lediglich ein Mond mit einem Achtel des Erdradius formen können.

Nach der anderen Theorie war der Kleinplanetengürtel mit Material für die Planetenbildung gefüllt (Planetesimale), das sich nicht zu einem Planeten vereinigte. Zwischen Mars und Jupiter kreist also „Bauschutt" aus der Entstehungszeit des Sonnensystems. Es gibt aber auch in diesem Fall deutliche Hinweise darauf, dass in früheren Zeiten viele Asteroiden in einigen wenigen großen Körpern vereinigt waren. Das würde somit gegen die zweite Theorie sprechen, denn rund ein Drittel der bekannten Asteroiden lässt sich in nur zehn Familien einordnen. Die Bahnen der einzelnen Familien sind fast identisch, so dass sie nur von einem einzigen Körper stammen können. Außerdem gibt es auch eine Verwandtschaft hinsichtlich der Farben und der chemischen Zusammensetzung.

Der Ursprung

Heute gehen die Astronomen von folgendem Ursprung der Kleinplaneten aus: In der Frühzeit des Sonnensystems gab es im Hauptgürtel einige wenige Mutterkörper mit Durchmessern von einigen hundert Kilometern. Zwischen diesen Körpern kam es zur Kollision, so dass die ursprünglichen großen Welten in Hunderte oder sogar Tausende zerfielen. Sie füllen dann den Bereich zwischen Mars und Jupiter.
Wahrscheinlich war es die Nachbarschaft des Jupiter, die die Bildung eines normalen Planeten verhinderte. Als dieser massereiche Planet unseres Sonnensystems entstand, sorgte er mit seiner Schwerkraft dafür, dass die kleineren Planetesimale in seiner Umgebung auf stark elliptische Bahnen getrieben wurden. Die Folge waren häufige Zusammenstöße, durch die die größeren Körper in viele kleine zerbrachen.

Droht uns Gefahr durch Kometen, Meteoriten und Planetoiden?

Die Krater auf dem Mond, die Krater auf dem Mars, der Venus, dem Merkur und den zahlreichen Satelliten des Sonnensystems sowie die neue Theorie über die Herkunft der Kleinplaneten und nicht zuletzt die **Meteoritenkrater auf der Erde** beweisen deutlich, dass Kollisionen mit Kleinkörpern in der Frühzeit des Sonnensystems an der Tagesordnung waren. Deshalb muss auch heute noch ganz ernsthaft mit ihnen gerechnet werden. Dabei bildet die Atmosphäre eines Planeten nur bedingt ein Hindernis.

Der Barringer-Krater in der Wüste von Arizona ist der berühmteste Meteoritenkrater der Erde. Lange Zeit galt dieses 1,2 km durchmessende und 170 m tiefe Loch als der einzige Krater auf unserem Planeten. Durch die Raumfahrt sind aber inzwischen über 170 Meteoritenkrater entdeckt worden.

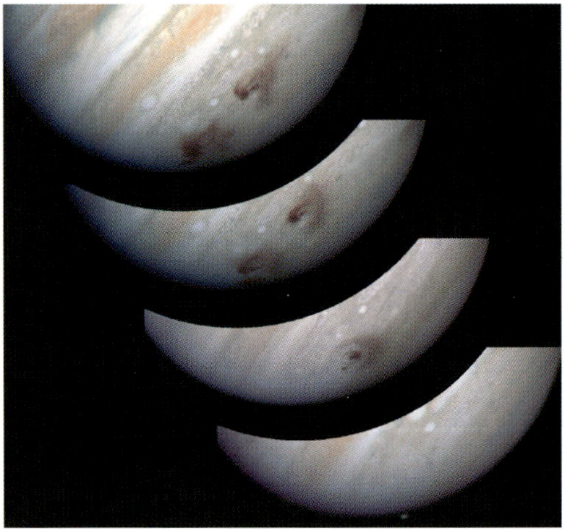

Der Einschlag des Kometen Shoemaker-Levy 9 auf Jupiter zählt zu den wissenschaftlichen Highlights der Kometen- und Meteoritenforscher.

Unsere Erde ist in der Vergangenheit viel häufiger von Meteoriten getroffen worden als bisher angenommen. Deutliche Beweise sind die zahlreichen, in den letzten Jahren mit Hilfe der Raumfahrt und moderner geologischer Methoden aufgespürten Meteoritenkrater. Ihre Zahl beläuft sich bisher auf über 170!

Wie ein solches Impakt-Ereignis abläuft, konnten wir medienwirksam im Sommer 1994 erleben. Damals stürzten 21 Bruchstücke des Kometen **Shoemaker-Levy 9** auf den Planeten Jupiter. Dieser Crash machte übrigens auch die Rolle Jupiters als Kometenfänger klar. Gäbe es ihn nicht, würden sehr viel mehr Kometen in das innere Sonnensystem gelangen, und die Kollisionsgefahr Erde-Komet wäre erheblich größer.

Trefferquoten

Angesichts solcher Ereignisse taucht zu Recht die bange Frage auf, wie hoch denn die Trefferquote für unsere Erde anzusetzen ist. Immerhin kreuzen insgesamt geschätzte 1000 Asteroiden mit Durchmessern von mehr als einem Kilometer die Erdbahn. Wenn man also Aussagen darüber machen will, in welchen Zeiträumen und mit welcher Größe Impaktoren die Erde heimsuchen könnten, so muss man die Kraterverteilung auf dem Mond, die Muster irdischer Einschlagskrater sowie Mengen- und Größeneinschätzungen über die sich erdnah bewegenden Objekte heranziehen.

Clark Chapman und David Morrison vom amerikanischen Southwest Research Institut über die Bedrohung durch Meteoriten: „Die Wahrscheinlichkeit, durch einen Planetoideneinschlag zu sterben, ist erheblich höher als die, im Lotto zu gewinnen."

Zu einem Ereignis wie in der Steinigen Tunguska 1908 kann es im Schnitt alle 250 Jahre kommen, wobei die Wahrscheinlichkeit eines großen „Stadttreffers" 100.000 Jahre beträgt. Der Einschlag eines 250 Meter großen Stein- oder Eisenmeteoriten mit einer Sprengkraft von 1000 Megatonnen TNT dürfte sich durchschnittlich einmal in 10.000 Jahren ereignen. Ein Impakt wie am Ende der Kreidezeit mit einem 10 Kilometer großen Objekt und einer Energie von mehr als 100 Millionen Megatonnen TNT käme im Durchschnitt nur alle 30 bis 100 Millionen Jahre vor. Er hätte durch den nachfolgenden nuklearen Winter allerdings das Ende der Menschheit zur Folge, falls sie nicht vorher schon durch ökologische Katastrophen anderen Lebewesen Platz gemacht hat.

Clark Chapman und David Morrison vom amerikanischen Southwest Research Institut über die „Sicherheit" der Erde: „Die Erde steht in einer kosmischen Schießbude, und Katastrophen, die von Einschlägen ausgelöst wurden, sind über Jahrmillionen hinweg Teil unserer Naturgeschichte. Bei der jetzigen Rate werden wir noch fast ein Jahrhundert brauchen, um 90 % der bedrohlichen Planetoiden erfasst zu haben."

*Warum leuchten Sterne?

„Weißt du, wieviel Sternlein stehen?“ und „Warum leuchten die Sterne?“ – diese beiden Fragen können als die Grundfragen der Astronomie gelten. Tatsächlich kann sie diese Fragen heute nach jahrhundertelanger Anstrengung zufriedenstellend beantworten. Aber wer sieht heute noch jenen prachtvollen Sternenhimmel, unter dem einst die drei Weisen nach Jerusalem zogen, die Wikinger sich zu ihren Eroberungsfahrten aufmachten oder die Entdecker des 15. und 16. Jahrhunderts zu ihren Expeditionen in die Neue Welt? Zu sehr haben Licht- und Luftverschmutzung unseres industriellen Zeitalters den natürlichen Himmelsanblick getrübt.

Die Astronomen haben als erste die Konsequenzen gezogen und ihre Sternwarten aus den romantischen Parks der Universitäten oder den Vorstädten auf Vulkanberge oder in Hochgebirgswüsten fernab der Zivilisation verlegt. Nur dort lässt sich effektive und qualitativ hochwertige Forschung betreiben. Dem einfachen Natur- oder Sternfreund bleibt dagegen nichts anderes übrig, als wenig berührte Orte innerhalb der Zivilisationslandschaft aufzusuchen oder in noch unberührte Regionen zu reisen – vorausgesetzt, er verfügt über die entsprechenden finanziellen Mittel.

Darüber hinaus bleibt ihm natürlich noch die einfachste Möglichkeit: Er

Das Sternengewimmel in der Milchstraße sehen zu können, ist heute ein seltenes Erlebnis geworden.

besucht eines der vielen Planetarien, die in den letzten Jahrzehnten immer perfekter in der Darstellung des Sternenhimmels geworden sind. Hier kann er sich durch raffinierte Technik in die Welt der Sterne entführen lassen; hier kann er staunen, wie viel wir trotz des Hindernisses von Raum und Zeit über die Sterne wissen. Hier wird ihm aber auch vor Augen geführt, dass die Sterne trotz ihrer Dimensionen und der in ihnen ablaufenden faszinierenden Prozesse in Wirklichkeit auch nichts anderes sind als Geschöpfe dieser Welt und damit dem Zyklus von Geburt und Tod unterworfen.

Warum ist es nachts dunkel?

Die dunkle Nacht mit der dann untergegangenen Sonne zu erklären, ist zu einfach. Das erkannte bereits 1826 der Bremer Arzt und Astronom *Wilhelm Olbers* (1758–1840), denn in der Beantwortung dieser Frage versteckt sich die Frage nach dem Alter und der Grenze des Universums.
Olbers Gedanken über die Dunkelheit des Nachthimmels sind auch als *Olberssches Paradoxon* bekannt: Wenn das Weltall unendlich groß wäre, dann müsste man überall auf einen Stern treffen und der Nachthimmel durch die Gesamthelligkeit der Sterne etwa so hell sein wie die Sonnenscheibe. Die Temperatur auf der Erde läge in diesem Fall bei etwa 5000 Grad Celsius. Stattdessen sehen wir einen dunklen Nachthimmel. Auch wenn man statt der Sterne die Galaxien nimmt, würde das an diesem Paradoxon nichts ändern, weil dann die Galaxien die Rolle der Sterne übernehmen könnten.
Ab einer bestimmten Entfernung können wir deshalb keine Sterne mehr sehen, weil wir in eine Zeit zurückblicken, in der es noch gar keine Sterne und keine Galaxien gab. Das Universum muss demnach vor endlicher Zeit aus einem Urknall hervorgegangen sein, der nach den heutigen Erkenntnissen vor 13 bis 15 Milliarden Jahren angenommen wird.
Neue kosmologische Messergebnisse haben jedoch inzwischen zu einer geänderten Erklärung dieses Phänomens geführt: Durch die extrem schnelle Ausdehnung des Universums in den ersten Sekunden kurz nach

Wie viele Sterne kann man eigentlich sehen?

Oft spricht man vom „sternenübersäten Himmel“, und ein Volkslied behauptet, nur Gott allein kenne die Zahl. In gewisser Weise stimmt das auch, nämlich wenn man fragt, wie viele Sterne es eigentlich im Weltall gibt. Auf der anderen Seite, wenn man fragt: Wie viele Sterne kann man mit bloßem Auge in einer klaren Nacht sehen?, so lautet die Antwort: etwa 2500 – vorausgesetzt, wir haben keinen Mond am Himmel, der mit seinem Widerschein die schwachen Sterne überstrahlt.
Insgesamt gibt es am Himmel rund 6000 Sterne, die unter günstigen Bedingungen mit dem freien Auge gesehen werden können. Verwendet man einen Feldstecher, wächst die Zahl schon auf 10.000, in einem kleinen Fernrohr auf 100.000 und in den Großteleskopen geht sie in die Millionen bis Milliarden.

seiner Geburt (die Phase der Inflation, s. Seite 177) aus dem berühmten Urknall oder Big Bang ist die Raumblase, aus der es entstand, heute unvorstellbar groß. Die Kosmologen beziffern den Radius mit 10^{2000} Lichtjahren (eine Eins mit 2000 Nullen!). Dagegen ist der von den Astronomen überblickte Aktionsradius mit 100 Milliarden Galaxien eher klein. Das Licht einer Galaxie, die heute 100 Milliarden Jahre alt ist, kann uns in dieser „kurzen Zeit" noch gar nicht erreicht haben. Wir überblicken also nur einen winzigen Teil des Universums.

Das entfernteste, was wir sehen können, ist eine Wand heißer Gase kurz nach der Geburt des Universums. Diese Feuerwand sendet kurzwelliges Licht aus; weil sich aber seit dieser Phase das Universum sehr stark ausgedehnt hat, wurden auch die kurzen Lichtwellen gestreckt und machen sich als *3-Kelvin-Hintergrundstrahlung* bemerkbar. Zwar ist dieser kosmologische Horizont sehr weit weg, aber nicht so weit, dass in jeder Richtung vor ihm ein helles Objekt steht. Es gibt somit viele Lücken, durch die wir bis zum dunklen Horizont sehen können. Er lässt zum einen den Nachthimmel schwarz erscheinen, zum anderen haben auch Sterne trotz ihrer Milliarden Jahre umfassenden Lebensspanne wie alle Dinge dieser Welt eine begrenzte Lebensdauer: Ein Stern kann schon erloschen sein oder erst in Milliarden Jahren strahlen.

Was sind Sternhaufen?

Schon ein flüchtiger Blick zum Nachthimmel zeigt, dass die Sterne unterschiedlich verteilt sind. In einigen Regionen stehen sie allein, in anderen sind sie zahlreicher und schließen sich zu Gruppen zusammen, den *Sternhaufen*. Einer der bekanntesten, mit freiem Auge erkennbaren Sternhaufen sind die **Plejaden** im Sternbild Stier, volkstümlich auch Siebengestirn genannt. Unter günstigen Bedingungen können mit bloßem Auge bis zu neun, meist aber nur sechs Sterne gesehen werden. Im Fernrohr zeigt sich, dass diese 400 Lichtjahre entfernte Sternansammlung 120 sichtbare Sterne enthält, doch die Gesamtzahl dürfte wohl bei 3000 liegen.

Die Plejaden im Stier zählen zu den schönsten offenen Sternhaufen, die mit bloßem Auge gesehen werden können.

Offene und Kugelsternhaufen

Man unterscheidet zwei Typen von Sternhaufen: die *offenen* oder galaktischen Sternhaufen, weil sie in den Spiralarmen unserer Galaxis liegen, und die *Kugelsternhaufen*. In unserem Milchstraßensystem gibt es ca. 18.000 offene, also locker aufgebaute Sternhaufen, von denen allerdings nur rund 1000 von der Erde aus zu beobachten sind. Sie enthalten mehrere hundert Sterne und heben sich deutlich gegen die umliegenden Sterne ab. Bei offenen Sternhaufen wie den Plejaden, den Hyaden und der Krippe handelt es sich zumeist um relativ junge kosmische Objekte. So dürften die Plejaden um die 60 Millionen Jahre alt sein. Lang belichtete Aufnahmen zeigen die helleren Sterne von Gas- und Staubmassen umgeben, die einst als Restmaterie der Sterngeburt aufgefasst wurden. Nach heutiger Erkenntnis haben sich die Plejadensterne erst später in ein Gebiet mit interstellarer Materie bewegt.

Die meisten dieser offenen Sternhaufen lösen sich nach einer gewissen Zeit auf. Die Anziehungskraft, die die einzelnen Mitglieder untereinander ausüben, kann nicht verhindern, dass das eine oder andere Mitglied ausschert. Nur wenige offene Sternhaufen sind daher sehr viel älter als eine Milliarde Jahre. Wahrscheinlich entstand auch unsere Sonne in einem nun aufgelösten offenen Sternhaufen.

Der Kugelsternhaufen M 13 im Sternbild Herkules ist der bekannteste Kugelsternhaufen des Nordhimmels, da er schon mit bloßem Auge als schwacher Fleck gesehen werden kann. Er ist 25.000 Lichtjahre von der Erde entfernt.

Kugelsternhaufen

Die Kugelsternhaufen haben, wie der Name schon sagt, einen fast kugelsymmetrischen Aufbau und verteilen sich in einem kugelförmigen Bereich um das Zentrum der Milchstraße, dem so genannten *Halo*. Sie bewegen sich auf langgestreckten Ellipsenbahnen mit einer relativ starken Bahnneigung gegenüber der galaktischen Ebene.

Für das freie Auge sind nur wenige Kugelsternhaufen zu beobachten, so am Nordhimmel **M 13 im Herkules** und Omega Centauri oder 47 Tucanae am Südhimmel. Im Fernrohr zeigt sich, dass diese Sternsysteme, deren Durchmesser zwischen 15 und 350 Lichtjahre betragen, zwischen 10.000 und einer Million (überwiegend alter) Sterne enthalten.

Im Zentrum ist die Sterndichte so groß, dass ein derartiges System auch mit den größten Fernrohren (mit Ausnahme des Hubble-Weltraumteleskops und des VLTs) nicht mehr aufgelöst werden kann. Die gegenseitige Entfernung der Sterne ist dort bedeutend geringer als die Nachbarschaft unserer Sonne.

Wie weit ist es bis zur Wega?

Doch wie weit sind die Sterne nun entfernt? Schon ein erster Blick an den Himmel und erst recht durch ein Fernrohr zeigt, dass sie in viel größerer Distanz als Sonne und Mond, ja sogar als die äußersten Planeten stehen müssen. Denn während wir diese Himmelskörper als Scheiben und auf ihnen zahlreiche Einzelheiten erkennen können, zeigen sich selbst in den größten Teleskopen die Sterne nur als Lichtpunkte. Das deutet auf eine gewaltige Distanz hin – es sei denn, man wendet raffinierte elektronische Hightech-Tricks an oder beobachtet mit dem Hubble-Weltraumteleskop.

Schon die alten Völker ahnten davon etwas, denn sie setzten die Sterne auf die äußerste Sphäre des für sie überschaubaren Kosmos, wobei sie alle Sterne für gleich weit entfernt hielten.

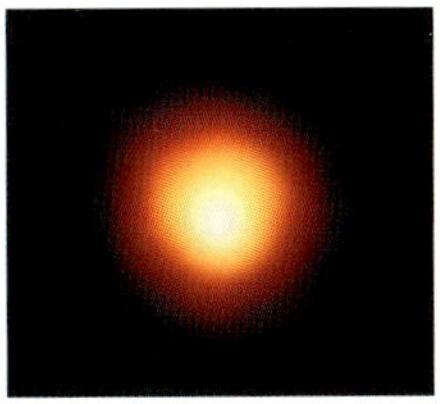

Mit dem Hubble-Weltraumteleskop gelang die erste scheibenförmige Abbildung eines Sterns, der Beteigeuze im Orion.

Bessel und die Parallaxenmethode

Was die alten Völker für ein unlösbares Problem hielten, kann seit 1838/39 als gelöst gelten. Damals gelang es Friedrich Wilhelm Bessel erstmals, die Entfernung eines Sternes zu bestimmen. Mit einem besonders ausgerüsteten Fernrohr untersuchte er die Position des Sterns 61 Cygni und maß dessen Parallaxe mit 0,35 Bogensekunden, was einer Entfernung von knapp drei Parsec oder rund 9,6 Lichtjahren entspricht. Das Verfahren, das er dabei anwendete, ist die *Trigonometrische Sternparallaxe* oder Parallaxen-Methode.

Entfernungsmaße in der Astronomie

Für die Angabe von Stern- oder Galaxienentfernungen werden in der Astronomie zwei Maße verwendet: das *Lichtjahr* und das *Parsec*. Das Lichtjahr ist die häufigste Entfernungsangabe und einfach die Strecke, die ein Lichtstrahl in einem Jahr zurücklegt. Da das Licht eine Geschwindigkeit von 300.000 km/s hat, ergibt sich ein Wert von fast zehn Billionen Kilometer. Trotzdem ist der nächste Stern, von der Sonne einmal abgesehen, nicht weniger als 4,3 Lichtjahre entfernt.

Das Maß Parsec (Abkürzung für Parallaxensekunde) gibt die Entfernung an, von der aus gesehen der mittlere Abstand Erde-Sonne (150 Millionen km oder eine Astronomische Einheit) unter einem Winkel von einer Bogensekunde erscheint. Umgekehrt würde die jährliche Parallaxe eines Sternes in 3,26 Lichtjahren Entfernung genau eine Bogensekunde ausmachen. So ist 1 Parsec oder 1 pc = 30,9 Billionen km = 206.265 AE = 3,26 Lichtjahre.

Das praktische Problem bei der Anwendung der Parallaxenmethode liegt in den enormen Entfernungen der Sterne und damit in der Winzigkeit der Winkel. So kann sie nur bei Sternen bis zu 100 Parsec (326 Lichtjahre) Entfernung angewendet werden. Der Stern Wega, Hauptstern des Sternbildes

Die Parallaxenmethode

Hierbei wird die Himmelsposition eines ziemlich nahen Sternes im Vergleich zu einigen viel ferneren Sternen im Hintergrund gemessen, und zwar im Abstand von sechs Monaten. Denn nach dieser Zeit steht die Erde auf der entgegengesetzten Seite ihrer Bahn um die Sonne. Die beiden Beobachtungspunkte sind dann 300 Millionen Kilometer voneinander entfernt, was dem Durchmesser der Erdbahn um die Sonne entspricht. Der Stern hat für den Beobachter in dieser Zeit seine Position gegenüber den entfernteren Hintergrundsternen geändert. Wenn der Abstand Erde-Sonne bekannt ist und auch der kleine Winkel, um dessen Betrag der Stern seine Position zwischen zwei Beobachtungen verändert hat, kann nun mit Hilfe einfacher Trigonometrie aus dem Dreieck, das von der Sonne, Erde und dem Stern gebildet wird, die Entfernung bestimmt werden. Die Methode kann man sich gut veranschaulichen, wenn man den ausgestreckten Daumen abwechselnd mit dem rechten und dem linken Auge betrachtet; auch er „wackelt“ dann vor weiter entfernten Gegenständen.

Leier, liegt noch innerhalb dieses Bereiches. Seine Entfernung beträgt 25 Lichtjahre oder 7,8 Parsec.

Sternhelligkeiten

Um weiter ins All hinauszugehen, arbeiten die Astronomen mit der Helligkeit der Sterne. Sie folgen damit in etwa den antiken Astronomen, die bereits die mit dem bloßen Auge beobachtbaren Sterne in eine sechsstufige „Größenklassenskala" einteilten. Hierbei wurden die hellsten Sterne der ersten Größenklasse, die gerade noch für das freie Auge erkennbaren schwächsten Sterne der sechsten Größenklasse zugeordnet. Man sagt auch, es sind Sterne 6. Größe, geschrieben: 6^{m} wobei m „magnitudo" (lat., Größenklasse) bedeutet.
Als die Astronomen im 19. Jahrhundert feststellten, dass die hellsten Sterne ungefähr 100-mal heller sind als die schwächsten, die ohne Fernrohr noch erkannt werden können (was in der ursprünglichen Skala einem Unterschied von fünf Größenklassen entspricht), konnte die Skala auf physikalische Grundlagen gestellt werden. Demnach beträgt der Unterschied zwischen zwei aufeinanderfolgenden Größenklassen einen Faktor 2,512. Für die hellsten Sterne führten die Astronomen negative Größenklassen ein: So besitzt zum Beispiel Sirius den Wert $-1^{m}{,}5$, Wega $0^{m}{,}0$ und die Sonne $-26^{m}{,}86$. Die mit dem Hubble-Weltraumteleskop erfassbaren schwächsten Sterne liegen bei $+29^{m}{,}0$.

Scheinbare und absolute Helligkeit

Bei diesen Helligkeitsangaben handelt es sich allerdings nur um die *scheinbare Helligkeit* eines Sterns. Darunter versteht man die Helligkeit eines Sterns, wie man sie von der Erde aus sieht, und diese unterscheidet sich von der wahren Helligkeit des Sterns. Die wahre Helligkeit des Sterns hängt nämlich sowohl von der vom Stern abgegebenen Strahlungsmenge ab (seiner Leuchtkraft) als auch von dessen Entfernung. Wenn einer von zwei Sternen mit gleicher Leuchtkraft in doppelter Entfernung von der Erde steht, dann erscheint er dem Betrachter um das Vierfache schwächer, da sich die Lichtintensität mit dem Quadrat der Entfernung verringert; ein zehnmal so weit entfernter Stern wäre somit 100-mal lichtschwächer.
Für die Entfernungsmessung versuchen die Astronomen nun, auf indirektem Weg die tatsächliche Helligkeit des Sterns zu bestimmen. Dies gelingt mit einigen Tricks, etwa der spektroskopischen Untersuchung seines Lichts, was Rückschlüsse auf die wahre Natur und damit tatsächliche Helligkeit des Sterns erlaubt. Aus dem Vergleich zwischen scheinbarer und wahrer Helligkeit lässt sich dann meistens recht einfach die Entfernung des Sterns festlegen.
Um die wahre Leuchtkraft der Sterne besser miteinander vergleichen zu können, nimmt man ihre *absolute Helligkeit*. Dies ist die scheinbare Helligkeit eines Sterns in der „Einheitsentfernung" zehn Parsec (32,6 Lichtjahre). In dieser Entfernung wäre unsere Sonne nur noch ein schwaches Licht fünfter Größe ($+5^{m}$), der Stern Deneb im Schwan dagegen ein gleißendes Licht von -8^{m}.

Wie erstellt man den Steckbrief eines Sterns?

Auch wenn die Sterne uns wegen ihrer großen Entfernung nur als Lichtpunkte erscheinen, so sind sie doch unterschiedlich beschaffen und haben ihre individuellen Charakteristika. Diese *Zustandsgrößen* wurden am Beispiel unserer Sonne festgelegt und werden auch mit ihr verglichen: Masse, Leuchtkraft, Radius, Temperatur, Spektralklasse, Dichte, Energieerzeugung, Schwerebeschleunigung an der Oberfläche, Rotationsgeschwindigkeit, Magnetfeld und chemische Zusammensetzung.

Sterne verschiedener Klassen

Die Untersuchung der Spektren verschiedener Sterne mit Hilfe des Spektrografen liefert eine Fülle von Informationen, mit denen Aussagen über die physikalischen Zustände der Sterne gemacht werden können. Jeder Stern besitzt seine eigene, besondere Wellenlänge, bei der er seine größte Lichtmenge abgibt: Blau bei sehr heißen Sternen, Rot bei relativ kühlen Sternen. Ferner bestimmt die Temperatur auch die im Spektrum vorhandenen Linien. So sind die vom Wasserstoff erzeugten Linien bei sehr heißen Sternen extrem deutlich, während bei Sternen vom Typ unserer Sonne Linien auftreten, die durch verschiedene Metalle hervorgerufen werden; und die Spektren sehr kühler roter Sterne zeigen breitere dunkle Ränder, die von Molekülen stammen.

Das Buchstabenschema der Sterne

Nach der unterschiedlichen Anordnung der Emissions- und Absorptionslinien in den Sternspektren lassen sich nach einem 1890 von dem Astronomen *Edward Charles Pickering* (1846–1919) entwickelten Schema die Sterne in verschiedene Spektralklassen einteilen: O, B, A, F, G, K und M.

*Um sich die Reihenfolge der Spektralklassen (OBAFGKM) zu merken, gibt es diese Eselsbrücke: „**O**ffenbar **b**enutzen **A**stronomen **f**urchtbar **g**erne **k**omische **M**erksätze“.*

Die Sequenz von O bis M entspricht einer Folge von Temperaturen der heißen Sterne zu den kühlen Sternen, die sich wiederum in den Farben der Sterne widerspiegelt. So sind O- und B-Typ-Sterne beispielsweise blau und sehr heiß, mit Temperaturen von etwa 10.000 bis 30.000 Grad; Sterne des A-Typs sind weiß und haben Temperaturen von etwa 10.000 Grad; G-Typ-Sterne wie die Sonne leuchten gelb und haben etwa 6000 Grad, und rote M-Typ-Sterne zählen zu den verhältnismäßig kühlen Sternen mit Temperaturen von nur 2000 Grad. Diese Klassen werden noch einmal in zehn Untergruppen eingeteilt, wobei 0 für die heißesten und 9 für die kühlsten Sterne innerhalb der betreffenden Klasse steht. Unsere Sonne ist nach dieser Einteilung ein Stern des Spektraltyps G 2.

Das Hertzsprung-Russell-Diagramm

Der bekannteste „Steckbrief“ in der Astronomie ist das **Hertzsprung-Russell-Diagramm** (HRD). Es wurde 1911 unabhängig von dem dänischen Astronomen Ejnar Hertzsprung (1873–1967) und dem amerikanischen Astronomen Henry Norris Russell (1877–1957) entwickelt. In diesem Dia-

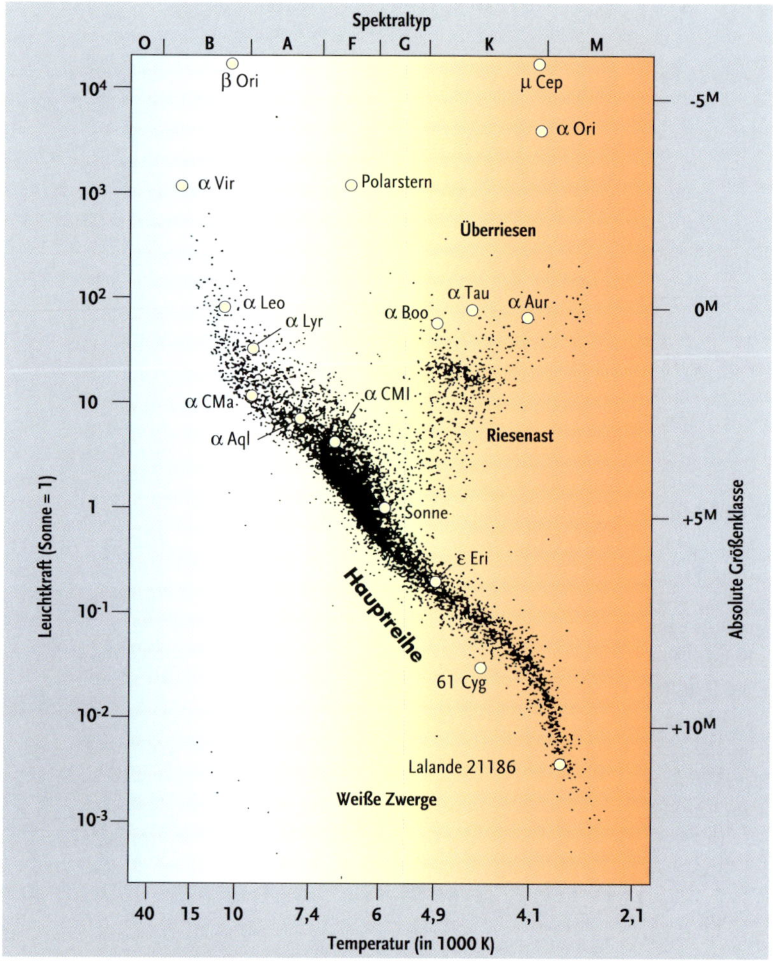

gramm wird die absolute Helligkeit der Sterne gegen ihre Temperatur oder Spektralklasse oder Farbe (was auf dasselbe hinausläuft) aufgetragen.
Hierbei zeigt sich, dass die meisten Sterne auf einem breiten Band liegen. Es verläuft von links oben nach rechts unten und wird *Hauptreihe* genannt. Unsere Sonne ist ein typischer Hauptreihenstern.
Oberhalb der Hauptreihe liegen die *Riesen- und Überriesen-Sterne* mit großem Durchmesser und hoher Leuchtkraft oder absoluter Helligkeit. Im Gegensatz dazu sind die Sterne am unteren Rand des Diagramms sehr klein. Sie heißen *Weiße Zwerge*, haben hohe Oberflächentemperaturen, aber wegen ihres geringen Durchmessers nur sehr geringe absolute Helligkeiten. Die Dichte der Sternmaterie beträgt bei Weißen Zwergen bis zu mehreren 100 kg/cm³. Eine Streichholzschachtel voll Materie eines Weißen Zwerges würde auf der Erde mehrere Tonnen wiegen!

Was sind Doppelsterne?

Unsere Sonne ist ein Einzelgänger in unserer Milchstraße. Aber viele andere Sterne – man schätzt die Hälfte aller beobachtbaren – sind Mitglieder eines Doppel- oder Mehrfachsystems. Das kann in bestimmten Fällen sogar zu Veränderungen der scheinbaren Helligkeit für den Beobachter führen.
Ein bekanntes Sternpaar, weil schon mit dem bloßem Auge zu sehen, ist Alkor und Mizar im Sternbild Großer Wagen; man nennt Alkor auch das *Reiterlein* auf der Wagendeichsel. In Wirklichkeit stehen Mizar und Alkor aber nur scheinbar beisammen, wogegen sich Mizar im Fernrohr als echter, also physikalischer Doppelstern entpuppt: Mizar A und Mizar B. Spektroskopische Untersuchungen ergaben, dass diese beiden Sterne ihrerseits wiederum Doppelsterne sind und damit in Wirklichkeit ein Vierfachsystem bilden.

Was sind Veränderliche Sterne?

Die meisten Sterne senden eine konstante Lichtmenge aus. Aber es gibt auch Sterne, die ihre Helligkeit ändern und als *Veränderliche* oder variable Sterne bezeichnet werden. Die Zeitspanne einer ganzen Helligkeitsschwankung wird *Periode* genannt und kann zwischen einigen Minuten und vielen Jahren liegen. Einige Veränderliche sind sogar mit bloßem Auge sichtbar, wie zum Beispiel Mira im Sternbild Walfisch oder Algol im Sternbild Perseus.
Heute sind viele Tausend solcher helligkeitsveränderlicher Sterne bekannt, und jedes Jahr kommen neue Veränderliche hinzu. Die Ursache für die Helligkeitsänderung kann zum einen in einem Pulsieren des Sternes liegen (*Pulsationsveränderlicher*), zum anderen in gegenseitigen Bedeckungen zweier um ein gemeinsames Schwerezentrum kreisender Sterne (*Bedeckungsveränderlicher*). Die Lichtwechselperiode der so genannten Delta-

Die HIPPARCOS-Mission

Die nach dem griechischen Astronom benannte ESA-Mission war eines der ehrgeizigsten Projekte in der Geschichte der Astronomie. Es wurde 1980 von der ESA offiziell gestartet und hatte das Ziel, die Position, Eigenbewegung und scheinbare Helligkeit aller sonnennahen Sterne zu messen. Der Satellit (sein Name ist auch ein Akronym für High Precision Parallax Collecting Satellite) war vom 11. September 1989 bis zum 15. August 1993 in Betrieb. Die Ergebnisse der Mission wurden im Mai 1997 in Form eines 17 Bände umfassenden Sternkatalogs veröffentlicht. Darin sind 1.168.218 Sterne mit bisher unerreichter Genauigkeit katalogisiert worden. So wurde z.B. die Entfernung von Wega von 26 auf 25,3 Lj korrigiert. Durch diese Daten verfügen die Astronomen erstmals über eine dreidimensionale Riesenkarte unserer galaktischen Umgebung in einer Sphäre von 6000 Lichtjahren Durchmesser. Sie wird in den nächsten Jahrzehnten als *das* Nachschlagewerk dienen, und fast alle Bereiche der Himmelskunde beeinflussen, vor allem aber die Astrophysik und Kosmologie.

Cephei-Sterne (oft kurz *Cepheiden* genannt) besitzt einen direkten Zusammenhang mit ihrer Leuchtkraft und kann zur Entfernungsbestimmung bei Galaxien verwendet werden. Das hatte beispielsweise zur Folge, dass die Entfernung des Andromeda-Nebels erst von 750.000 auf 1,5 Millionen Lichtjahre korrigiert werden musste und heute sogar mit 2,5 Millionen Lichtjahren, und nach den HIPPARCOS-Messungen sogar mit knapp 3 Millionen Lichtjahren angegeben wird.

Sind Novae neue Sterne?

Novae und Supernovae gehören in weitestem Sinne zu den veränderlichen Sternen, auch wenn die lateinischen Bezeichnungen irreführend sind. Beim Ausbruch einer Nova oder Supernova entsteht kein neuer Stern. Vielmehr steigern vorhandene, unscheinbare oder unsichtbare Sterne mit einem Schlag ihre Helligkeit um ein Vielfaches. Für Beobachter auf der Erde scheint ein neuer Stern geboren zu werden. Nach Tagen oder Wochen wird er jedoch schwächer und verschwindet wieder vom Firmament.

Vor allem durch die Astrofotografie konnte nachgewiesen werden, dass sich an Stelle der Nova bereits vor dem plötzlichen Helligkeitsausbruch ein schwacher Stern befand, dessen Helligkeit innerhalb weniger Tage um das Tausend- bis Millionenfache anstieg. Nachdem das Maximum erreicht ist, das sehr schnell durchlaufen wird, geht der Helligkeitsabfall langsam vonstatten und verzögert sich später noch einmal.

Meist wird erst nach einigen Jahren die ursprüngliche Helligkeit wieder erreicht. Innerhalb einer Galaxie wie unserem Milchstraßensystem oder dem Andromeda-Nebel dürften sich jährlich etwa 25 bis 50 Novae ereignen. Wegen der Absorption durch die interstellare Materie kann jedoch nur ein Teil von der Erde aus beobachtet werden.

Novae treten in Doppelsternsystemen auf

Hier sind die Partner ein kühlerer Roter Riese und ein sehr alter, degenerierter weißer Zwergstern. Beide Sterne stehen sehr eng beieinander. Deshalb können vom roten Riesen, an dessen Oberfläche eine verhältnismäßig geringe Schwerkraft herrscht, Gasmassen auf den Weißen Zwerg überfließen, bei dem die Schwerebeschleunigung stärker ist. Auf ihm verursacht die überfließende Materie ein starkes Anwachsen von Temperatur und Dichte: Es kommt zu einer hochinstabilen Situation. Sie endet schließlich in einer Nuklearexplosion und führt damit zum Nova-Ausbruch.

Supernova-Explosionen

Noch gewaltiger verlaufen Supernovae, die zu den beeindruckendsten Himmelsereignissen zählen. Hier leuchtet ein massereicher Stern, dessen Energiereserven vollkommen aufgebraucht sind, plötzlich um das Milliardenfache seiner ursprünglichen Helligkeit auf. Innerhalb weniger Wochen oder Monate wird so viel Energie abgestrahlt, wie unsere Sonne es in zehn bis 100 Milliarden Jahren tut.

Supernovae sind übrigens die einzigen Orte im Universum, an denen Gold entstehen kann. Da jedoch in einem Jahrhundert nur wenige Supernovae in einer Galaxie auftauchen, ist Gold als Element auch so selten.

Die Entstehung einer Supernova kann auf zwei Arten vor sich gehen und somit auch zu zwei Erscheinungen führen, was die Maximalhelligkeit, den Verlauf und das Spektrum betrifft: Supernovae vom Typ I (Maximalhelligkeit zwischen -14^{M} und -17^{M}) haben als Vorgänger einen Weißen Zwergstern, der von einem Doppelsternbegleiter Materie aufnimmt. Schließlich zündet der Kohlenstoff unter extrem entarteten Bedingungen. Es werden so gewaltige Energiemengen frei, dass der Stern völlig explodiert. Der Begleitstern wird bei dieser Explosion weggeschleudert und macht sich selbstständig.

Dagegen sind die Supernovae vom Typ II (Maximalhelligkeit zwischen -12^{M} und $-13^{M},5$) auf einen alten, massereichen Stern zurückzuführen, der in seinem Innern immer schwerere Elemente vom Wasserstoff über Helium, Kohlenstoff, Silizium bis hin zum Eisen aufgebaut hat. Dieser Prozess ist mit der Erzeugung von Energie verbunden, die über lange Zeit die Stabilität des Sternes gewährleistet. Ist die Kette beim Eisen angekommen, so würde für den Aufbau weiterer Elemente Energie verbraucht werden. Der Stern fällt plötzlich kollapsartig zusammen. Dabei werden durch diese Kontraktion noch einmal große Mengen an Energie freigesetzt, so dass es die äußeren Sternschichten völlig zerreist, während sich der Sternkern zu einem *Neutronenstern* oder *Schwarzen Loch* zusammenzieht.

Während dieser Explosion können über das Eisen hinaus dann noch schwerere Elemente bis zum Uran aufgebaut werden. Sie gelangen mit den abgestoßenen Sternschichten in den interstellaren Raum hinaus und reichern das interstellare Gas an. Damit lässt sich auch erklären, weshalb die heute im Weltall entstehenden Sterne mehr schwere chemische Elemente enthalten als die früher entstandenen Sterne.

Supernovae produzieren nicht nur Gold. Astronomen der amerikanischen Louisiana State University schlossen aus der Analyse von Spektralaufnahmen des Hubble-Teleskops, dass sich in der Milchstrasse 10^{38} kg Diamanten befinden. Das entspricht dem Gewicht von 17 Billionen Erdkugeln. Wahrscheinlich entstammen diese Kohlenstoffverbindungen alten Supernova-Explosionen. Aber Chaos weil Preisverfall wird es deshalb auf dem irdischen Markt nicht geben: Die kosmischen Diamanten sind nur wenige Millionstel Millimeter dick.

Berühmte Supernovae

In unserer Milchstraße waren bis vor nicht allzu langer Zeit nur drei Supernovae bekannt: die so genannte chinesische Supernova vom 4. Juli 1054, die den heutigen Krabben-Nebel im Sternbild Stier hinterließ, die von Tycho Brahe beobachtete Supernova des Jahres 1572 im Sternbild Kassiopeia und die Keplersche Supernova des Jahres 1604 im Sternbild Schlangenträger. In unserer Galaxis treten pro Jahrtausend etwa 25 bis 40 Supernovae auf, die allerdings wegen der absorbierenden Wirkung der interstellaren Materie von der Erde aus nicht zu beobachten sind.

Deshalb war auch das Jahr 1987 ein großer Glücksfall für die Astronomen. Denn am 24. Februar 1987 explodierte in der unserer Galaxis vorgelagerten **Großen Magellanschen Wolke** die jüngste und hellste Supernova, ein Ereignis, dass zum ersten Mal mit den modernen Instrumenten beobachtet werden konnte. Entdeckt wurde sie rein zufällig, und der Entdecker dachte erst an einen Filmfehler, bis er die Supernova mit eigenen Augen sah.

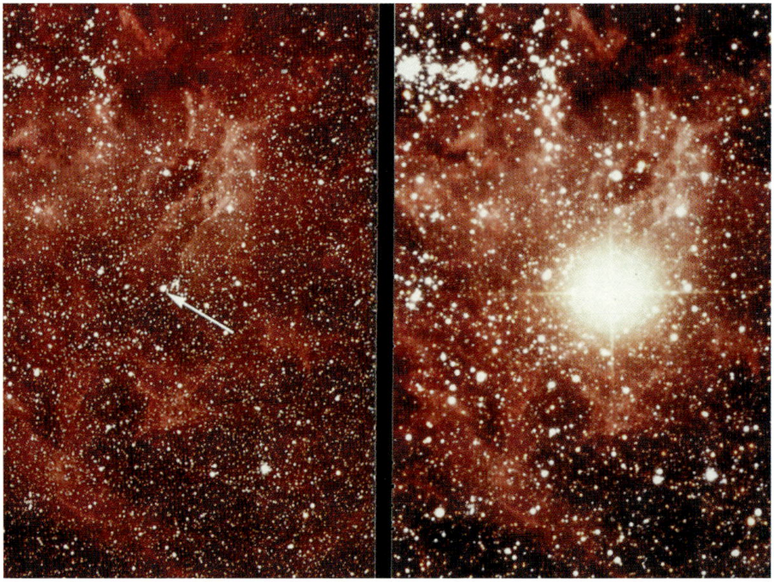

Die in der 170.000 Lj entfernten Großen Magellanschen Wolke explodierte Supernova 1987 A gehört zum ersten Ereignis dieser Art, das in unserer kosmischen Nachbarschaft und mit den modernsten Instrumenten sowie über seinen gesamten Verlauf hinweg beobachtet werden konnte.

Wie werden Sterne geboren und wie enden sie?

Die Geburt, das Leben und den Tod eines einzigen Sternes können die Astronomen nicht verfolgen, denn ein Sternenleben währt in der Regel Milliarden Jahre. Die Astronomen sind deshalb in einer ähnlichen Lage wie eine Eintagsfliege, die vor die Aufgabe gestellt wird, das Leben eines Menschen zu beschreiben.

Deshalb müssen sich die Astronomen damit begnügen, Sterne in verschiedenen Entwicklungsstadien zu studieren, um dann den Lebensweg der Sterne beschreiben zu können: So gibt es leuchtende Gaswolken, Staubwolken mit heißen Sternen in der Nachbarschaft, Sternhaufen, deren Sterne von Nebelwolken umhüllt sind und so fort – alles Indizien für die Beschreibung eines Sternenlebens.

Mit großer Sicherheit entstehen Sterne in ganzen Gruppen aus der Verdichtung großer, kalter Wolken (vornehmlich Wasserstoff) aus interstellarer Materie. Überschreitet die Wolke einen bestimmten Mindestwert, die so genannte Jeans-Masse, benannt nach dem englischen Astronom James Hopwood Jeans (1877–1946), so ist ihre Schwerkraft größer als der von innen nach außen gerichtete Gasdruck, und es kommt zum Kollaps. Dabei entstehen örtliche Kondensationen, die sich unter späterer Aufspaltung (Fragmentation) zu einzelnen Sternen oder Gruppen junger Sterne weiterentwickeln, den Sternhaufen. Allerdings bedarf es zur Verdichtung einer solchen Wolke eines Anstoßes von außen, denn Temperatur und Dichte sind nur gering. Ein solcher Auslöser sind zum Beispiel Schockwellen einer fernen Supernova, die dadurch die Zusammenballung anregt.

Die Masse bestimmt den Lebensweg

Diese vom Hubble-Weltraumteleskop stammende Aufnahme des Adler-Nebels M 16 im Sternbild Schlange zeigte zum ersten Mal jene ausgedehnten Bänder, bei denen es sich um Dunkelwolken aus Wasserstoff und Staub handelt.

Die Fragmentation endet, wenn Dichte und Hitze der einzelnen Bruchstücke so hoch sind, dass eine weitere Kontraktion verhindert wird. Um den jungen Stern bildet sich ein Kokon aus Staubteilchen, der die Sicht auf den Stern verdeckt. Im 7000 Lichtjahre entfernten **Adler-Nebel** konnte das Hubble-Weltraumteleskop über 100 solcher im Werden begriffener Sterne fotografieren.

Nach und nach lösen sich die Globulen vom Nebel. Hierbei spielt die UV-Strahlung naher blauer Sterne eine nicht unerhebliche Rolle. Der junge Stern wärmt außerdem den Staubkokon so stark, dass er eine nachweisbare Infrarotstrahlung aussendet. Ab einer Kerntemperatur von über zehn Millionen Grad wird Wasserstoff in Helium verwandelt, und der neue Stern – inzwischen durch Verdampfen des Staubes auch von seinem Kokon befreit – wandert auf die Hauptreihe des Hertzsprung-Russell-Diagramms (s. Seite 140).

Wie lange er dort verbleibt, hängt von seiner Masse ab. Für Sterne von etwa einer Sonnenmasse beträgt die Zeit zehn Milliarden Jahre. Für massereichere Sterne ist der Aufenthalt auf der Hauptreihe kürzer, denn sie verbrauchen ihren Brennstoff erheblich schneller. So geht der Brennstoff eines Sternes mit zehn Sonnenmassen nicht zehn-, sondern 5000-mal schneller zur Neige, weshalb er dann auch schon bereits nach 20 Millionen Jahren ausgebrannt ist. Allerdings ist die Leuchtkraft eines solchen Sternes auch 5000-mal größer als die der Sonne. Die massereichsten Sterne entwickeln sich sogar innerhalb von einer Million Jahren zu Roten Riesen.

Das Riesenstadium ist für alle Sterne nach der Umwandlung der Wasserstoffvorräte zu Helium die nächste Phase. Im Kern wird dabei Helium zu Kohlenstoff aufgebaut, in einer etwas weiter außen liegenden Schale wird weiterhin Wasserstoff in Helium umgewandelt.

Über Millionen Jahre verbleibt der Stern im Stadium des Rote Riesen. Dann aber ist es ihm unmöglich, weitere Energie durch Kernfusionsprozesse zu erzeugen, und die Schwerkraft besiegt den Gasdruck. Der Stern erleidet einen Kollaps, fällt in sich zusammen und wird zu einem ***Weißen Zwerg.*** Im Laufe der Zeit wird er schwächer und verwandelt sich in einen Schwarzen Zwerg. Sterne bis zu 1,4 Sonnenmassen werden auf diese Weise ihr Leben beenden.

Aber auch Sterne von anfangs über 1,4 Sonnenmassen können dieses Ende nehmen. Dadurch, dass sie vor allem in ihren späteren Entwicklungsstadien eine Menge Materie in die Umgebung abgeben, unterschreiten sie die Grenze von 1,4 Sonnenmassen. Die dabei entstehenden Gashüllen werden ***Planetarische Nebel*** genannt. Der Name rührt daher, dass solche Objekte in kleinen Fernrohren den äußeren Planeten ähnelten: Beide erscheinen, obwohl völlig unterschiedlich, als kleine, blassgrüne Scheibchen.

Sterne mit ursprünglich über vier Sonnenmassen kollabieren nach dem Roten-Riesen-Stadium weitaus katastrophaler, nämlich in Form einer Supernova-Explosion. Was danach übrigbleibt, ist entweder ein Neutronenstern oder ein Schwarzes Loch.

Was sind Neutronensterne, Pulsare und Schwarze Löcher?

Bei einer Supernova-Explosion werden die äußeren Materieschichten eines massereichen Sternes in den Raum hinausgeschleudert, wo sie die interstellare Materie mit schweren Elementen anreichern. Liegt die Masse eines explodierten Sternes zwischen 1,4 und drei Sonnenmassen, dann wird der Kollaps erst gestoppt, wenn eine Dichte erreicht ist, bei der ein Fingerhut voll Materie eine Masse von zehn Millionen Tonnen enthält. Bei diesen Verhältnissen werden Elektronen und Protonen zusammengequetscht und bilden Neutronen: Ein *Neutronenstern* entsteht.

Ist der Raum zwischen den Sternen leer?

Auf den ersten Blick scheint der Raum zwischen den Sternen leer zu sein. Doch wie wir an manchen Stellen, zum Beispiel im Sternbild Orion sehen können, und worauf sich auch unsere Theorie über die Sternentstehung stützt, gibt es zwischen den Sternen sehr dünne Gas- und Staubschichten, die *interstellare Materie* genannt werden. Die hellen und dunklen Nebel im Orion sind schon eine sehr dichte Erscheinungsform der interstellaren Materie. Im Normalfall ist sie nur sehr dünn zwischen den Sternen verteilt, nämlich ein oder zwei Atome pro Kubikzentimeter. Dagegen enthält unsere Luft pro Kubikzentimeter ungefähr 10.000.000.000.000.000.000 Moleküle!

Etwa ein bis zwei Prozent der Gesamtmasse unseres Milchstraßensystems bestehen aus interstellarer Materie, die sich aus drei Bestandteilen zusammensetzt: einem Gemisch aus Gasen, hauptsächlich Wasserstoff, gefolgt von Helium und einem geringen Prozentsatz anderer Elementverbindungen. Sie spielen für die Entstehung von Sternen und Planeten eine entscheidende Rolle, und bisher konnten über 90 verschiedene Moleküle in der interstellaren Materie nachgewiesen werden, so zum Beispiel Wasser, Schwefeldioxid, Ethanol und Blausäure. Nur ein Prozent der interstellaren Materie ist Staub. Er stammt zumeist aus dem in den Weltraum abströmenden Gas der ausgedehnten Atmosphären kühler, alter Riesensterne. Ferner sind neu entstandene Sterne häufig von Staubhüllen umgeben, die kein Licht nach draußen lassen. Allerdings wird der Staub von den jungen Sternen aufgeheizt, was zu einer Freisetzung von Infrarotstrahlung führt. Schließlich sind auch Planeten, Monde und Kometen zu einem beträchtlichen Teil aus interstellarem Staub entstanden.

Doch neben diesen nachweisbaren Formen von Materie gibt es auch noch dunkle Materie. Sie sendet keinerlei sichtbares Licht aus, ihre Gravitationswirkungen unterscheiden sich jedoch nicht von jenen der herkömmlichen Materie. Dunkle Materie ist als unsichtbarer Halo um die Galaxien und in den Kernen der Zwerggalaxien vorhanden. Besonders jedoch ist sie in den riesigen Räumen zwischen den einzelnen Galaxien der großen Galaxienhaufen verteilt. Durch diese Beobachtungen wird vermutet, dass das Universum etwa zu 90 Prozent (manche Astronomen meinen sogar zu 99 Prozent) aus unsichtbarer Materie besteht. Dazu kommt eine exotische Form von Energie, die als eine Art abstoßende Schwerkraft wirkt.

Sterne dieses Typs haben Durchmesser von zehn bis 20 Kilometern. Ihre äußere Schicht ist fest, obwohl der Stern bei seiner Geburt gasförmig war. Sie ist einige hundert Meter dick und besteht aus Eisen. Dessen Dichte übersteigt die des irdischen Eisens um das 104fache und besitzt eine rund eine Million Mal größere Festigkeit als Stahl.
Einige Neutronensterne senden in bestimmten, sehr kurzen Abständen Radio- oder Röntgenimpulse aus. Sie werden deshalb *Pulsare* genannt. Die ersten Pulsare wurden 1967 von *Antony Hewish* und *Jocelyn Bell* am Mullard Radio Astronomy Observatory im Cambridge/England entdeckt. Inzwischen kennen die Astronomen etwa 760 Pulsare, aber sie vermuten, dass es in unserer Milchstraße rund 500.000 dieser „Blinksterne" gibt. Ihre wiederkehrenden Signale haben eine Periode zwischen 1,6 Millisekunden und 4,3 Sekunden und treffen die Erde wie der Scheinwerferstrahl eines Leuchtturms. So hat der Pulsar im Zentrum des Krabben-Nebels eine Periode von 0,033 Sekunden.
Dieses „Leuchtturm-Modell" lässt sich durch die schnelle Rotation des Neutronensterns erklären: Wenn sich ein rotierendes Objekt zusammenzieht, steigt seine Drehgeschwindigkeit (man denke an die Pirouette einer Eiskunstläuferin). Ein Neutronenstern ist so weit in sich zusammengefallen, dass er tatsächlich in einer Sekunde mehrere Umdrehungen ausführt.
Der Kollaps drückt nun zusätzlich das magnetische Feld auf der Oberfläche des Sterns zusammen, und die sich in diesem Feld mit hoher Geschwindigkeit bewegenden Elektronen senden Strahlung aus. Was die Pulsstrahlen erzeugt, sind die im Magnetfeld eingefangenen Teilchen. Wenn sie wegen der raschen Rotation des Sterns mit Lichtgeschwindigkeit über die Äquatorebene jagen, senden sie eine Strahlung aus, die auch als *Synchrotronstrahlung* bezeichnet wird.

Schwarze Löcher

Hat ein Stern am Zeitpunkt des Zusammensturzes mehr als acht Sonnenmassen, so wird nach einer Supernova der Zustand des Neutronensterns „übersprungen", und das Objekt kollabiert noch weiter, bis sein Durchmesser nur noch wenige Kilometer beträgt. Seine Dichte liegt dann bei etwa 100 Milliarden Tonnen pro Kubikzentimeter, und die Schwerbeschleunigung an der Oberfläche ist so groß, dass weder Licht- noch Radiostrahlen nach außen dringen. Das Objekt kann weder durch ein optisches noch durch ein Radioteleskop beobachtet werden, und man nennt es daher *Schwarzes Loch*.
Zwar gelangt von Schwarzen Löchern keine Strahlung nach außen, aber ihre enorme Schwerkraft wirkt auf ihre Umgebung ein. Materie, die sich in der unmittelbaren Nachbarschaft eines Schwarzen Lochs befindet, wird hineingezogen. Dabei wird Röntgenstrahlung erzeugt, mit deren Hilfe sich Schwarze Löcher nachweisen lassen. Das gelingt besonders dann, wenn sie Teil eines Doppelsterns sind. Von dem sichtbaren Stern strömt Materie in Form einer **Akkretionsscheibe** zum Schwarzen Loch.
Einige Röntgenquellen, die man in den letzten Jahren beobachtet hat, stehen daher auch im Verdacht, mit Schwarzen Löchern in Zusammenhang

Mit Hubble konnten zum ersten Mal Materiescheiben um ein Schwarzes Loch nachgewiesen werden. Diese Gebilde werden „Akkretionsscheiben" genannt.

Der Orion-Nebel zählt zu den bekanntesten Sternentstehungsgebieten, zumal er auch mit dem bloßen Auge beobachtet werden kann. Mit Hubble gelangen auch hier neue Einblicke, besonders in den zentralen Teil des Nebels.

zu stehen, so die Röntgenquelle Cygnus X-1. Weitere Kandidaten sind V 404 Cygni, LMC X3 und A 06200-00 im Sternbild Einhorn.

Was sind Nebel und Dunkelwolken?

An einigen Stellen des Himmels sind schon mit bloßem Auge diffuse helle oder dunkle Gebiete zu erkennen, zum Beispiel im Sternbild Orion oder im Kreuz des Südens. Die Astronomen sprechen dann entweder von *(hellen) Nebeln* oder *Dunkelwolken*, auch Dunkelnebel genannt.

Bei hellen Nebeln leuchtet das Gas selbst (Emissionsnebel). Ursache sind heiße junge Sterne, deren Ultraviolettstrahlung die Wasserstoffatome der Wolke ionisiert und sie zum Leuchten anregt. Einer der bekanntesten Emissionsnebel ist der große **Orion-Nebel** im Schwert des Sternbildes. Sein Leuchten wird von dem Mehrfachstern Sigma Orionis verursacht. Ein anderer Emissionsnebel ist der Rosetten-Nebel im Sternbild Einhorn.

Erstreckt sich dagegen in der Nachbarschaft von Sternen ohne intensive UV-Strahlung eine Wolke aus Wasserstoffmolekülen, so wird diese nicht zum eigenen Leuchten angeregt. Sie reflektiert einfach das Licht dieser nahen Sterne, so dass man hier von einem *Reflexionsnebel* spricht. Ein schö-

Der Pferdekopf-Nebel im Sternbild des Orion zählt wegen seiner Form zu den bekanntesten und beeindruckendsten Dunkelnebeln des nördlichen Sternhimmels.

nes Beispiel für diese Nebelart sind die Plejaden im Sternbild Stier, ein offener Sternhaufen, der mit bloßem Auge deutlich sichtbar ist (s. Seite 135). Der 400 Lichtjahre entfernte Haufen enthält 300 bis 500 Sterne in einem Volumen mit einem Durchmesser von 30 Lichtjahren. Die Sterne sind in einem Reflexionsnebel aus kaltem Gas und Staub eingebettet, der auf Aufnahmen blau erscheint. Mit einem Alter von 50 Millionen Jahren ist der Sternhaufen nach astronomischen Maßstäben noch jung, so dass er noch einige massereiche Sterne enthält.

Doch kehren wir noch einmal zum Sternbild Orion zurück: Hier liegt auch der **Pferdekopf-Nebel**. Er gehört zur Gruppe der Dunkelnebel und ragt in einen hellen Emissionsnebel hinein. Bei einem Dunkelnebel stehen keine Sterne in der Nähe, die ihn zum Leuchten anregen, oder die interstellare Materie ist so dicht, dass das Licht der dahinterliegenden Sterne vollständig verschluckt wird. Deshalb werden diese Nebel auch als *Absorptionsnebel* bezeichnet. Gerade beim Pferdekopf-Nebel wird deutlich, dass diese Gebiete nicht einfach sternenleer sind.

Planetarische Nebel und Supernova-Überreste

Einige Nebel zeigen sich in kleinen Fernrohren wie ein flaues Planetenscheibchen, was ihnen den Namen *Planetarische Nebel* einbrachte. Doch

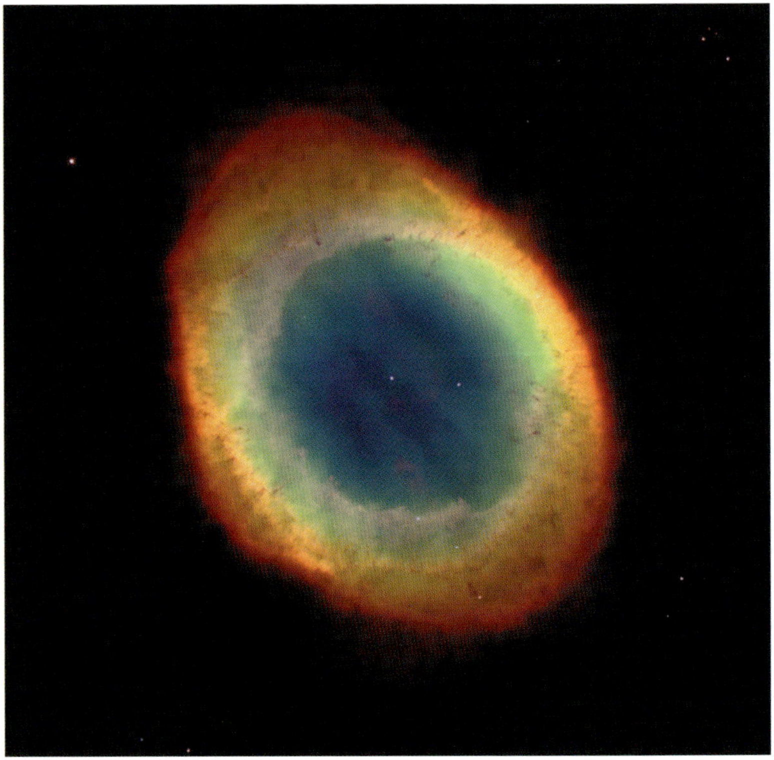

Sterne wie unsere Sonne werden als Planetarischer Nebel und Weißer Zwerg enden. Der bekannteste Nebel dieser Art ist der hier abgebildete Ring-Nebel im Sternbild Leier.

diese Bezeichnung ist irreführend, denn in großen Instrumenten entpuppen sie sich als expandierende Gasschalen, die einen Zentralstern umgeben. Da sie aus perspektivischen Gründen dem Betrachter als Ring erscheinen, wird ein derartiges Objekt auch als *Ring-Nebel* bezeichnet.

Wie aber kommt es zu dieser Erscheinung? Der Zentralstern ist sehr heiß (Oberflächentemperatur zwischen 30.000 und 50.000 Grad) und sendet Ultraviolettstrahlung aus, die nun die umgebenden Gase, hauptsächlich Wasserstoff und Sauerstoff, zum Leuchten anregt.

Die Gashüllen expandieren mit Geschwindigkeiten zwischen 20 und 50 km/s und sind nach neueren Theorien im Zuge der Kernkontraktion eines älteren Sternes entstanden, der einmal als Weißer Zwerg enden wird. Ein schönes Beispiel für einen Planetarischen Nebel ist der Ring-Nebel M 57 in der Leier.

Andere Nebel wie der **Krabben-Nebel** im Sternbild Stier zeigen an ihrer äußeren Form, dass das Ende eines Sternes noch dramatischer verlaufen sein muss, nämlich als Supernova-Explosion. Hier wurden die Gaswolken asymmetrisch nach allen Richtungen ausgeschleudert und breiten sich immer noch aus (heutige Geschwindigkeit 1300 km/s). Die Supernova, die diesen Nebel hervorrief, wurde 1054 n. Chr. von chinesischen Astronomen als heller Stern beobachtet.

Sternenende als Entfernungsmesser

Dieses Foto des Krabben-Nebels M 1 wurde vom VLT-Teleskop Kueyen aufgenommen. Radioastronomische Untersuchungen zeigen, dass sich im Zentrum ein Pulsar befindet.

Supernova-Explosionen geben aber nicht nur Hinweise auf die letzte Phase und den Schlusspunkt eines Sternenlebens. Sie können auch als Standardkerzen dienen, um die Entfernungen im Kosmos, insbesondere die der außergalaktischen Systeme zu vermessen. Denn sie strahlen für kurze Zeit heller als eine komplette Galaxie. Zwar zeigen auch diese explodierenden Sterne stark unterschiedliche Eigenschaften, aber eingehende Untersuchungen ergaben eine vielversprechende Methode, vor allem was die Supernovae des Typs I (speziell der Gruppe „Ia") betrifft: Sie haben nahezu die gleiche Leuchtkraft. Australische und amerikanische Forschergruppen fanden bei dieser Suche „Todessterne", die vor vier bis sieben Milliarden Jahren ihr Leben ausgehaucht oder treffender, ihr Licht ausgeblasen hatten, als das Universum erst die Hälfte bis zwei Drittel seines jetzigen Alters erreicht hatte.

Dabei machten die Forscher eine überraschende Entdeckung: Die Supernovae waren weniger hell als erwartet. Anfangs zogen die Astronomen folgende Möglichkeiten in Betracht:

- Staub längs der Lichtwege könnte die Strahlung der Supernovae abgeschwächt haben.
- Eine besondere Art des Gravitationslinseneffekts – die Verformung der Lichtbündel durch die Schwerkraft am Lichtweg liegender Galaxienhaufen – könnte zur Abschwächung der Helligkeit geführt haben.
- Vielleicht liegt die Ursache dieses Phänomens aber auch in möglicherweise unterschiedlichen inneren Eigenschaften entfernter gegenüber naher Supernovae, weil sich die Sterne in der Frühzeit des Universums noch nicht so stark mit schweren Elementen anreichern konnten.

Nachdem diese drei Hypothesen durch eingehende Überlegungen und weitere Untersuchungen ausgeschlossen werden mussten, blieb nur noch eine bis dahin nicht in Betracht gezogene Erklärung übrig, dass nämlich die Struktur des Kosmos selbst, seine Raumzeit, für die unerwartet geringen Helligkeiten ferner Supernovae verantwortlich ist. Die gemessenen kleineren Rotverschiebungen und die Dehnung der Lichtwellen könnten dadurch hervorgerufen werden, weil das All früher langsamer expandierte. Diese Expansionsbewegung (siehe Kapitel: „Am Ende ein neuer Knall?") verlangsamt sich nicht nur weniger rasch als erwartet, im Gegenteil sie beschleunigt sich sogar. Ursache könnte eine exotische Form von Energie sein, die das Vakuum des Universums gleichmäßig erfüllt. Diese Vakuumenergie wirkt genau umgekehrt wie die Gravitation, und zwar abstoßend als eine Art Antischwerkraft. Auf diese Weise kann das Weltall mit wachsender Beschleunigungsrate expandieren.

*Welteninseln

Ein Paradebeispiel für eine Spiralgalaxie ist das Objekt NGC 1232 im Sternbild Eridanus.

Über unseren Städten ist die Milchstraße überhaupt nicht mehr zu sehen, und wer sie im Urlaub oder bei einer Schiffsreise zum ersten Mal erblickt, der ist überrascht von ihrer Schönheit. Ihn wundert es dann auch nicht mehr, dass sich um dieses Phänomen so viele Sagen ranken. Erst das Fernrohr ließ die wahre Natur der Milchstraße als Ansammlung von Sternen deutlich werden; und es dauerte bis in die zwanziger Jahre des zwanzigsten Jahrhunderts, dass ihre Gestalt erkannt und entdeckt wurde, und dass viele der blassen ovalen Nebelflecke ebenfalls Milchstraßen oder Galaxien sind.

Auf diese Weise boten die Galaxien den Astronomen Gelegenheit, den Aufbau dieser Welteninseln zu studieren. Was nämlich derartige Bemühungen für unsere Milchstraße angeht, so befinden wir uns in der Lage eines Wanderers, der den Wald vor lauter Bäumen nicht sieht. Während er sich auf der Erde jedoch einen Gesamtüberblick verschaffen kann, indem er einen Aussichtsturm oder einen Hubschrauber besteigt, setzen uns im Falle der Milchstraße Raum und Zeit unüberwindbare Grenzen – anders als es in Sciencefiction-Geschichten der Fall ist.

Die außergalaktischen Systeme treten nicht nur in unterschiedlichen Formen auf, so dass sich sogar ein Klassifikationsschema entwickeln ließ, sondern – und das war die fundamentale, ja wirklich weltbewegende Erkenntnis – alle Galaxien entfernen sich in alle Richtungen des Raumes voneinander. Durch diese Fluchtbewegung ermöglichen sie den Kosmologen Rückschlüsse auf Vergangenheit und Zukunft des Universums.

Weshalb sehen wir das Band der Milchstraße?

In sternklaren, mondlosen Nächten kann der Naturfreund außerhalb der Großstadt ein diffuses Lichtband erkennen, das sich durch Sternbilder wie Kassiopeia, Schwan, Adler und Schütze zieht. Wegen seiner Erscheinung nannten die Griechen dieses Sternenband ***Milchstraße.*** Der Sage nach soll es durch die verspritzte Milch der Göttin Hera entstanden sein.

Schon in einem Fernglas zeigt sich, dass das Band der Milchstraße in Wirklichkeit eine Ansammlung von Millionen und Abermillionen Sternen ist, die offenbar dicht beieinander stehen. Doch der Eindruck trügt, denn fotografiert man die Milchstraße in ihrem ganzen Verlauf, wird schnell die scheibenförmige Struktur sichtbar. Dort also, wo wir am Himmel die Milchstraße sehen, liegt die Scheibe, die sehr viele Sterne enthält, während wir in den anderen Raumrichtungen „abseits“ der Milchstraße und damit der galaktischen Ebene viel weniger Sterne sehen.

Wie ist unser Milchstraßensystem aufgebaut?

Unsere **Galaxis** ist von der Kante her gesehen eine **Scheibe** mit einem verdickten Zentrum. Von oben gleicht sie einer gewaltigen Spirale, von deren dickem Kern sich mehrere Arme ausbreiten. Von einem Ende zum anderen misst unsere Milchstraße 100.000 Lichtjahre, während ihre Dicke im Kernbereich rund 20.000 und in den äußeren Bereichen der Scheibe 5000 Lichtjahre beträgt. Unsere Sonne ist 25.800 Lichtjahre vom Zentrum der Milchstraße entfernt, das sie mit 220 km/s in 250 Millionen Jahren einmal umkreist. Die Milchstraße lässt sich in vier Bereiche gliedern: das Zentralgebiet, die Scheibe, den umgebenden Halo und die Korona.

Auf dieser vom Satelliten COBE stammenden Aufnahme unseres Milchstraßensystems sind deutlich Scheibe und Kern zu erkennen.

Das ***Zentralgebiet*** liegt in Richtung des Sternbildes Schütze, ist aber hinter dichten Staubwolken verborgen und deshalb im optischen Wellenlängenbereich nicht zu beobachten. Aber Radiowellen, Infrarot- und Röntgenstrahlung können von dort bis zur Erde gelangen. So orteten die Radioastronomen im Milchstraßenzentrum eine starke Radioquelle namens Sagittarius A.

Eine dichte Ansammlung von Sternen, Gasen und Staub umkreist den eigentlichen Kernbereich mit sehr hohen Geschwindigkeiten, was auf eine große Masse schließen lässt. Vermutlich handelt es sich um ein riesiges, supermassereiches Schwarzes Loch, in das Gas und Sterne hineinfallen, denn ein Viertel aller Strahlung stammt aus einem Raum von weniger als 1,5 Milliarden Kilometern Durchmesser. Und falls ein derartiges Schwarzes Loch existiert, könnte es die Energiequelle für einen Teil der Strahlung des galaktischen Kerns sein.

Bei der Sombrero-Galaxie M 104, die wir schräg von oben sehen, lassen sich sehr schön die einzelnen Bereiche Kern, Scheibe und Halo erkennen.

Die galaktische Scheibe und ihre Arme

Das Zentralgebiet mit dem Kern und der größten Sternkonzentration wird von der ***Scheibe*** umgeben. Hier sind die jüngsten und heißesten Sterne sowie interstellare Materie in Form von Spiralarmen konzentriert.

Bisher sind folgende Spiralarme sicher nachgewiesen: der *Sagittariusarm* – er ist in Richtung zum Sternbild Schütze (Sagittarius) und damit zum Zentrum der Galaxis angeordnet und zerfällt noch in den Scutum-Crux- und den Norma-Arm. Dann gibt es den *Orionarm*, an dessen Innenseite – zum galaktischen Zentrum hin – unsere Sonne liegt, und den *Perseusarm*. Außerdem ist noch ein weiterer Spiralarm bekannt, der sich zwischen uns und dem galaktischen Zentrum erstreckt und von ihm rund 10.000 Lichtjahre (drei Kiloparsec) entfernt ist. Deshalb wird er auch *3-Kiloparsec-Arm* genannt. Im Raum zwischen den Spiralarmen sind eine Vielzahl von Sternen mittlerer und geringer Leuchtkraft angesiedelt.

Wer sich eine einigermaßen anschauliche Vorstellung von den Dimensionen unseres Milchstraßensystems machen möchte, der lege zwei CDs aufeinander für die Scheibe, in deren Mitte stecke er eine Murmel für das Zentrum, male davon in 3,6 cm Entfernung einen Punkt für die Position der Sonne, stülpe über das ganze eine Käseglocke für den Kugelsternhaufen-Halo und platziere diese CD-Käseglocken-Welteninsel noch in ein Iglu-Zelt, um die Verteilung der dunklen Materie zu simulieren.

Der Halo

Die galaktische Scheibe wird von einer sphärischen Hülle in Form einer leicht abgeplatteten Kugel umschlossen: dem ***Halo*** (griechisch für Hof, Umgebung). Er erstreckt sich über einen Durchmesser von 75.000 Lichtjahren und enthält kugelförmige Sternhaufen sowie alte Einzelsterne, die sich auf Ellipsenbahnen um das Zentralgebiet der Milchstraße bewegen.

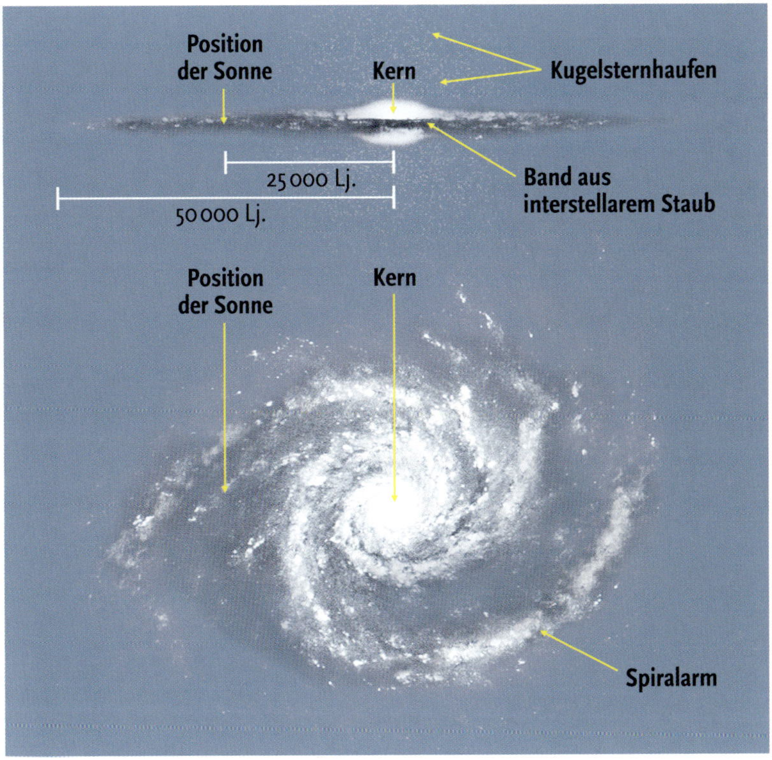

Dank intensiver Untersuchungen der Gebiete und Objekte unserer Milchstraße können wir uns heute ein recht genaues Bild vom Aussehen unseres eigenen Sternsystems machen, sowohl von oben als auch von der Seite.

Der Halo wiederum ist von einer dünneren, aber ausgedehnten Korona aus unsichtbarer Materie umgeben. Sie dehnt sich bis auf eine Entfernung von 300.000 Lichtjahren aus und enthält wahrscheinlich 90 Prozent der gesamten Materie der Galaxis.

Wie weit ist es bis zum Andromeda-Nebel?

Unser Auge ist wohl das fantastischste Organ, das die Natur konstruiert hat: Es vermag immerhin drei Millionen Lichtjahre weit zu sehen – das ist nämlich die Entfernung des **Andromeda-Nebels** von der Erde. Als das Licht sich von dieser Galaxis zu uns auf die Reise machte, entstanden auf unserem Planeten gerade die Vorformen des Menschen. Oder umgekehrt: Wenn wir diese benachbarte Galaxie im Fernrohr betrachten, dann blicken wir quasi knapp 3 Millionen Jahre in die Vergangenheit. Dort sehen wir unter einem Winkel von 75 Grad auf ein Sternsystem, das unserer Milchstraße sehr ähnlich ist. Sein Durchmesser beträgt etwa 200.000 Lichtjahre (Milchstraße: 100.000 Lichtjahre), und seine Gesamtmasse liegt bei 310 Milliarden Sonnenmassen (Milchstraße: 200 Milliarden).

Der Andromeda-Nebel oder besser die Andromeda-Galaxie ist das einzige außergalaktische Milchstraßensystem, das mit dem bloßen Auge in einer klaren dunklen Nacht gesehen werden kann.

Seit 1923 ein außergalaktisches System

Bis weit ins 20. Jahrhundert war unklar, ob der Andromeda-Nebel und viele der anderen Nebel zu unserem eigenen Milchstraßensystem gehören oder – wie es bereits der große Philosoph Immanuel Kant in seiner 1755 erschienenen „Allgemeinen Naturgeschichte und Theorie des Himmels" vermutet hatte – ein selbstständiges, also außergalaktisches System darstellt, eine Welteninsel. Beweise für die zweite Hypothese lieferten einmal das Aufleuchten einer Supernova im Jahre 1885 und die ersten gegen Ende des 19. Jahrhunderts gewonnenen fotografischen Aufnahmen. Auf ihnen zeichnete sich eine Spiralstruktur ab.

Erst 1923 gelang es dem amerikanischen Astronomen Edwin Hubble mit dem 2,5-Meter-Spiegelteleskop auf dem Mount Wilson, den Andromeda-Nebel teilweise in Einzelsterne aufzulösen, unter denen auch zahlreiche Veränderliche Sterne waren (s. Seite 141). Mit ihrer Hilfe konnte eine Entfernungsbestimmung vorgenommen werden, und der vorläufige Wert betrug etwa eine Million Lichtjahre. Damit war der endgültige Beweis für die Selbstständigkeit des Andromeda-Nebels als Sternsystem erbracht.

Im Jahre 1944 konnte der deutsch-amerikanische Astronom *Walter Baade* (1893–1960) den zentralen Kern des Andromeda-Nebels in Einzelsterne auflösen. Neben Veränderlichen Sternen fand er helle Riesen- und Überrie-

Wie kommt es zu den Spiralarmen?
Spiralarme sind das charakteristische Merkmal vieler uns bekannter Galaxien. Nach unseren heutigen Erkenntnissen sind es zwei Prozesse, die zu ihrer Entstehung führen: Durch viele Supernova-Explosionen werden das interstellare Gas und der Staub zu mehreren länglichen Gebieten mit größerer Materiedichte zusammengepresst und dann durch die Rotation der Galaxie so verdreht, dass sie sich zu Abschnitten von Spiralarmen verformen, bevor sie sich schließlich wieder auflösen – so zeigt es jedenfalls eine Computersimulation.
Eine zweite Möglichkeit läuft unter der Überschrift „Dichtewellentheorie“: Danach nimmt eine Galaxie eine Spiralform an, wenn sie durch die Gravitation einer vorüberfliegenden anderen Galaxie gestört wird. Dieser Vorgang ähnelt dem, wenn Kaffeesahne in einer Tasse Kaffee eine Spiralform bekommt, wenn man sie umrührt. Dieses Spiralmuster bleibt auch mehr oder weniger dann erhalten, wenn einzelne Sterne und Gaswolken ständig in die Arme ein- und wieder austreten. Die Spirale ist also eine Art Dichtewelle, die ihre Form beibehält, während die jeweiligen Bestandteile wechseln. Sie gleicht damit in vielerlei Hinsicht einem Stau auf der Autobahn. Er besteht auch noch lange fort, nachdem das ursprüngliche Hindernis beseitigt worden ist. Die Fahrzeuge, die den Stau bilden, wechseln ständig, da Autos und Lastwagen vorne den Stau verlassen, während andere sich hinten anschließen.

sensterne, Novae, offene Sternhaufen und Kugelsternhaufen sowie sieben Spiralarme. Zwei von ihnen liegen sehr nahe am Kern. Sie enthalten sehr viel staubförmige Materie; die fünf anderen sind durch auffällige Sternwolken geprägt.
Wie unsere Milchstraße von der Großen und Kleinen Magellanschen Wolke, so wird auch der Andromeda-Nebel von zwei Begleitsystemen flankiert. Es sind zwei elliptische Galaxien mit den Katalogbezeichnungen M 32 und NGC 205. M 32 hat einen Durchmesser von 2300 Lichtjahren, und NGC 205 ist mit 5400 Lichtjahren Durchmesser etwas größer. 1972 wurden einige kugelförmige Zwerggalaxien entdeckt, die ebenfalls zum Andromedanebel-System gehören und als And I, II und III in den Sternkatalogen aufgeführt werden.

Was ist die Lokale Gruppe?

Ähnlich wie Sterne in den seltensten Fällen allein vorkommen, sondern meist in Paaren oder gar Gruppen, sind auch Galaxien keine „Einzelgänger“. So wird unsere Milchstraße von zwei kleineren Sternsystemen begleitet. Sie werden nach dem ersten Weltumsegler *Ferdinand Magellan* als „Große“ und „Kleine Magellansche Wolke“ bezeichnet.
Beide Objekte sind so genannte *irreguläre Galaxien*. Die Große Magellansche Wolke ist mit rund 170.000 Lichtjahren Entfernung das uns nähere System, während die Kleine Magellansche Wolke etwa 200.000 Lichtjahre weit entfernt liegt. Leider sind beide Sternsysteme nur von der Südhalbkugel der Erde aus zu beobachten, so dass für uns Nordhalbkugelbewohner auch das Schauspiel einer Supernova verloren ging, die 1987 in der Großen Magellanschen Wolke aufleuchtete.

Die beiden Magellanschen Wolken und die Milchstraße sowie der Andromeda-Nebel mit seinen Begleitern werden mit einigen weiteren Sternsystemen zum Galaxienhaufen *Lokale Gruppe* gezählt. Er enthält in einem Umkreis bis zu 4.000.000 Lichtjahren Entfernung schätzungsweise bis zu 30 Galaxien verschiedener Größe und Form, deren Durchmesser von 4200 bis 150.000 Lichtjahre reichen. Die einzelnen Systeme werden durch die gegenseitige Gravitation zusammengehalten und bilden wiederum nur einen Galaxienhaufen unter vielen.

Wie werden Galaxien klassifiziert?

Galaxien erscheinen in den Fernrohren aus den verschiedensten Perspektiven und in den unterschiedlichsten Formen. So gehören zur Lokalen Gruppe beispielsweise drei große Spiralnebel: unser Milchstraßensystem, der Andromeda-Nebel (M 31) und der Dreiecks-Nebel (M 33). Außerdem gibt es vier mittelgroße unregelmäßige Galaxien – zu denen auch die beiden Magellanschen Wolken gerechnet werden – eine Anzahl verhältnismäßig kleiner elliptischer Galaxien und Zwerggalaxien.

Als mit dem Einsatz des 2,5-Meter-Spiegelteleskops in den 1920er Jahren nicht nur die Auflösung des Andromeda-Nebels in Einzelsterne, sondern auch die Feststellung verschiedener Typen von Galaxien gelang, stellte Edwin Hubble erstmals ein Klassifikationsschema auf, in das bis heute Galaxien eingeordnet werden.

Das **Hubble-Schema** gleicht von der Anordnung her einer Stimmgabel. Dabei wird der Griff von den elliptischen Galaxien gebildet, während der obere Zacken die normalen Spiralsysteme und der untere Zacken die Balkenspiralen enthält. Die elliptischen Galaxien (mit dem Großbuchstaben E versehen) bekommen nun noch eine Zahl zwischen 0 und 7, die den Grad ihrer Abplattung angibt. So bedeutet 0 kugelförmig und 7 stark abgeplattet.

Das von Edwin Hubble aufgestellte Galaxien-Klassifikationsschema wird zwar heute nicht mehr zur Beschreibung der Entwicklung dieser Sternsysteme verwendet, ist aber weiterhin zu deren Einordnung gültig.

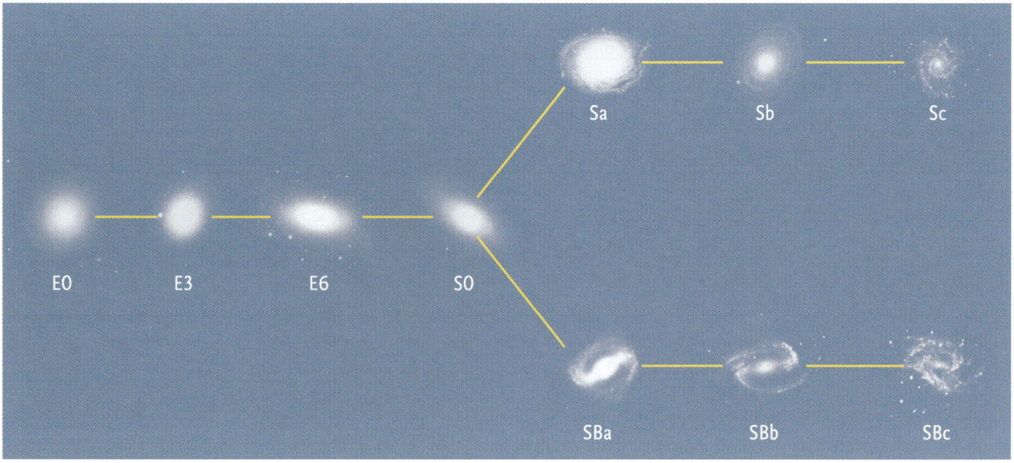

Die normalen Spiralen (S) erhalten die Kleinbuchstaben a, b oder c, wobei die Reihenfolge angibt, wie stark der Kern gegenüber den Spiralarmen zurücktritt. Unsere Galaxis liegt zwischen den Typen Sb und Sc. Ähnliche Symbole erhalten die Balkenspiralgalaxien mit den Großbuchstaben SB. Auch hier steht a für einen stark ausgebildeten Kern, der von zwei dünnen Spiralarmen umgeben wird, während c auf einen kleinen Kern und stark ausgebildete Spiralarme hinweist.

Der „Kreuzungspunkt" der „Gabel" wird von den Galaxien der Klasse SO eingenommen. Sie haben einen großen Kern, und Spiralarme treten bei ihnen nur schwach oder gar nicht in Erscheinung. Etwa drei Prozent der Galaxien passen nicht in dieses Schema; sie werden als *irreguläre Galaxien* bezeichnet, wie zum Beispiel die beiden Magellanschen Wolken. Außerdem gibt es noch die *Seyfert-Galaxien*. Sie enthalten einen sehr hellen Kern, wo sich heiße Gase mit Tausenden von Kilometern pro Sekunde bewegen und vermutlich heftige Explosionen erzeugen.

NGC 1316 im Fornax-Galaxienhaufen ist ein eindrucksvolles und sehr schön anzusehendes Beispiel für eine elliptische Galaxie.

Weshalb gibt es verschiedene Galaxienformen?

Mit dem VLT der ESO konnte diese Galaxienkollision der beiden Systeme NGC 6872 und IC 4970 aufgenommen werden. Deutlich sind die Materiebrücken zu erkennen.

Lange Zeit nahmen die Astronomen an, dass der Bau einer Galaxie und ihre Entwicklung eng miteinander zusammenhängen. Sie gingen davon aus, dass sich Galaxien als **elliptische Systeme** bilden und allmählich eine unregelmäßige Gestalt annehmen. In den heute vorherrschenden Theorien zur Entwicklung von Galaxien sind die Wissenschaftler von dieser Sichtweise abgekommen: Die Gestalt einer Galaxie scheint viel mehr von anderen Faktoren abzuhängen.

Ein ganz wichtiger ist, in welchen Zeiträumen sich die Sterne in ihrem Innern bilden. Entstehen sie aus irgendeinem Grund in sehr kurzen Zeiträumen und brauchen dabei einen großen Teil der interstellaren Materie auf, kommt es wahrscheinlich zur Bildung einer elliptischen Galaxie. Bilden sich jedoch die Sterne nach und nach, so dass auch noch heute neue Sterne geboren werden, ist das Ergebnis eine Spiralgalaxie.

Ein ebenso bedeutender Umstand ist auch, ob es zu Kollisionen oder zu **Verschmelzungen von Milchstraßensystemen** kommt. Unsere Galaxis

wird nach neueren Berechnungen mit dem Andromeda-Nebel „zusammenstoßen“. Sehr wahrscheinlich wird es dabei zu einem Umbau unseres Milchstraßensystems kommen, nämlich von einer Spiralgalaxie zu einer elliptischen Galaxie. Für unsere Sonne wird diese Kollision keine Folgen haben, sie würde also nicht mit einem anderen Stern zusammenprallen, denn dazu sind die Räume zwischen den einzelnen Sternen zu groß. Aber unsere Milchstraße wird in eine noch größere Galaxie integriert.
Jedoch passiert das erst in zehn Milliarden Jahren – also in einem Zeitraum, den unsere Sonne mit ihrer restlichen Lebenszeit von rund fünf Milliarden Jahren keinesfalls erreichen wird. Unser Planetensystem und damit die Erde werden schon lange vorher zerstört werden.

Was versteht man unter Radiogalaxien und Quasaren?

Die meisten Galaxien senden neben dem sichtbaren Licht auch andere Strahlung aus, vor allem Radiowellen. Radiostrahlung zählt an sich zu den normalen Emissionen einer Galaxie, und so kann auch von unserer Milchstraße diese Strahlungsart empfangen werden. Eine millionenmal größere Strahlungsstärke besitzen dagegen einige elliptische Galaxien. Sie werden als *Radiogalaxien* bezeichnet. Die erste Radiogalaxie, die entdeckt wurde, ist Cygnus A. Dieser Doppelnebel steht in etwa 750 Millionen Lichtjahren Entfernung und enthält in einem Raum von rund 300.000 Lichtjahren Durchmesser rund zehn Billionen Sterne.
Zeichnet man die Intensität der Radiostrahlung, die man von verschiedenen Gebieten einer solchen Quelle erhält, in eine Karte ein und legt das Foto der betreffenden Radiogalaxie darüber, dann stellt man fest, dass Radiostrahlungs-Zentren nicht mit der optisch sichtbaren Galaxie übereinstimmen, sondern meist in zwei Bereichen symmetrisch zum Kern angeordnet sind. Es handelt sich dabei um Radioblasen, deren Ausdehnung zwischen 30 und 300 Lichtjahren liegt. Diese symmetrisch zum Kern ange-

Wie entstanden die Galaxien?

Als Pfeiler im Universum sind die Galaxien wie die gesamte Materie natürlich als Folge des Urknalls vor rund 13 bis 15 Milliarden Jahren entstanden. Bereits 300.000 Jahre nach diesem Ereignis gab es Strukturen im Universum. Sie waren allerdings noch sehr schwach – Galaxien existierten noch nicht. In den folgenden Jahrmillionen verdichtete sich die Materie durch Schwerkraftunterschiede, bis eine Milliarde Jahre nach dem Urknall die ersten Sterne erstrahlten. Sie wiederum schlossen sich zu immer größeren Einheiten zusammen, den Sternhaufen. Aus ihnen gingen die Galaxien hervor. Hierbei verschmolzen die kleineren zu größeren, die sich dann zu Haufen (engl.: Cluster) wie den Coma-Haufen mit mehr als 10.000 Welteninseln und schließlich zu Superhaufen (Supercluster) zusammenballten. Aber vielleicht findet der letzte Schritt auch nicht statt, weil das Universum expandiert und die Abstände zwischen den Haufen immer größer werden.

ordneten Regionen intensiver Radiostrahlung sind für die meisten Radiogalaxien charakteristisch. Ein bekanntes Beispiel ist M 82 im Sternbild Großer Bär. Hier zeigten Messungen, dass vom Zentrum dieses Sternsystems Wasserstoffmassen mit ca. 100 km/s wegfliegen. Man schloss aus dieser Expansionsgeschwindigkeit auf ein Explosionsalter von 11,5 Millionen Jahren. Diese Jets verbinden die Radioblasen mit der Muttergalaxie.

Quasare

Der Begriff ist eine Kurzform für „quasistellares Radioobjekt". Die durch die Buchstaben QSO abgekürzten Objekte erscheinen im optischen Bereich sternförmig und senden eine starke Radiostrahlung aus. Die ersten Quasare wurden 1963 entdeckt, als es gelang, mehrere Radioteleskope zu Radiointerferometern (s. Seite 22) zu kombinieren. Auf diese Weise war es möglich, die genaue Position bereits bekannter Radioquellen festzustellen. Die Spektrallinien der Quasare bereiteten den Astronomen zuerst Kopfzerbrechen. Der amerikanische Astronom *Maarten Schmidt* erklärte sie durch die Annahme, sie würden durch die bei schneller Entfernung eines Körpers vom Beobachter auftretende Wellenlängenverschiebung in den roten Bereich erzeugt. Das bedeutete eine große Radialgeschwindigkeit von uns weg, und die Messungen ließen auf eine Fluchtgeschwindigkeit von weit über 90 Prozent der Lichtgeschwindigkeit schließen.

Deutet man das als Indiz für die Ausdehnung des Universums, so gehören Quasare zu den entferntesten Objekten, die wir kennen: bis 15 Milliarden Lichtjahre. Damit sie aus diesen Distanzen für uns überhaupt noch optisch erkennbar sind, müssen sie sehr kompakt und außerordentlich leuchtintensiv sein und tausendmal mehr Energie aussenden als eine normale Galaxis.

Bis heute wurden über 2000 Quasare entdeckt, von denen einige nicht rein punktförmig erscheinen. Zum Beispiel zeigt der Quasar 3C273 in seiner

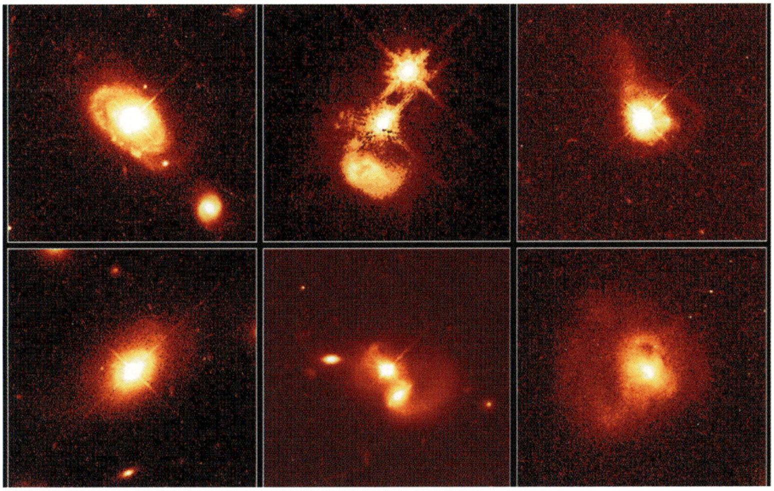

Quasare stellen noch immer die geheimnisvollsten Objekte im Universum dar. Aber auch hier konnten Teleskope wie Hubble etwas Licht ins Dunkel bringen, wie diese Galerie der Quasare zeigt.

unmittelbaren Nachbarschaft einen jetähnlichen Strahl. Die gängigste Erklärung ist ein supermassives Schwarzes Loch mit Millionen Sonnenmassen. In diesen Rest eines durch eine Supernova-Explosion zerrissenen massereichen Sternes werden die umgebende interstellare und intergalaktische Materie, ja sogar ganze Sterne hineingesogen. Dabei sammelt sich die Materie erst in einer Gasscheibe um das Schwarze Loch und wird auf viele Millionen Grad aufgeheizt. Dieser Materiefall liefert etwa 100-mal mehr Energie als die Kernfusion von Wasserstoff wie in der Sonne. Durch diesen Prozess entsteht jene energiereiche Strahlung, die wir von einem Quasar empfangen.

Was ist die „Große Mauer"?

Im Jahre 1989 entdeckten die Astronomen *Margaret J. Geller* und *John P. Huchra* eine 500 Millionen Lichtjahre lange, 200 Millionen Lichtjahre breite und 15 Millionen Lichtjahre dicke Ansammlung von mindestens 2000 Galaxien in 470 bis 600 Millionen Lichtjahren Entfernung. Von der Erde aus gesehen, erstreckt sich das wie eine **Mauer** erscheinende Gebilde vom Sternbild Krebs über das Sternbild Bootes bis zum Sternbild Herkules. Für die Struktur dieses Gebildes gibt es zwei Möglichkeiten: einen Superhaufen oder die vereinigten Ränder mehrerer „Hubble-Bubbles".

Superhaufen

Wie bei den Sternen gibt es auch bei Galaxien Vergesellschaftungen. Die Anzahl der Milchstraßensysteme in einem Galaxienhaufen, englisch *cluster,* liegt zwischen zehn und 10.000. Die lokale Gruppe, der Galaxienhaufen, zu dem unsere Milchstraße gehört, umfasst 30 Mitglieder. Unter ihnen kann es auch zu Kollisionen zwischen zwei Haufengalaxien kommen, womit im Schnitt alle 100 Millionen bis eine Milliarde Jahre zu rechnen ist. Diese Kollisionen sind nach Meinung einiger Astronomen der Grund, dass in Galaxienhaufen mehr elliptische Systeme gefunden werden als Spiral-

Deutlich ist auf diesem Hubble-Foto zu erkennen, wie ganze Galaxienhaufen – hier Abell 2218 – als Gravitationslinse wirken und gigantische leuchtende Bögen hervorbringen.

systeme. Denn bei einem solchen Zusammenstoß wird die für die Ausbildung von Spiralarmen wichtige interstellare Materie hinausgefegt, und die sich lösenden Systeme sind dann nicht mehr in der Lage, Spiralarme zu formen. Bekannte Galaxienhaufen sind der Virgo-Haufen im Sternbild der Jungfrau und der Coma-Haufen im Sternbild Haar der Berenike.

Galaxienhaufen können sich nun wieder zu Superhaufen (*supercluster*) zusammenschließen, von denen bisher 50 entdeckt wurden. Am bekanntesten ist der lokale Superhaufen oder Virgo-Superhaufen, dessen Zentrum im Virgo-Galaxienhaufen in etwa 50 Millionen Lichtjahren Entfernung liegt. Etwa ein Dutzend Galaxienhaufen sind im Durchschnitt in einer solch gigantischen Galaxienansammlung mit Durchmessern zwischen 50 bis über 100 Millionen Lichtjahren enthalten, wobei zu den größten Superhaufen noch weitaus mehr Mitglieder gehören können.

Hubble-Bubbles

In den letzten fünfzehn Jahren zeigte sich bei Galaxienmusterungen immer deutlicher, dass die Galaxien unserer näheren Umgebung nicht gleichmäßig verteilt sind, sondern sich auf der Oberfläche von **Blasen** oder Zellen anordnen (den Hubble-Bubbles), deren Inneres nahezu leer ist (diese Leerräume werden als *Voids* bezeichnet). Der Durchmesser einer solchen Blase beträgt dabei bis zu 100 Millionen Lichtjahre. Im Bereich der Blasenwälle wurden bis zu 1000 Galaxien gefunden. Die Untersuchung der Quasarspektren, in denen sich die Verteilung der Galaxien an den verschiedenen Rändern widerspiegelt, zeigt, dass diese Blasenstruktur homogen ist und die großräumige Anordnung der Galaxien im Kosmos bestimmt. Unser Weltall gleicht damit einer Wolke aufgequollenen Seifenschaums; die Große Mauer ist nur ein Teil davon.

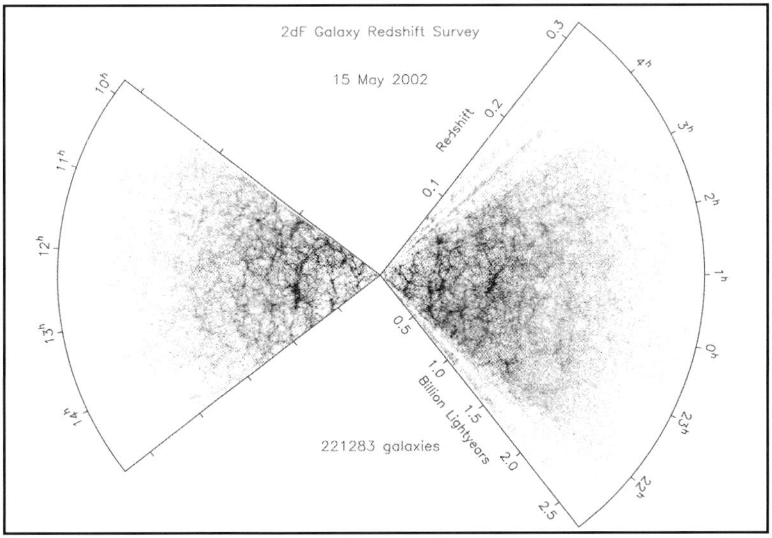

Galaxien sind im All nicht gleichmäßig verteilt, sondern bilden Strukturen, wie auf dieser Durchmusterung von 220.000 Galaxien zu sehen ist.

*Sind wir allein im Weltall?

Sich mit der Frage nach Planeten, bewohnten Welten oder gar intelligentem Leben, ja Zivilisationen unter fernen Sonnen zu beschäftigen und sie auch noch zu bejahen, brachte schon den Dominikanerpriester *Giordano Bruno* im Jahre 1600 auf den Scheiterhaufen. Selbst in den 1940er Jahren hätte es wahrscheinlich die wissenschaftliche Karriere gekostet, und noch zu Beginn der sechziger Jahre erntete derjenige Wissenschaftler, der über die Möglichkeit außerirdischen Lebens forschte und theoretisierte, meist ein mitleidiges Lächeln von Seiten seiner Kollegen wegen dieser Zeitverschwendung, denn Indizien für außerirdische Intelligenz gab es keine.

Fast wie auf einem extrasolaren Planeten wirken die Radioteleskope des Very Large Array in der Wüste von New Mexico.

Mit dem 300-m-Radioteleskop von Arecibo wurde die erste Nachricht für außerirdische Empfänger ins All gesendet.

Ruhm konnten bei der Behandlung dieser Frage nur Sciencefiction-Autoren ernten, obwohl auch hier wieder einige eine zu blühende Fantasie entwickelten. Aber wie auf vielen Gebieten brachte der Vorstoß in die Extremräume Antarktis, Tiefsee und vor allem in den Weltraum, der mit dem Internationalen Geophysikalischen Jahr 1957 begann, eine Änderung in der Haltung zu dieser doch so fundamentalen Frage. Denn es wurde deutlich, dass Leben – und auch dieses Phänomen musste viel weiter definiert werden – erheblich widerstandsfähiger und weiter verbreitet ist als bis dahin angenommen.

Das gilt vor allem dann, wenn die Grundbedingungen für Leben vorhanden sind: Wasser und Energie. Sie sind, wie wir heute durch die Raumfahrt wissen, schon allein in unserem Sonnensystem weit verbreitet und nicht nur auf die Erde beschränkt. Der Mars und der Jupitermond Europa zeigen das sehr deutlich. Und durch neue Such- und Beobachtungstechniken wissen wir in den letzten Jahren auch, dass die Bühne „Sonnensystem“ nicht einzigartig ist. Zahlreiche Planeten unter fernen Sonnen sind inzwischen entdeckt worden. Und es ist sicher nur noch eine Frage der Zeit oder der Finanzen für ein Spezialfernrohr im Weltall, wann die zweite Erde tatsächlich fotografiert und detailliert fernanalysiert wird.

Gibt es noch andere Sonnensysteme in unserer Galaxis?

Unter den 100 Milliarden Sonnen unserer Milchstraße sind viele, die unserer Sonne sehr ähnlich sind. Damit ergibt sich auch die Frage, wie es mit Planetensystemen bei anderen Sonnen bestellt ist, ob sich auf ihnen Leben entwickelt hat und ob es darüber hinaus auch noch intelligent ist.
Viele Astronomen sind der Meinung, dass die Planetenbildung ein natürliches Produkt der Sternentstehung ist. Wenn das der Fall ist, worauf die Beobachtungen von Globulen, Staubscheiben und die zahlreichen Entdeckungen extrasolarer Planeten hinweisen, dann müssten Planetensysteme häufig sein, und es könnte allein in der Milchstraße Milliarden von ihnen geben.

„Wenn es also so viele Leute dort draußen gibt, wo sind sie?" fragte der große italienische Physiker Enrico Fermi (1901–1954) zu Recht.

Manche Astronomen sind überzeugt, dass es in unserer Milchstraße Milliarden Planetensysteme gibt und auf einer großen Anzahl von Planeten erdähnliche Verhältnisse herrschen. Falls Leben überall dort auftaucht, wo die Bedingungen günstig sind, muss das Leben in Universum weit verbreitet sein. In diesem Fall dürfte auch intelligentes Leben häufig sein, und einige intelligente Arten könnten die Fähigkeit zu Kommunikation und interstellarer Raumfahrt entwickelt haben. So schätzen einige Astronomen, dass mindestens eine Million technologisch fortgeschrittene Zivilisationen in der Lage sein könnten, im heutigen Universum interstellare Kommunikation zu betreiben.

Schon im vierten vorchristlichen Jahrhundert schrieb der Philosoph Metrodorus: „Anzunehmen, die Erde ist der einzig bewohnte Himmelskörper im All, ist so absurd wie der Gedanke, dass auf einem mit Weizen besäten Feld nur ein einziges Saatkorn aufgeht."

Die negativen Annahmen

Wiederum andere Wissenschaftler behaupten, dass wegen der langen Folge zufälliger Ereignisse, die für die Entstehung höher entwickelten Lebens auf der Erde nötig war, intelligentes Leben so ungewöhnlich ist, dass es sich nirgendwo anders wiederholen würde.
Dann gibt es noch jene Forscher, die der Auffassung sind, dass wenn intelligentes Leben häufig ist, durchaus schon viele Arten existieren, die uns weit voraus sind. Doch dann ist es seltsam, dass wir von ihren Aktivitäten nichts merken. Weshalb ist die Menschheit nicht längst von fremden Raumfahrern besucht oder die Erde gar von außerirdischen Kolonisten besiedelt worden? Oder verwenden wir zu primitive Kommunikationssysteme und gleichen damit den Amazonasindianern, für die lange Zeit Trommeln das perfekte Nachrichtenmittel waren, während gleichzeitig unsere Funkwellen durch sie hindurchliefen?
Die Antwort darauf kann dreifach ausfallen:

- Intelligente Lebensformen verhalten sich zu aggressiv, um lange genug zu überleben. Bevor sie imstande sind, den Weltraum zu erobern, haben sie bereits ihre Biosphäre zerstört und sich gegenseitig umgebracht.

- Sie haben einen derart hohen abgeklärten geistigen Stand erreicht, dass sie sich nur noch mit Psychologie, Religion und Philosophie beschäftigen und der Technik vollkommen entsagt haben.
- Sie schotten sich von der irdischen Menschheit ab und hindern sie, Kontakt aufzunehmen, weil sie die Menschen für den „Galaktischen Klub" nicht für würdig halten. Das jedenfalls behauptet die so genannte Zoo-Hypothese.

Wie schreibt man Briefe an ETIs?

Kontakt zu den Brüdern und Schwestern im All kann man auf zweierlei Weise aufnehmen: Entweder wir machen uns auf die Suche nach ihnen – und hier gibt es zahlreiche Raumschiffprojekte (doch mehr als 10 Prozent Licht-Reise-Geschwindigkeit ist nach augenblicklichem Erkenntnis- und Technikstand nicht drin) – oder wir rufen erst mal an, ob wir ihnen genehm sind, also „Nach Hause telefonieren", wie ET es so niedlich formulierte. Die Instrumente dafür besitzen wir in Form der Radioteleskope, und entsprechende Versuche in dieser Hinsicht wurden auch in den vergangenen Jahrzehnten wiederholt unternommen. Lassen wir einmal die lange Laufzeit der Funksignale wegen der großen Entfernung der Planeten trotz Lichtgeschwindigkeit außer Acht, so stellt sich die Frage: *Was* schreiben oder senden wir und *wie* – also in welchem Code? Auch hier gibt es verschiedene Vorschläge, die auf zwei Grundannahmen basieren: Intelligente Lebewesen haben Mathematik und Symbole entwickelt und auch so etwas wie ein Morsealphabet. Auf dieser Basis schuf 1960 der holländische Mathematikprofessor *Hans Freudenthal* eine Sprache für den kosmischen Nachrichtenverkehr namens LINCOS. Sie galt teilweise als Grundlage für die berühmte Arecibo-Botschaft, die am 16. November 1974 mit dem größten Radioteleskop der Welt über eine Zeit von 169 Sekunden in Richtung des Kugelsternhaufens M 13 im Sternbild Herkules abgestrahlt wurde. Allerdings wird die Antwort etwas auf sich warten lassen: Da der Kugelsternhaufen etwa 25.000 Lichtjahre von der Erde entfernt ist, können wir frühestens in 50.000 Jahren mit einer Antwort rechnen.

Wie können wir nach Planeten suchen?

Bis vor einem Jahrzehnt waren weder Staubscheiben um andere Sterne bekannt noch Planeten, die um ferne Sonnen kreisen. Das hat sich durch den Einsatz des Hubble-Weltraumteleskops, des Infrarotsatelliten IRAS sowie neuer Fernrohre und Beobachtungstechniken drastisch verändert. Jedes Jahr werden neue Staubscheiben und Planeten aufgespürt, so dass sich eine Zahl zu nennen nicht mehr lohnt.

Eigentlich braucht sich die Menschheit mit dem Kontakt zu außerirdischen Zivilisationen gar nicht anzustrengen, denn seit 77 Jahren posaunt sie ihre Radiosignale hinaus ins All, gefolgt später von den TV-Sendungen. Überträgt man die Dauer einer gesamten Zivilisation auf ein Kalenderjahr, dann begann der Mensch erst in der Silvesternacht Radiosendungen auszustrahlen.

Dass es lange Zeit so schwierig, ja unmöglich war, Planeten bei anderen Sonnen zu finden, liegt zum einen in der Natur dieser Himmelskörper selbst: Planeten leuchten nicht selbst wie eine Sonne, sondern reflektieren nur deren Licht, und das ist sehr viel schwächer.

Damit hängt das zweite Problem zusammen: Planeten werden auf große Entfernung hin von ihrem Zentralgestirn überstrahlt. Es ist genau derselbe Effekt, wie wenn man eine Taschenlampenbirne neben einen Filmscheinwerfer platziert. In diesem Fall geht ihr Schein unter, während sie für sich allein fast einen ganzen Raum erhellen kann. Aus diesen Gründen gibt es also bisher keine Chance, fremde Planeten im Fernrohr zu sehen, obwohl an entsprechenden Projekten wie beispielsweise **DARWIN** gearbeitet wird.

George Coyne, Direktor der päpstlichen Sternwarte, über den ersten Kontakt mit Außerirdischen: „Als erstes müssten wir den außerirdischen Wesen ein paar Fragen stellen: Ob sie eine ähnliche Erfahrung wie Adam und Eva gemacht haben, also ob sie die Erbsünde kennen und ob sie von Jesus Christus gehört haben. Dann könnten wir sie taufen."

Methoden der Planetensuche

Aus diesen Gründen greifen die Astronomen zu im weitesten Sinne des Wortes indirekten Verfahren. Dazu zählt besonders die Beobachtung von periodischen Unregelmäßigkeiten in der Eigenbewegung von Sternen oder in der Umlaufbewegung von Doppelsternen. Planeten stören nämlich die geradlinige Wanderung ihrer Zentralsterne durchs All, bringen sie quasi zum Wackeln. Aus der Vermessung dieser Schlangenlinie lassen sich Daten über Anzahl und Massen der unsichtbaren dunklen Körper ableiten.

Ein sehr aussichtsreicher Kandidat dieses Verfahrens war viele Jahre lang Barnards Pfeilstern im Sternbild Schlangenträger. Die periodischen Störungen der Eigenbewegung des 5,9 Lichtjahre entfernten Roten Zwergsternes veranlassten den Astronomen *Peter Van de Kamp*, einen Begleiter mit 0,0016 Sonnenmassen anzunehmen. Später zeigte sich allerdings, dass die beobachteten Schwankungen auf einen Instrumentenfehler zurückzuführen sind. Inzwischen wurde dieses Verfahren jedoch weiter verfeinert und weniger „störanfällig" gemacht, was dann auch zu neuen sicheren Planetenentdeckungen führte.

Ein Fernrohr für das Foto von der zweiten Erde

Unter dem Namen „Darwin" plant die ESA ein Weltraumfernrohr völlig neuer Dimension. Mit seiner Hilfe soll es möglich werden, erdähnliche Planeten direkt zu fotografieren. Fünf einzelne Spiegelteleskope von je eineinhalb Metern Durchmesser werden 2009 mit einer Ariane-5-Trägerrakete in Richtung Jupiter geschossen. Jenseits der Marsbahn formieren sich die frei fliegenden Zylinder zu einem 100 Meter messenden Ring und suchen dann jeweils die gleichen Sterne ab. Durch diese Kopplung erreichen sie die Dimensionen eines fußballfeldgroßen Superteleskops. Allerdings müssen die Abstände zwischen den einzelnen Instrumenten im All auf Bruchteile eines Millimeters genau eingehalten werden. Ein ähnliche großes Teleskop planen die Amerikaner unter dem Namen „Terrestrial Planets Finder". Mit diesen beiden Projekten hoffen ESA und NASA, alle erdähnlichen Planeten im Umkreis von 60 Lichtjahren aufzuspüren. Das entspricht etwa dem Versuch, von Berlin aus ein Glühwürmchen zu erkennen, das in Kairo neben einem Autoscheinwerfer flattert.

Pulsare als Planetensystemmittelpunkt

Auf der anderen Seite haben die Planetenjäger bei Pulsaren Planeten gefunden. Ende November 1991 meldeten die US-Forscher *Aleksander Wolszczan* vom Radioobservatorium Arecibo und *Dale Frail* vom Radioobservatorium VLA New Mexico, dass sie beim Pulsar 1257+12 im Sternbild Jungfrau mindestens zwei Planeten aufgespürt haben. Die beiden Welten besitzen ein Mehrfaches der Erdmasse und umkreisen ihren Zentralstern in 67 und 98 Tagen.

Ferner gibt es Hinweise auf ein drittes Objekt mit einer Umlaufzeit von etwa einem Jahr. Hierbei setzten die Wissenschaftler auf die ausgesandten Radiowellen der Pulsare, die so regelmäßig ins All hinausgeschickt werden wie die Takte eines Uhrwerks. Dabei entdeckten Wolszczan und Frail auffällige Störungen in der Periodizität und vermuteten, dass sie auf den störenden Einfluss von verborgenen Planeten zurückgehen.

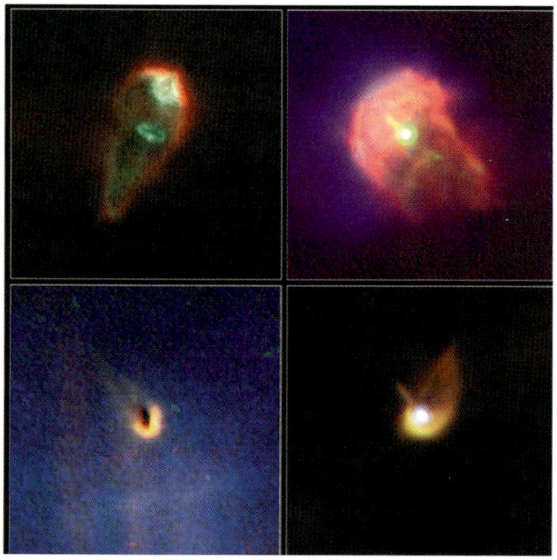

Mit dem Hubble-Weltraumteleskop sind in den letzten Jahren zahlreiche Globulen und Staubscheiben entdeckt worden, die als Beginn für Planetensysteme angesehen werden.

Bedingungen für belebte Welten

Als Leben tragende Welten kommen diese Planeten jedoch nicht in Frage. Wenn man nach ihnen sucht, dann müssen ganz besondere Bedingungen erfüllt sein. So wissen wir, dass die Evolution ein langwieriger Prozess ist und auf der Erde vor rund 3,8 Milliarden Jahren mit der Bildung der ersten Aminosäuren einsetzte. Ein Stern muss also lange genug existieren, damit dem Leben genügend Zeit für seine Entwicklung bleibt. Deshalb sind die heißen, hell strahlenden O-, B- und A-Sterne wahrscheinlich für Leben tragende Planeten ungeeignet, weil sie wegen ihres hohen Energieverbrauchs nicht lange genug existieren.

Dagegen müssten, um ausreichend Wärme für Leben des irdischen Typs zu erhalten, Planeten kühler Roter Zwerge in sehr geringem Abstand um ihren Zentralstern kreisen. Bei Doppelsternen nahmen die Astronomen bisher an, dass mögliche Planeten in weit geschwungenen Bahnen die beiden weit voneinander entfernten Zentralkörper umlaufen müssten.

Kürzlich wurde jedoch entdeckt, dass auch „enge" Doppelsterne über Planeten verfügen können. Im Sternbild Kepheus kreist um den größeren der beiden Doppelsterne namens Erai ein Planet doppelt so groß wie Jupiter in einer Distanz, die etwa dem 1,4fachen Abstand von Mars und Sonne entspricht. Er ist 45 Lichtjahre von der Erde entfernt. Wer wissen will, wie es sich auf dem Planeten eines Doppelsternsystems lebt, der lese einmal die Sciencefiction-Trilogie „Helliconia".

Interstellare Rasterfahndung und Microlensing

Eine völlig neue Suchtechnik wurde von australischen Astronomen entwickelt: eine Art interstellarer Rasterfahndung. Nacht für Nacht erfassen auf der zur größten Planetensuchmaschine der Welt umgebauten Mount-Stromlo-Sternwarte das Fernrohr und die mit ihm verbundenen zwölf Hochleistungs-Computer gleichzeitig die Helligkeit von mehreren Millionen Sternen im Zentrum der Milchstraße. Zieht nun ein Planet vor einem der dortigen und ins Visier genommenen Sterne vorbei, wirkt er wie eine Linse. Durch seine Schwerkraft bündelt er dann das ferne Sternenlicht für eine kurze Zeit und lässt den Stern heller als sonst erstrahlen.

Der australische Planetenjäger Peterson sagte über den Sinn der (ETI-) Planetensuche: „Von anderen Welten im All zu erfahren, hat keinerlei praktischen Nutzen. Trotzdem wäre es doch schön zu wissen, dass wir nicht allein sind.“

Doch derartige Ereignisse sind im einzelnen nur sehr unwahrscheinlich, weil es sich um zufällige und am gegebenen Objekt einmalige Ereignisse handelt, die sich nicht wiederholen lassen und sich damit einer späteren Kontrolle entziehen. Bei kontinuierlicher Überwachung sehr vieler Sterne steigen jedoch die Chancen, weshalb auch ein ganzes Beobachtungsnetz installiert wurde. Außerdem ist dieses so genannte *Microlensing* per **Gravitationslinseneffekt** das einzige Verfahren, um auch Planeten geringerer Masse bis hinunter zur Erdmasse nachzuweisen.

Geheimnisvolle Gravitationslinsen

Jeder kennt die verzerrenden Ansichten der eigenen Person, die speziell gebogene Spiegel eines Spiegelkabinetts produzieren. Auch im Universum lassen sich gelegentlich zwei, drei oder mehr – meist stark verzerrte – Bilder von weit entfernten Himmelsobjekten beobachten. Diese Mehrfachbilder werden dadurch hervorgerufen, wenn Lichtstrahlen durch die Schwerkraftwirkung anderer Himmelskörper abgelenkt werden. Die Astrophysiker sprechen bei diesem Phänomen vom Gravitationslinseneffekt. Hierbei liegt zwischen dem irdischen Beobachter und einer weit entfernten Lichtquelle ein weiteres kosmisches Objekt, das wie eine Schwerkraftlinse wirkt. Das kann beispielsweise ein Stern sein, eine Galaxie, ein Quasar, ein Galaxienhaufen oder gar ein Schwarzes Loch. Der Beobachter auf der Erde kann dadurch ein Objekt doppelt sehen, obwohl es nur einmal existiert.

Es kommt zu stark verzerrten leuchtenden Bögen (Arcs) oder leicht verzerrten Arclets, aber auch den so genannten Einstein-Ringen. Das erste Doppelbild eines Quasars wurde 1979 entdeckt, die ersten Bögen wurden 1986 gefunden.

Wie viele lebensfreundliche Planeten gibt es?

Diese Frage zählt immer noch zu den heftigsten Streitpunkten der Astro- oder Exobiologen und der Planetenjäger. Bereits im 19. Jahrhundert rechnete ein schottischer Pfarrer namens *Thomas Dick* vor, dass es im Universum rund zweieinhalb Milliarden bewohnte Planeten geben müsse. Nach *David Hughes* von der Universität Sheffield wird von den Sternen unserer Milchstraße jede 24. Sonne von Planeten umrundet, im Schnitt sogar von mehr Trabanten, als das Sonnensystem hat – 13 bis 14 Stück. Hochgerechnet ergibt das auf unsere gesamte Galaxis vier Milliarden Sonnensysteme mit knapp 60 Milliarden Planeten, und darunter 4 Milliarden erdähnliche,

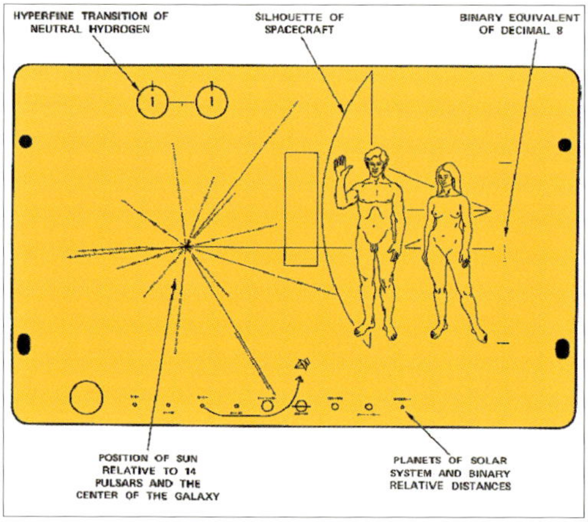

Nicht nur an der nackten Darstellung des Menschenpaares nahmen US-Bürger Anstoß; einige befürchteten auch, die erhobene Hand des Mannes könnte als kriegerische Geste verstanden werden.

so genannte Lai- (Leben ab initio ermöglichende) Planeten.

Um ein wissenschaftlich akzeptables Raster zu besitzen, wurde 1961 auf einer Tagung im Observatorium von Green Bank (USA) folgende Formel aufgestellt und 1975 von Carl Sagan modifiziert. Sie ist unter dem Namen *Green-Bank-Gleichung* oder *Drake-Gleichung* (nach ihrem Initiator Frank Drake) in die Geschichte eingegangen und soll hier nur vorgestellt, erläutert, aber nicht kommentiert werden. Sie lautet:

$$\mathbf{N_{heute} = R^* \times f_h \times f_p \times n_e \times f_l \times f_i \times f_c \times L}$$

Die einzelnen Parameter der Gleichung sind:

N_{heute}	=	Das Ergebnis der Rechung: die Anzahl intelligenter Zivilisationen, die heute existieren,
R*	=	Die Sternentstehungsrate einer Galaxie gemittelt über deren Lebensdauer
f_h	=	Der Anteil der Sterne, die eine Ökosphäre (bewohnbare Zone) haben
f_p	=	Der Anteil der Sterne, die ein Planetensystem besitzen
n	=	Die mittlere Anzahl der Planeten in einem Planetensystem, die in die Ökosphäre fallen, also geeignet sind, biologisches Leben hervorzubringen
f_l	=	Die mittlere Anzahl solcher geeigneter Planeten, die tatsächlich Leben hervorbringen
f_i	=	Der Anteil solcher Biosphären, auf denen sich intelligentes Leben bildet
f_c	=	Der Anteil solcher Zivilisationen, die fortgeschrittene Techniken zur Kommunikation entwickeln
L	=	Die mittlere Lebensdauer solch technisch hochentwickelter Zivilisationen

Der SF-Autor Isaac Asimov stellte folgende Rechnung auf: „Angenommen, die durchschnittliche Lebensdauer von Zivilisationen betrüge 600.000 Jahre, dann würden nur wenige Hochkulturen gleichzeitig existieren. Auf 270 Planeten unserer Galaxis gäbe es eine Schrift, auf nur 20 Planeten würde die moderne Wissenschaft betrieben, auf 10 Planeten hätte die industrielle Revolution den technischen Fortschritt bereits in die Endphase katapultiert, und auf zwei Planeten wäre die Schwelle zur Atombombe erreicht oder überschritten – aber: Die intelligenten Lebensformen stünden auch unmittelbar vor ihrer Selbstvernichtung!“

Wie könnten Lebewesen auf anderen Planeten aussehen?

Auch über diese Frage sind zahlreiche oft umfangreiche Werke geschrieben worden, die ganze Bibliotheken füllen. Deshalb soll hier nur auf die Grundvoraussetzungen und Grundeigenschaften eingegangen werden. *Auf keinen Fall wird extraterrestrisches Leben dem irdischen gleichen,* und erst recht nicht uns Erdenmenschen. Allein auf unserer Erde hat die Evolution eine ungeheure Vielfalt geschaffen, von der Ameise über die Dinosaurier, das Mammut, den Seeigel, den Kraken, den Storch bis hin zu den Beuteltieren, Quallen und Schlangen. Vermutlich weit fremdartiger müssten irdischen Betrachtern Wesen aus fernen Welten erscheinen; denn die Evolution hat auf der Erde nur einen winzigen Bruchteil aller möglichen biologischen Lebensformen „ausprobiert".

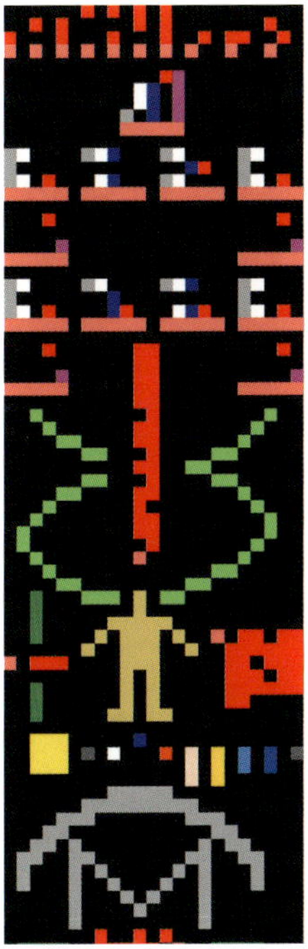

Die berühmte „Arecibo-Botschaft" wurde zum Kugelsternhaufen M 13 geschickt – und wird dort erst in 25.000 Jahren ankommen.

Elementare Grundsätze

Allerdings sollten einige elementare Grundsätze für die belebte und unbelebte Natur auch auf anderen Welten gelten. So ist eine unverzichtbare Schlüsselsubstanz neben flüssigem Wasser der überall im Kosmos reichlich vorhandene Kohlenstoff. Er ist wie kein anderes chemisches Element fähig, seine Atome in praktisch unbegrenztem Maße zu Ketten und Ringen zu verbinden – als eine Art Stützgerüst für komplexe biochemische Strukturen. Natürlich lassen sich auch Lebewesen auf Siliziumbasis vorstellen, einem ebenso vielfältig verwendbaren Element. Doch gegen die Existenz solcher Kristallwesen spricht, dass zumindest auf der Erde nichts dergleichen entstand, auch wenn Silizium – vor allem in Form von Sand – in großen Mengen vorhanden ist.

ETs haben wahrscheinlich Köpfe

Wie die irdische Evolution nach Auffassung des amerikanischen Astronomen und Exobiologen Seth Shostak ebenfalls zeigt – und ein anderes Beispiel haben wir nicht – sind einige Körperteile so nützlich und wichtig, dass sie zahlreiche Tierarten unabhängig voneinander entwickelt haben. Dazu gehören beispielsweise ein irgendwie geartetes Skelett, eine Lunge und damit ein Blutkreislauf und natürlich Augen und Ohren. Um möglichst schnell auf Gefahren reagieren zu können, hat es sich zudem als vorteilhaft erwiesen, dass diese Sinnesorgane in der Nähe des Gehirns untergebracht sind: ETs werden somit vermutlich Köpfe haben.

Ozeane – keine Heimstatt für ETIs

Andererseits glaubt dieser Fachmann nicht, dass Außerirdische im Wasser leben. Nehmen wir wieder als Beispiel den Verlauf der irdischen Evolution und gehen von der universellen Gültigkeit der Naturgesetze und damit auch der Evolutionsgesetze aus: Dann ist es unwahrscheinlich, dass intelligente Außerirdische im Wasser wohnen – und wir sprechen hier von ETIs (Extraterrestrial Intelligences), wie außersolare Intelligenzen auch bezeichnet werden. Zwar entsteht das Leben auf anderen Planeten sicher auch erst einmal im Meer; doch erst an Land schwingt es sich zu immer höheren Formen empor. *„Im Ozean braucht man kein leistungsfähiges Hirn"*, argumentiert Shostak zu Recht. *„Die*

Ein Leserbrief ging in der Los Angeles Times mit der Pioneer-10-Plakette hart ins Gericht: „Ich stimme voll und ganz mit allen jenen überein, die dagegen protestieren, dass diese schmutzigen Bilder von nackten Menschen in den Raum geschickt werden. Ich finde, es wäre richtiger gewesen, die Fortpflanzungsorgane des Mannes und der Frau auf dem Bild wegzulassen. Stattdessen hätte man daneben lieber einen Storch zeigen sollen, der ein kleines Bündel aus dem Himmel im Schnabel trägt. Wenn wir unseren Sternennachbarn nämlich wirklich zeigen wollen, wie fortschrittlich unsere Denkweise ist, müssen wir ihnen Bilder vom Weihnachtsmann, vom Osterhasen und von der guten Märchenfee schicken."

„Wie können wir erwarten, eine Botschaft einer fremden Zivilisation zu verstehen, wenn uns selbst die Schriften der Mayas bis heute unverständlich geblieben sind, obwohl diese doch menschliche Wesen waren wie wir?“ (Carl Sagan)

Fortbewegung fällt leicht, die Temperatur verändert sich nur wenig, und ständig herrscht das gleiche Wetter.“

Und in diesem Zusammenhang ist noch etwas von nicht unerheblicher, wenn nicht sogar fundamentaler Bedeutung: Vom Grund des Meeres aus (das vielleicht noch unter einer Eisdecke liegt wie auf dem Jupitermond Europa oder dem Boden eines von einer dichten Atmosphäre umhüllten Planeten wie Venus oder Jupiter) kann ein ETI Sonne, Mond und Sterne nicht sehen. Damit kann es auch jene Wissenschaft nicht betreiben, über die dieses Buch handelt und auch nicht jene Fragen stellen, über die in diesem Kapitel diskutiert wird. Es wird ihm die Sehnsucht nach den Sternen und den Brüdern und Schwestern im All fehlen.

Die Raumsonde Voyager 1 dringt als „kosmische Flaschenpost“ immer tiefer in den Weltraum vor.

Pioneer und Voyager – die kosmische Flaschenpost

Im Jahre 1972 starteten die Raumsonden Pioneer 10 und 11 zur Erforschung des Jupiter. Da klar war, dass beide Sonden das Sonnensystem verlassen würden, bekamen sie auf Initiative des Astronomen und Planetenforschers Carl Sagan an der Außenseite je eine 15 × 22,5 Zentimeter große, vergoldete Aluminiumplatte befestigt. Auf ihr wurden eingraviert: die Hyperfeinübergänge des Wasserstoffatoms mit einer Wellenlänge von 21 cm – die Grundeinheit aller auf der Platte dargestellten Längen, die Position des Sonnensystems relativ zu 14 Pulsaren und dem Zentrum unserer Milchstrasse, ein Menschenpaar vor dem Hintergrund der Raumsonde sowie die Sonne mit den neun Planeten und dem Weg der Raumsonde. Raffinierter war die Botschaft dann bei den Voyager-Sonden. Sie enthalten zwei Schallplatten aus Kupfer mit je 30 Zentimetern Durchmesser. In ihren Rillen sind etwa 100 Bilder der Erde, Grußworte in 55 Sprachen der Welt und verschiedene Musikstücke eingraviert, ua. Bachs Brandenburgisches Konzert Nr. 2, Louis Armstrongs „Melancholy Blues“, Beethovens fünfte Symphonie und Chuck Berrys „Johnny B. Goode“. Natürlich wurde auch ein Keramik-Tonabnehmer mit Nadel beigelegt. Voyager 1 wird in etwa 40.000 Jahren einen Stern im Sternbild Giraffe erreichen, Pioneer 10 in rund 200.000 Jahren den 10,3 Lichtjahre entfernten Nachbarstern Ross 248 und Voyager 2 in 358.000 Jahren den Stern Sirius.

*Am Ende ein neuer Knall?

Noch zu Beginn des zwanzigsten Jahrhunderts glaubte die überwiegende Zahl der Wissenschaftler, unsere Milchstraße sei das Zentrum des gesamten Universums, und viele Forscher waren auch der Meinung, das Universum sei unendlich alt und werde in alle Ewigkeit bestehen.
Diese Auffassungen werden verständlich, wenn man daran denkt, dass erst in den 1920er Jahren den Wissenschaftlern Beobachtungsinstrumente – speziell Fernrohre – und eine neue physikalische Theorie zur Verfügung

Das Hubble-Deep-Field gehört zu den eindrucksvollsten Aufnahmen des Weltraumteleskops. Es zeigt Galaxien in der Frühzeit des Universums, 11 Milliarden Lichtjahre entfernt.

standen, mit deren Hilfe ein neues Bild des Universums geschaffen werden konnte. 1924 gelang es Edwin Hubble, mit dem 2,5-Meter-Teleskop auf dem Mount Wilson zu beweisen, dass der Andromeda-Nebel eine Galaxie außerhalb unseres Milchstraßensystems ist. Fünf Jahre später erkannte Hubble dann den Zusammenhang zwischen der Rotverschiebung und der Entfernung der Galaxien.

Damit war das Fundament für die neue Sicht des Universums gelegt – und sie ist ja Mitte der 1960er Jahre durch die Entdeckung der kosmischen Hintergrundstrahlung und Ende der 1980er Jahre durch die Mission des Satelliten COBE (Cosmic Background Explorer) glänzend bestätigt worden. Danach hat unser Universum nicht nur einen Anfang und ein Ende, sondern unterliegt wie alle Dinge dieser Welt einer Entwicklungsgeschichte. Doch anders als die Eckpunkte der menschlichen Geschichte oder vielleicht noch der Geschichte des Lebens sind die Eckpunkte der Geschichte des Kosmos noch viel phantastischer. Sie liegen nämlich vollkommen außerhalb unseres alltäglichen Vorstellungsvermögens und Erfahrungsschatzes, denn sie vollziehen sich in Zeiträumen, die wir mit unseren Zeitbegriffen und -erfahrungen nicht mehr fassen können.

Entstand das Weltall wirklich aus einer Explosion?

Der Große Knall, englisch *„Big Bang"*, aus dem oder mit dem das Universum vor unvorstellbar langer Zeit hervorgegangen sein soll, gehört zu den populärsten Theorien unserer Zeit. Der Grund liegt wohl schon in dem Begriff selbst: „Urexplosion" oder „Urknall". Er deutet sowohl ein gigantisches als auch dramatisches Ereignis an, unter dem sich jeder etwas anderes vorstellen kann.

So anschaulich dieser Vergleich ist, so sehr hinkt er doch. Eine Explosion, wie wir sie kennen, nämlich das rasche Zerreißen und Auseinandertreiben von Strukturen innerhalb kürzester Zeit in alle Richtungen, findet in einem Raum statt. Diesen Raum aber gab es zur Zeit des Big Bang (vor 13 bis 18 Milliarden Jahren) nicht, ebenso keine Zeit und keine Materie, die in einen leeren Raum verstreut wurde. Vielmehr wurden diese Dinge erst durch den Big Bang geschaffen. Sie waren in einem Punkt vereinigt, der *Singularität*, und breiteten sich dann aus.

Der Begriff „Urknall" oder „Big Bang" gibt dieses Ereignis aber noch am griffigsten wieder. Doch statt nun zu denken, dass als Folge dieser „Urexplosion" die Galaxien im Raum auseinanderrasen, stelle man sich besser vor, sie seien in einem sich ausdehnenden Raum in Ruhe. Einzelne Galaxien und Galaxienhaufen verfügen über genügend Anziehungskraft, um sich selbst zusammenzuhalten. Doch der Raum zwischen ihnen wird unentwegt größer. Dabei gibt es keinen bevorzugten Punkt, auch wenn es so scheint, als ob sich alle Galaxien von unserem eigenen Sternsystem und den Galaxienhaufen entfernen.

Die Alternativen: Steady State und Big Bounce

Die Theorie des Urknalls wird von der überwiegenden Mehrheit der Astronomen unterstützt und zur Erklärung der Entwicklungsprozesse und anderer Phänomene im Weltall angewandt. Dennoch gibt es Alternativen, die ähnlich gut sind und deren Wahrscheinlichkeit sich durch Beobachtung im Experiment erweisen muss. Im Falle der Big-Bang-Theorie war es die Steady-State-Theorie und ist es nun die Big-Bounce-Theorie.

Nach der *Steady-State-Theorie*, die 1948 von den Astronomen *Hermann Bondi, Thomas Gold* und *Fred Hoyle* aufgestellt wurde, ist die Erscheinung des Universums zu allen Zeiten immer gleich und damit auch ohne Anfang und Ende. Im Universum wird in kleinen Schüben immer wieder neue Materie erzeugt. Sie formt neue Galaxien an Stelle derjenigen, die sich durch Expansion des Weltalls fortbewegt haben.

Bis 1965 stand die weiterentwickelte Steady-State-Theorie in Konkurrenz zur Urknall-Theorie. Dann aber wurde sie durch die Entdeckung der kosmischen Hintergrundstrahlung und der Mission des Satelliten COBE ad acta gelegt.

Das gilt bisher nicht für die 1989 von den Bonner Astronomen *Wolfgang Priester* und *Hans Joachim Blome* aufgestellte *Big-Bounce-Theorie*. Nach ihr gab es keinen Urknall, also keinen Anfang von Raum und Zeit, sondern „schon immer" einen Kosmos, der homogen und materiefrei war.

Vor 30 Milliarden Jahren zog sich dieses Universum wie ein elastischer Ballon zusammen. Im Gegensatz zum Urknall geschah das nur bis zu einem Zustand kleinsten Fassungsvermögens und nicht bis zu einem Punkt „ohne Ausdehnung". Ähnlich wie ein aufprallender Gummiball machte der Kosmos in einer Zeit von 10^{-28} Sekunden seine Verformung rasend schnell rückgängig, um sich anschließend bis in alle Ewigkeit auszudehnen.

Dieses „Durchschwingen" des frühen Kosmos bezeichnen die Bonner Astrophysiker als *Big Bounce* – Großer Aufprall. Der Vorteil dieses Modells: Anders als beim Urknall-Modell hat die Materie hier sehr lange Zeit, sich zu Galaxienhaufen, Galaxien und Sternen zu entwickeln, nämlich zwischen fünf und 15 Milliarden Jahren. Nach weiteren 15 Milliarden Jahren erschien dann der Mensch. Er lebt nach der Big-Bounce-Theorie in einem Universum, das ein Alter von 30 Milliarden Jahren hat.

Was geschah nach dem Urknall?

Niemand weiß natürlich, was vor dem Urknall war – obwohl es auch zu diesem Thema inzwischen entsprechende Spekulationen gibt – und niemand weiß, was während des Urknalls passierte. Aber wir können heute schon Aussagen darüber machen, was in den ersten Sekundenbruchteilen geschah. Diese Aussagen basieren allerdings nicht auf den Arbeiten der Astronomen, sondern denen der Teilchenphysiker, die sich mit Strahlung und Materie unter extremen Bedingungen befassen und in **speziellen Beschleunigeranlagen** untersuchen. So lässt sich die Geschichte des Universums in acht sehr ungleiche Epochen einteilen:

CERN steht für „Europäisches Laboratorium für Teilchenforschung". Es liegt an der schweizerisch-französischen Grenze im Genfer Vorort Meyin und ist die größte Wissenschaftseinrichtung Europas.

1. Epoche

Sie umfasst die Zeit von 0 bis 10^{-43} Sekunden. Über die Ereignisse in diesem Entwicklungsabschnitt (auch *Planck-* oder *Chaos-Ära* genannt), die ersten Sekundenbruchteile im Feuerball, wissen wir nichts. Nur eines ist sicher: Damals haben unbeschreiblich hohe Temperaturen – um 10^{23} Grad – geherrscht. Doch dafür besitzen wir keine Formeln und Messergebnisse.

2. Epoche

Sie dauerte von 10^{-43} Sekunden bis 10^{-32} Sekunden. Aus der Strahlung entstehen die ersten Materiebausteine, etwa die Quarks und Elektronen mit ihren Antiteilchen. Hier kann es anfangs zur Bildung superschwerer Teilchen kommen, die bei ihrem Zerfall mehr Materie als Antimaterie haben, zum Beispiel mehr Quarks als Antiquarks. Diese nur in den ersten Sekundenbruchteilen vorhandenen Teilchen sorgten für einen Überschuss von Materie gegenüber Antimaterie.

3. Epoche

In diesem von 10^{-32} bis 10^{-6} Sekunden reichenden Abschnitt ist das Universum ein sich schnell abkühlendes Gemisch aus Quarks, Leptonen, Photonen und anderen sich gegenseitig erzeugenden, aber auch wieder vernichtenden Teilchen. Man nennt sie auch *Quark-Ära*.

4. Epoche

In dieser Zeit von 10^{-6} bis 10^{-3} Sekunden, der *Hadronen-Ära*, wandeln sich alle Quarks und Antiquarks in Energie in Form von Strahlungsteilchen um. Wegen der sinkenden Temperatur können keine neuen Quarks entstehen. Da aber etwas mehr Quarks als Antiquarks vorhanden sind, finden einige Quarks keinen Partner und bleiben übrig. Je drei dieser Quarks bilden ein Proton oder Neutron und damit die Bausteine der späteren Atomkerne.

5. Epoche

Sie erstreckt sich von 10^{-3} bis 100 Sekunden und wird *Leptonen-Ära* genannt. Hier zerstrahlen Elektronen und Antielektronen, wobei auch wieder einige Elektronen übrigbleiben, da mehr Materie als Antimaterie vorhanden ist. Aus ihnen entstehen später die Atomhüllen.

6. Epoche

In den 100 Sekunden bis 30 Minuten der so genannten *Strahlungsära* kommt es bei mehreren Millionen Grad zur Entstehung der ersten leichten Atomkerne durch Kernfusion: Es sind vor allem die sehr stabilen Kerne des Heliums, die aus zwei Protonen und zwei Neutronen bestehen. Die schweren Elemente wie Eisen oder Kohlenstoff bilden sich erst später in den Kernen der Sterne sowie bei Explosionen von Supernovae. Somit gab es hier nur die beiden leichtesten Grundstoffe Wasserstoff und Helium.

7. Epoche

Hier erst setzen die Möglichkeiten der Astronomen ein: Wenn sie mit ihren Teleskopen in große Entfernungen und damit in die Vergangenheit blicken, dann beobachten sie die uns umgebende, 3000 Grad heiße Feuerwand. Allerdings entfernt sie sich so rasend schnell, dass sie für uns kein sichtbares Licht, sondern aus allen Richtungen nur Radiowellen abstrahlt. Dieser Nachhall des Urknalls wurde 1965 von den Physikern *Arno Penzias* und *Robert Wilson* in Form der 3-Grad-Kelvin-Strahlung entdeckt.

8. Epoche (eine Million Jahre bis heute)

Aus den Wasserstoffwolken entstehen Sterne und Milchstraßensysteme, in denen es weiter zur Sonnen- und auch Planetenentstehung kommt. Im Innern der Sterne bauen sich nach zahlreichen Brennzyklen die schweren Atome wie Kohlenstoff und Eisen auf. Sie werden dann wiederum bei Sternexplosionen (Supernovae) freigesetzt und stehen als Bausteine für den Aufbau neuer Sterne, Planeten und Lebewesen zur Verfügung.

Eine inflationäre Phase

Doch dieses klassische Szenario versagt bei dem Versuch, folgende drei Probleme zu klären:

1. Weshalb ist der Raum nahezu flach (euklidisch), verläuft die Expansion an der Grenze zwischen geschlossenem, zeitlich endlichem und offenem, ewig expandierenden Kosmos?
2. Wodurch wurden Materie und Energie so gleichmäßig über kausal nicht zusammenhängende Bezirke im All verteilt, wo doch das Weltall in der zur Verfügung stehenden Zeit keine Möglichkeit hatte, Inhomogenitäten auszugleichen?
3. Nach der Großen Vereinigungs-Theorie entstehen bei sehr hohen Elektronendichten, wie sie in der Hadronenära herrschten, so genannte

Magnetische Monopole in großer Zahl. Weshalb sind sie bisher nicht beobachtet worden?

Um diese Probleme zu lösen, hat *Alan Guth* die Annahme einer *inflationären Phase* etwa 10^{-35} bis 10^{-33} Sekunden nach dem Urknall vorgeschlagen. Danach hat sich der Kosmos in nur 10^{-33} Sekunden weit überlichtschnell um einen Faktor von 10^{60} aufgebläht, bevor die normale Expansion begann. Als Folge wäre der uns überschaubare Bereich des Weltalls praktisch flach, weil eine Raumkrümmung kaum feststellbar ist. Das tatsächliche Universum wäre um ein Vielfaches größer als der überschaubare Bereich, nämlich 10^{2000} Lichtjahre! Außerdem bügelte die explosive Ausdehnung sozusagen alle „Runzeln" glatt – bzw. ließ sie gar nicht erst zu – und führte auf diese Weise zu einer fast absoluten Gleichverteilung der Materie. Schließlich bewirkt diese Phase auch, dass Magnetische Monopole extrem selten anzutreffen sind, und so suchen die Kosmologen sie bisher vergebens.

Woher wissen wir, dass sich das Universum ausdehnt?

Als der amerikanische Astronom Edwin Hubble in den 1920er Jahren mit der Erforschung der Galaxien begann und deren Spektren untersuchte, stellte er fest, dass die Galaxien nicht im Kosmos ruhen, sondern sich mit hoher Geschwindigkeit relativ zu unserer Milchstraße bewegen. Diese Bewegungen – so zeigen es die Untersuchungen – verlaufen ziemlich geordnet: Abgesehen von unseren nächsten Nachbargalaxien, wie beispielsweise dem Andromeda-System, streben alle Galaxien von uns weg. Je entfernter ein Sternsystem ist, desto stärker sind auch die dunklen Linien zum roten Bereich seines Spektrums hin verschoben.

Die Hubble-Konstante

Diese Rotverschiebung – und damit die gegenseitige **Fluchtgeschwindigkeit** – nimmt mit wachsender Entfernung zu. Diese überraschende Entdeckung Hubbles ließ nur eine Schlussfolgerung zu: Das Universum dehnt sich aus! Zu Ehren Hubbles wird dieser Zusammenhang zwischen der Rotverschiebung und der Entfernung Hubble-Beziehung genannt, und der Faktor, der die Entfernung einer Galaxie an ihre Fluchtgeschwindigkeit koppelt, heißt *Hubble Konstante*. Die Rotverschiebungen von Galaxien können heute recht genau bestimmt werden, nicht aber ihre Entfernungen. Deshalb bleibt auch der genaue Wert der Hubble-Konstanten unsicher. Ein weiterer Grund ist, dass die Galaxien auch so genannte Partikularbewegungen zeigen, und zwar von einigen hundert Kilometern pro Sekunde; sie sind der Expansion überlagert.

Auch das lässt sich anschaulich an einem Beispiel klarmachen: Nehmen wir an, es gelänge uns, einen Mückenschwarm in einen Luftballon zu sperren und ihn anschließend aufzublasen. Dann würden im Mittel die Abstände zwischen den einzelnen Mücken voneinander immer größer

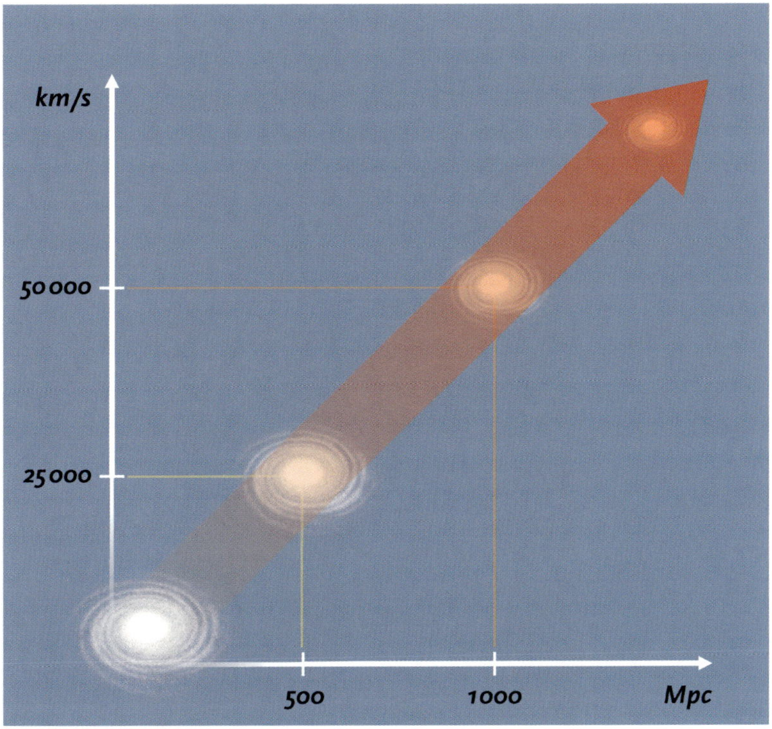

werden. In einzelnen Fällen jedoch würde der Abstand schrumpfen, wenn sie sich zufällig einander nähern.

Die Andromeda-Galaxie kommt

Ähnlich ist es bei den Galaxien. Beispielsweise kommt die Andromeda-Galaxie mit 300 km/s auf unsere Milchstraße zu. Das zeigt, dass sich in vergleichsweise kleinen Raumbereichen die allgemeine Expansion kaum bemerkbar macht – und das kann durchaus ein ganzer Galaxienhaufen sein, wie zum Beispiel die etwa vier Millionen Lichtjahre durchmessende Lokale Gruppe (s. Seite 157). In diesen Galaxienansammlungen bleibt die Gravitation dominant. Erst bei den sich aus Galaxien zusammensetzenden Superhaufen kommt die Expansion zur Geltung. Doch auch hier spielt wieder die Schwerkraft eine Rolle, denn unsere Lokale Gruppe driftet in Richtung Virgo-Haufen. Dieser Prozess wird aber durch die Expansion überlagert, so dass die Abstände zwischen den einzelnen Galaxien des Virgo-Superhaufens dennoch größer werden und sich somit der gesamte Virgo-Superhaufen aufbläht.

Der beste Wert

Der beste Wert der Hubble-Konstanten scheint nach den zahlreichen Untersuchungen und Korrekturen zwischen etwa 50 und 100 km/s pro

Megaparsec zu liegen (ein Megaparsec entspricht 3,26 Millionen Lichtjahren), neuere Beobachtungen setzen sie zwischen 70 und 80 km/(s × Mpc) an. Mit der Hubble-Beziehung haben die Astronomen ein wirksames Werkzeug zur Bestimmung des Alters und der Ausdehnung des Universums in der Hand, das heute zwischen 15 und 20 Milliarden Jahren angegeben wird.

Die kosmische Hintergrundstrahlung

Ein weiterer überzeugender Beweis für die Richtigkeit des Urknall-Modells und damit der Expansion des Universums wurde 1965 von den beiden Physikern *Arno Penzias* und *Robert Wilson* gefunden. Als sie mit einer hornförmigen Radioantenne in Holmdel/USA experimentierten, stellten sie eine aus allen Richtungen einfallende Radiostrahlung fest, die einer Temperatur von drei Grad Kelvin entsprach.

George Gamow und *Robert Dicke* hatten 1948 und 1964 diese Strahlung theoretisch vorausgesagt. Wenn das Weltall wirklich aus einem Zustand hoher Dichte und Temperatur hervorgegangen ist, dann musste es mit seiner allmählichen Ausdehnung und damit Verdünnung im Laufe der Zeit auch schwächer strahlen – in unserer Zeit im Bereich von drei Grad Kelvin.

Penzias und Wilson vor der Hornantenne, mit der sie die 3-Grad-Kelvin-Hintergrundstrahlung, das „Echo des Urknalls", entdeckten. Für ihre Arbeit erhielten sie später den Nobelpreis für Physik.

COBE

Zum weiteren Nachweis startete die US-Weltraumbehörde NASA 1989 den Satelliten COBE. Der Name Cosmic Background Explorer war Programm: Der Satellit maß sowohl die kosmische Hintergrundstrahlung als auch eine diffuse Infrarot-Hintergrundstrahlung. Hierbei konnten noch Temperaturdifferenzen von 10^{-7} Grad erfasst werden.

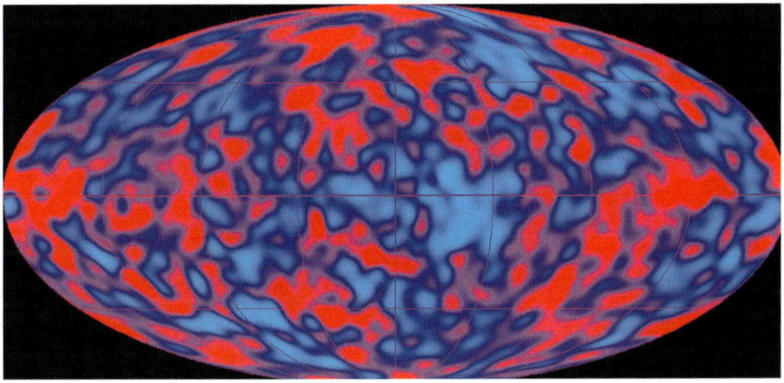

Auf diesem Himmelsglobus sind die von COBE gemessenen Temperaturunterschiede der kosmischen Hintergrundstrahlung farbig wiedergegeben. Die roten Flecken deuten auf wärmere Bereiche hin, die blauen auf kühlere.

Das wichtigste Ergebnis der COBE-Mission aber war 1992 die Feststellung, dass es in der kosmischen Hintergrundstrahlung tatsächlich Unregelmäßigkeiten in Form eines chaotischen Musters kühlerer und wärmerer Bereiche mit Differenzen von 3×10^{-5} Grad gibt. Nach der Urknall-Theorie musste es bei generell gleichförmiger Strahlung Gebiete mit Unregelmäßigkeiten geben, die auf Turbulenzen während der Zeit kurz nach dem Big Bang zurückzuführen sind. Diese von COBE nun aufgespürten Unregelmäßigkeiten sind vermutlich die Vorläufer von Protogalaxien.

Welche Form hat das Universum?

In der Antike und im Mittelalter hielten die Menschen das Universum für eine riesige Kugel, die durch die Sphäre der Fixsterne nach außen begrenzt wurde. Dahinter, so glaubten sie, läge der Bereich des Göttlichen, im Mittelalter das *Empyreum* genannt, das Reich Gottes. Durch *Nikolaus Cusanus* (1401–1464) und Giordano Bruno (1568–1600) kam aber schon damals die Vorstellung eines unendlichen Weltalls auf – denn wo sollte man sich die Grenze vorstellen? Auch die modernen Beobachtungen scheinen dieser Auffassung Recht zu geben, denn je weiter wir in das Weltall vordringen – wir finden immer noch leuchtende Objekte, zum Beispiel die Quasare, deren entferntester PC1247+3406 es auf eine Distanz von 13,2 Milliarden Lichtjahren bringt.

Trotz zahlloser Sterne Dunkelheit

Auf der anderen Seite: Wenn es unendlich viele Sterne und Sternsysteme – oder sagen wir allgemeiner – leuchtende Objekte im All gäbe, dann müsste der Sternenhimmel gleißend hell sein. Das aber ist, wie sich jeder überzeugen kann, nicht der Fall. Auf diesen Widerspruch wies erstmals 1823 der Bremer Arzt und Amateurastronom Wilhelm Olbers hin (s. Seite 134).
Nun gibt es zwar zwischen den Sternen dunkle, lichtverschluckende Materie, doch ist sie recht ungleichmäßig verteilt und müsste eigentlich durch die zahllosen entfernten Sterne aufgeheizt werden. Wenn wir keinen Rand

erkennen können, wieso scheint das Universum dennoch begrenzt zu sein? Das Problem liegt in unserer geometrischen Vorstellung begründet. Der Raum wurde als gekrümmt und damit in entscheidendem Maße von dem euklidischen Modell verschieden angesehen.

Flächen- kontra Kugeldreieck

Der Unterschied wird durch ein einfaches Zeichenexperiment deutlich. Wenn man ein Dreieck auf ein Blatt Papier zeichnet und die Summe der drei Winkel nimmt, erhält man immer 180 Grad. Zeichnet man es dagegen auf eine Kugel, so ist die Winkelsumme größer als 180 Grad. Beide Dreiecke lassen sich nicht miteinander zur Deckung bringen.
Kartenzeichner müssen sich andauernd mit diesem Problem herumschlagen, wenn sie Erd- und Himmelskarten anfertigen. Sie produzieren zwar ebene Abbildungen, aber das geht nicht ohne Verzerrungen vor sich. Ebenso müssen Seeleute und Flugzeugpiloten bei ihrer Navigation die Krümmung der Erdoberfläche berücksichtigen und die Astronomen bei ihren Beobachtungen die Krümmung des Weltraums in Rechnung stellen. Jedoch ist das Universum keine gekrümmte Fläche, sondern ein gekrümmter Raum, der zeichnerisch nicht darstellbar ist. Trotzdem haben die Astronomen genügend Hinweise, dass das Weltall wirklich ein gekrümmter Raum ist. Diese Hinweise lieferte ihnen der wohl größte Physiker des 20. Jahrhunderts, Albert Einstein.

Einstein und die Raumkrümmung

Im Jahre 1916 veröffentlichte Albert Einstein die Allgemeine Relativitätstheorie. Hier zeigte er, dass große Massen durch ihre Gravitation eine Raumkrümmung hervorrufen. Diese Krümmung wird für unser Universum durch die Gesamtheit aller Massen, die wir im Weltall haben – also Sterne, Galaxien und Galaxienhaufen – verursacht.
Schon eine einzelne große Masse, zum Beispiel unsere Sonne, kann in ihrer Umgebung den Raum etwas stärker wölben und so eine Art Raumdelle erzeugen, was sich durch Beobachtungen nachweisen lässt. Ein Lichtstrahl beispielsweise müsste, wenn er an der Sonnenoberfläche vorbeizieht, eine Ablenkung erfahren. Es wäre ein sehr winziger Betrag von nur 1,75 Bogensekunden. Im Allgemeinen sind neben der Sonne keine Sterne zu beobachten, außer bei einer totalen Sonnenfinsternis. Deshalb haben die Astronomen denn auch nach 1916 alle totalen Sonnenfinsternisse ausgenutzt, um die relativistische Lichtablenkung im Schwerefeld der Sonne zu finden. Und sie hatten Erfolg.
Ebenso müssten zwei weitere Phänomene nach Einsteins Allgemeiner Relativitätstheorie eintreten: Der größte Durchmesser einer Planetenbahn müsste eine langsame Drehung erfahren, was am besten beim sonnennächsten Planeten Merkur zu beobachten wäre. Ferner müsste der Lichtstrahl, der die Oberfläche des Himmelskörpers verlässt, an Energie verlieren, so dass seine Spektrallinien eine winzige Verschiebung in den roten Bereich zeigen. Beide Effekte sind ebenfalls durch Beobachtungen nachgewiesen worden.

Am Ende ein neuer Knall?

Die Theorie des Urknalls beschreibt es sehr deutlich und eindrucksvoll: Unser scheinbar ewiger Kosmos hatte einen Anfang. Demnach muss er wie alles Irdische eine Entwicklung durchlaufen und auch einmal enden. Den Anfang können die Astronomen gut, die bisherige Entwicklung sehr gut beschreiben. Jedoch über das Ende können sie nur spekulieren, weil sie einige notwendige Grundvoraussetzungen nicht kennen. Kommen wird es jedoch mit Sicherheit, und mit Sicherheit werden wir es nicht mehr erleben, um unsere Theorien zu überprüfen.

Zwei „klassische" Zukunftsalternativen

So bleiben uns nur die Spekulation und Extrapolation als Antwort auf diese Frage: Wird sich das Universum für immer ausdehnen, oder wird diese Bewegung einmal zum Stillstand kommen und sich ins Gegenteil verkehren? Es ist wie mit einem hoch geworfenen Ball – in der Regel kehrt er immer wieder zu seinem Ausgangspunkt zurück.

Nimmt man die Allgemeine Relativitätstheorie als Grundlage, dann ergeben sich zwei Möglichkeiten. Nach der ersten expandiert das Universum immer weiter. Zwar bremst die Wirkung der Gravitation die Ausdehnung, aber wenn die Galaxien sich schnell genug fortbewegen, werden sie das bis in alle Ewigkeit tun. Heute nehmen die Kosmologen an, dass die Expansion beschleunigt ist, da auch der heutige Vakuumzustand über eine abstoßende Kraft – die „dunkle Energie" – verfügt. Doch hier ist das letzte Wort noch nicht gesprochen.

Möglich ist deshalb auch weiterhin, dass das Universum einmal eine maximale Ausdehnung erreicht und dann wieder in sich zusammenfällt, um in einem *Big Crunch* (großer Zusammenbruch) zu enden. Hierbei könnte dann wieder ein ungeheuer verdichtetes Gebilde entstehen, das in einem neuen Urknall explodiert. Nach dieser Pulsationstheorie oder Theorie des oszillierenden Universums unterläge das Weltall eine ständigen Folge von Urknall, Expansion, vorübergehender Stabilität, Kontraktion und Urknall, wobei der nächste vielleicht in 160 Milliarden Jahren stattfinden würde.

Showdown fürs Universum

Alter des heutigen Universums	ca. 18 Mrd. (10^9) Jahre
Letzte Sterne verlöschen, im Universum wird es dunkel	10^{12} Jahre
Tote Sterne verlieren ihre Planeten	10^{16} Jahre
Galaxien aufgelöst, Kerne zu supermassereichen Schwarzen Löchern kollabiert	10^{19} Jahre
Letzte Planeten stürzen in erloschene Muttersterne	10^{20} Jahre
Die meisten Protonen sind zerfallen, Sterne glimmen nochmals auf	10^{33} Jahre
Letzte Protonen kollabieren und zerstrahlen	10^{46} Jahre
Stellare Schwarze Löcher verdampfen	10^{65} Jahre
Supermassereiche Schwarze Löcher detonieren	10^{100} Jahre

Ein solches Universum, das sich bis zu einer maximalen Größe ausdehnt und dann kollabiert, wird als *geschlossenes Universum* bezeichnet, während man bei einem sich ständig ausdehnenden Universum von *einem offenen Universum* spricht.

Materiedichte als Zünglein an der Waage

Welche Alternative zutrifft, hängt von der Menge der im Weltall enthaltenen Materie ab: Je mehr vorhanden ist, desto höher ist die Wahrscheinlichkeit für ein geschlossenes und damit pulsierendes Universum. Damit die Expansion des Universums gestoppt und in eine Kontraktion umgewandelt wird, müsste die durchschnittliche Dichte etwa bei zehn Atomen pro Kubikmeter liegen. Nach neuesten Messungen beträgt sie jedoch nur etwa ein Atom pro Kubikmeter. Alles deutet darauf hin, dass wir in einem Offenen, sich ausdehnenden Universum leben, das nicht genügend Masse enthält, um das ungestüme Auseinanderdriften der Galaxien aufhalten zu können. Vielmehr scheint einer „dunkle Energie" – dunkle Materie mit abstoßendem Charakter – die Supermacht im All zu sein, denn sie treibt das Universum immer schneller auseinander.

In einem solchen Universum haben die meisten Galaxien bereits den größten Teil ihrer Gase in Sterne umgewandelt, so dass die Sternbildungsrate deutlich zurückgehen wird. Einzelne Sterne brennen aus und enden als Schwarze Zwerge, Neutronensterne oder Schwarze Löcher. Selbst Sterne mit geringer Masse, die das längste Leben haben, verblassen nach einigen Billionen Jahren. Falls sie von Planeten umlaufen werden, kommt es durch Begegnungen mit anderen Sternen zum Verlust ihrer Planetensysteme. So werden die Galaxien quasi zu verglühenden Kohlen.

Doch in ihnen wird es noch weitere und viel nähere Sternbegegnungen geben. Sie werden die meisten toten Sterne aus ihren Muttergalaxien hinauskatapultieren, während der Rest in die zentralen Kerne fällt und von massereichen Schwarzen Löchern verschluckt wird. Für diese Vorgänge ist ein Zeitrahmen von etwa 10^{27} Jahren (tausend Billionen Billionen Jahren) anzusetzen.

Das Schicksal der toten Galaxien

Auch die toten Galaxien kommen nicht ungeschoren davon: Nahe Begegnungen werden viele von ihnen aus ihren Haufen vertreiben, während der Rest sich in „supergalaktischen" Schwarzen Löchern sammelt, deren Masse Hunderte von Milliarden Sonnenmassen betragen dürfte.

Nach Stephen Hawking sind die berühmt-berüchtigten Schwarzen Löcher keine absoluten Teilchengefängnisse, sondern im mächtigen Gravitationsfeld kann es zur Entstehung von Teilchen und Antiteilchen kommen. Dabei sorgen die massiven Gezeitenkräfte manchmal dafür, dass ein Partner ins Schwarze Loch fällt, während der andere entweicht. Auf diese Weise verdampfen sie langsam zu einem „Spray" aus Teilchen und Antiteilchen.

Für Schwarze Löcher von Sternmasse, galaktische und supergalaktische Schwarze Löcher beträgt der Zeitraum dieses Prozesses 10^{66}, 10^{90} und 10^{100} Jahre. Auch Schwarze Zwerge und Neutronensterne können sich, wenn genügend Zeit vorhanden ist, auflösen. Was bleibt, ist ein Universum aus einer unvorstellbar dünnen Mischung aus Teilchen und Strahlung, ohne nennenswerte Temperatur und von unvorstellbar geringer Dichte.

Das ultimative Inferno

Als ob das nicht schon unbegreiflich genug wäre, kommen neuerdings immer mehr Kosmologen zu der Erkenntnis, dass unser Universum sehr viel rascher enden könnte: Es könnte plötzlich und ohne Vorwarnung von einem Augenblick zum anderen gewissermaßen zusammenbrechen und so auf einen Schlag ausgelöscht werden.

Vielleicht rollt bereits eine solche Vernichtungswelle wahrhaft kosmischen Ausmaßes mit vielfacher Lichtgeschwindigkeit auf uns zu, ohne dass wir überhaupt etwas davon ahnen. Im Bruchteil einer Sekunde würden alle Körper des Sonnensystems ausgelöscht, und zwar total und unwiderruflich. Denn anders als bei den uns bekannten Explosionen, wo nur Strukturen zerstört werden, würden in diesem Fall selbst die elementaren Bausteine der Materie völlig vernichtet werden. Etwas Ähnliches war während der inflationären Phase des Kosmos nämlich der Fall.

Kosmostod aus dem Labor

Wir Menschen würden bei diesem Vakuumzerfall gar keine Schmerzen oder sonstigen Qualen verspüren, denn es ginge alles so schnell, dass wir es bewusst gar nicht wahrnehmen würden. Vielleicht hätten wir noch eine Vorwarnzeit von drei Minuten, möglicherweise von Jahren oder gar keine. Auf jeden Fall träfe von einem Augenblick zum anderen die Erde und ihre Bewohner der Vernichtungsschlag – und der kann auch in einem Labor von uns selbst ausgelöst werden.

Einige japanische Physiker haben nämlich diskutiert, ob nicht in den großen Teilchenbeschleunigern in extremen Fällen ein solcher Vakuumzerfall hervorgerufen werden könnte, denn dort prallen Teilchen mit sehr hohen Energien aufeinander. Allerdings ist das reine Spekulation, ebenso wie dann die Feststellung, dass auf diese Weise der Mensch seine Gottähnlichkeit bewiese, weil er nun die Fähigkeit entwickelt hat, das gesamte Universum mit einem Schlag auszulöschen. Sollte sich so etwas wirklich in einem Hochenergielabor ereignen, hätte niemand mehr die Gelegenheit, darüber zu philosophieren oder stolz diese Fähigkeit zur Kenntnis zu nehmen; in Bruchteilen einer Sekunde gäbe es keine Erde mehr, sondern nur noch den Zustand, aus dem gewissermaßen alles einmal begann.

*Register

Bildnachweis

Archenhold-Sternwarte Berlin: 20, 129 u.; Archiv Kosmos-Verlag: 12, 15 (alle), 17, 19, 180; Archiv Mackowiak: 13 (alle), 14 (alle), 16, 22 u., 55, 88, 122, 131, 135, 164 u., 186; Belser Verlag: 10; Berliner Mondatlas: 58, 60 u., 61 u.; Stefan Binnewies: 77, 133; Werner E. Celnik: 128; CERN: 176, 185; COBE: 153, 181; DLR/Dieter Heinlein: 129 o.; GeoForschungsZentrum Potsdam: 32; Mark Emmerich: 119; Eumetsat: 30, 48 o.; Europäische Raumfahrtagentur ESA: 120; Europäische Südsternwarte ESO: 22 o., 23, 26, 27, 29, 33, 82, 126, 144, 149, 151, 152, 154, 159 (alle); Martin Gertz/Sternwarte Welzheim: 48 u., 49, 57, 136; Institute for Solar Physics La Palma: 72, 74, 75 o.; KFZ Jülich: 69; MPI für Kernphysik: 71; Sven Melchert: 43; Wolfgang Merkel: 11; NASA/JPL: 53 u., 60 o., 61 o., 62 (alle), 63, 64 (alle), 89, 90, 93 (alle), 95, 99, 85, 103, 104-110, 112 o., 114, 116-118, 130, 170-172; MOLA: 91; NASA/STScI: 25, 84, 100, 112 u., 115, 132, 137, 145, 147, 148, 150, 161, 162, 168, 173; NOAA: 98; NOAO: 156; NRAO: 164 o.; Albert Sciesielski: 54; SOHO: 68, 75 u., 78; 2dFGRS/AAO: 163.

Umschlaggestaltung von eStudio Calamar unter Verwendung einer Aufnahme der Plejaden (NASA/DSS).
Mit 101 Farbfotos, 24 Schwarzweißfotos, 16 Illustrationen von Gunther Schulz, Fußgönheim und drei Illustrationen von Gerhard Weiland, Köln.

Bibliografische Information der Deutschen Bibliothek
Die Deutsche Bibliothek verzeichnet diese Publikation in der Deutschen Nationalbibliografie. Detaillierte bibliografische Daten sind im Internet über http://dnb.ddb.de abrufbar.

Gedruckt auf chlorfrei gebleichtem Papier

ISBN-10: 3-440-10735-3
ISBN-13: 978-3-440-10735-5
Redaktion: Sven Melchert
Produktion: Johannes Geyer
Printed in the Czech Republic / Imprimé en République tchèque